『保险与经济发展』丛书

Insurance and Economic Development Series

气候变化与保险

Climate Change and Insurance

联合国环境规划署、国际保险监督官协会、
欧洲保险与职业养老金管理局、英格兰银行等国别机构 发布

王向楠 编

中国社会科学出版社

图书在版编目(CIP)数据

气候变化与保险/王向楠编.—北京：中国社会科学出版社，2020.5
(“保险与经济发展”丛书)
ISBN 978-7-5203-7201-5

Ⅰ.①气… Ⅱ.①王… Ⅲ.①气候变化—关系—保险业—研究
Ⅳ.①P467②F840.3

中国版本图书馆CIP数据核字(2020)第175346号

出 版 人 赵剑英
责任编辑 王 衡
责任校对 朱妍洁
责任印制 王 超

出 版 中国社会科学出版社
社 址 北京鼓楼西大街甲158号
邮 编 100720
网 址 http://www.csspw.cn
发 行 部 010-84083685
门 市 部 010-84029450
经 销 新华书店及其他书店

印 刷 北京明恒达印务有限公司
装 订 廊坊市广阳区广增装订厂
版 次 2020年5月第1版
印 次 2020年5月第1次印刷

开 本 710×1000 1/16
印 张 21.5
字 数 331千字
定 价 119.00元

前　言

出版本书的目的

中国正走在追求可持续发展和高质量发展的道路上，生态文明建设和环境保护被提升到了新的高度。在可持续发展领域，气候变化是一个具有重大意义的议题。例如，联合国“2030 年可持续发展目标”中有多个目标受到气候变化的影响；在联合国环境规划署的 7 个工作主题中，气候变化排在首位，并影响着其他的主题。

保险是个人家庭、企业和社会进行风险管理的一种基本方法，是金融体系和社会保障体系的支柱之一，是市场经济的重要制度之一。2016 年 8 月，在中央全面深化改革领导小组第 27 次会议上，“绿色保险”被提及。在很关注气候变化问题的英国，英格兰银行撰写和发布的首份气候变化方面的报告就聚焦保险业。不过，虽然中国保险业已经做了很多工作，但是保险业与气候变化的重要关系在国内还没有引起普遍和足够的重视。例如，中国在 2016 年担任 G20 轮值主席国期间成立了绿色金融研究工作组，其关注的 5 个研究领域中并没有保险业。

截至目前，在图书零售的主要网站上查询，还鲜见关于“保险 + 气候变化”的著作。事实上，在金融领域中，气候变化长期被视为“未来的”问题，或与行业绩效和风险关系不大的问题。因此，出版这一话题的著作是有意义的。近几年，笔者忙于学习研究保险业改革和风险的一些问题，所以希望通过收集整理和编译已有采用科学方法研究此问题的文献资料，形成一本有一定系统性的书。

保险业与气候变化相互影响

气候变化对保险业很重要。气候变化对整个社会有深远而现实的影响，其对保险业的影响是多样、复杂和不易确定的。目前已形成一定共识的是，这些影响可以分为物理风险、转型风险和责任风险三大类。虽然气候变化对保险业的影响有待进一步观察和研究，特别是对于转型风险和责任风险而言，但是这些影响是实质性的和可以预见的。此外，气候变化也给保险业带来了承保、投资、知识技能输出等方面的机遇。

保险业对气候变化也很重要，它在增强全社会的气候韧性方面具有重要作用。第一，保险业是经济社会中有重要影响的部门，其具有经济补偿、资金融通、社会管理等功能，所以在承保、投资等业务中纳入气候变化因子，能够推动被服务主体积极采取应对措施。第二，几个世纪以来，保险业积累了大量气候变化相关的数据资料、模型方法等知识，特别是在气候变化的短期剧烈影响（如气象灾害造成的损失）方面，因此，（再）保险业可以给其他部门进行技术赋能。

本书的逻辑顺序

本书分为三部分——“气候变化影响保险业”“保险业应对气候变化”和“保险业参与治理气候变化”，这三部分也对应于本书的上、中、下三篇。

本书的资料来源

本书内容来自两个国际组织、1 个洲际组织和 3 个国别的金融管理部门。

联合国环境规划署（United Nations Environment Programme，UNEP），

简称“联合国环境署”，成立于1973年，总部位于肯尼亚内罗毕。该组织是联合国系统内负责全球环境事务的牵头部门和权威机构。该组织旨在促进全球合作，鼓励各国政府和居民在不损害后代生活质量的情况下谋求发展。该组织将其工作主题分为7个部分——气候变化、灾害和冲突、生态系统管理、环境治理、化学品和废物、资源利用效率和环境评价①。

国际保险监督官协会（International Association of Insurance Supervisors，IAIS），成立于1994年，总部位于瑞士巴塞尔，目前由140多个国家和地区的200多个监管机构组成。该组织致力于制定和推动实施全球保险业的监管原则、标准和其他支持性材料，也为成员之间交流保险监管和保险市场运行的经验和观点提供平台。该组织的宗旨是推进对保险业的全球一致的监管，打造一个公平、安全及稳定的保险市场，保护保单持有人并促进金融稳定②。

欧洲保险与职业养老金管理局（European Insurance and Occupational Pensions Authority，EIOPA），总部位于德国法兰克福。该组织是欧盟在2007/2008年金融危机前后对金融业进行综合改革时设立的。该组织是构成欧洲金融监管体系的三个组织之一，是欧盟委员会、欧洲议会和欧盟理事会的咨询机构。该组织的核心职责是促进金融体系的稳定以及金融市场和产品的透明度，以保护保单持有人、养老金计划成员和受益人。

英格兰银行（Bank of England）是一家于1694年成立的私人银行，此后逐步行使中央银行的各项职能，1928年成为英国唯一的货币发行银行，1946年被收归国有。本书涉及的内容来自英格兰银行的审慎监管局（Prudential Regulation Authority），它是2013年英国金融服务管理局（Financial Service Authority，FSA）撤销后设立的。审慎监管局负责对英国约1500家银行、保险公司、大型投资公司、信用合作社和建筑协会进行审

① 详见该组织网站：https：//www. unenvironment. org。

② 详见该组织网站：https：//www. iaisweb. org。

慎监管[①]。

法国审慎监管局（Autorité de contrôle prudentiel et de résolution，ACPR），成立于2010年。该组织是在国际金融危机之后，法国进行的金融体系改革中设立的。该组织负责银行业和保险业的各项监管。它的职责是维护金融体系的稳定，并保护消费者（指被监管对象的客户、保单持有人、成员和受益人）的权益[②]。

加拿大保险监督官委员会（Canadian Council of Insurance Regulators，CCIR），其历史可以追溯到1914年，当时来自西部四省的保险监督官开会讨论“确保在保险合同法方面具有一致性的方法”，随后不断发展，并于1989年改为现名。该组织是加拿大各地保险监督官的协会，其职责是加强保险监管，服务公众利益[③]。

本书的编排

本书的编排分为如下三步。

第一步，明确全书体系。如前所述，本书有三大块内容——“气候变化影响保险业”“保险业适应气候变化”和“保险业参与治理气候变化”。

第二步，收集整理资料。从主要相关国际组织的网站，以及保险业最发达的几个国家和地区的行业性组织的网站，寻找符合本书主题（“保险”+“气候变化”）的英文文献资料，再基于整合构建书稿体系的需要、资料质量等因素，筛选出如下的9篇文献：①联合国环境规划署发布的1篇文献资料“Sustainable Insurance the Emerging Agenda for Supervisors and Regulators”（2017年8月）。该资料由联合国环境规划署和可持续保险论坛（Sustainable Insurance Forum）合作完成。②国际保险监督官协会发布的

---

① 详见该组织网站：https：//www. bankofengland. co. uk/prudential – regulation。

② 详见该组织网站：https：//acpr. banque – france. fr。

③ 详见该组织网站：https：//www. ccir – ccrra. org。

1 篇文献资料“Issues Paper on Climate Change Risks to the Insurance Sector”（2018 年 7 月），该资料由国际保险监督官协会和可持续保险论坛合作完成。英格兰银行发布的 3 篇文献资料“The Impact of Climate Change on the UK Insurance Sector, A Climate Change Adaptation Report by the Prudential Regulation Authority”（2015 年 9 月）；“Enhancing Banks' and Insurers' Approaches to Managing the Financial Risks from Climate Change”（2019 年 4 月）；“General Insurance Stress Test 2019, Scenario Specification, Guidelines and Instructions”（2019 年 4 月）。欧洲保险与职业养老金管理局发布的两篇文献资料“European Commission's Action Plan: Financing Sustainable Growth, Response by the EIOPA Occupational Pensions Stakeholder Group”（2018 年 6 月）；“Implementing the European Commission's Sustainable Finance Action Plan: Legislative Proposals, Opinion by the EIOPA Occupational Pensions Stakeholder Group”（2018 年 9 月）。法国审慎监管局发布的 1 篇文献资料“French Insurers Facing Climate Change Risk”（2019 年 4 月）。加拿大保险监督官委员会发布的 1 篇文献资料“Natural Catastrophes and Personal Property Insurance”（2017 年 6 月）。

第三步，将这 9 篇文献资料进行整合，形成本书的 10 章。具体地，先是将其中 1 篇文献资料拆分为 4 个文档[①]，1 篇文献资料拆分为 3 个文档[②]，连同剩余的 7 篇文献资料，共形成 14 个文档；然后，将这 14 个文档合并为本书的 10 章，其中，第四章和第九章各由两个文档构成，第十章由 3 个文档构成，其余 7 章均由 1 个文档构成。

各章的内容概述请见随后的“摘要”。各章内容的发布者、作者及其所属机构、致谢等信息请见各章的第 1 个脚注。

---

① “一分为四”的文献资料是“Sustainable Insurance the Emerging Agenda for Supervisors and Regulators”（2017 年 8 月）。

② “一分为三”的文献资料是“Issues Paper on Climate Change Risks to the Insurance Sector”（2018 年 7 月）。

阅读本书应注意之处

第一，虽然相关的学术或政策研究成果还不多，但是中国保险业对气候变化是有关注和应对行动的。近些年，中国在加快推广环境污染责任保险（狭义上的“绿色保险”），保险业对一些高环境风险的企业提供了防灾减损服务。保险资金直接或间接地积极投资于大量绿色环保产业和项目，尽量避免投资高污染、高耗能的产业和项目。中国已经有保险公司加入了联合国责任投资原则组织（United Nations Principles for Responsible Investment，UNPRI），并披露了可持续保险的承保人次和保险金额。

第二，气候变化对保险业首先意味着风险和责任，但也会带来一些机遇。例如，从高环境风险领域和可再生能源领域获取保费收入，发挥在气候风险管理方面的专长以服务其他主体。当全社会更关注气候变化问题时，积极承担气候责任将提升行业形象。

第三，权衡气候变化与其他经济社会发展目标。其一，生态环境并不是高质量发展的唯一目标，因此，对气候变化问题的重视应当与人们对基本物质生活、中高端物质生活、健康、精神等方面的追求进行权衡。其二，应对气候变化需要结合国情，包括基于经济社会的发展阶段，考虑地区差异，并联系中国的资源禀赋状况。

第四，加强对“气候变化与保险”话题的理论研究和政策研究。在这方面有很多值得深入探讨的话题。例如，是否应当限制对某些高排放行业的承保，保险业能够发挥什么作用？保险投资中如何考虑环境、社会和治理（Environment，Social and Governance，ESG）事宜，是否应当以及如何与其他的机构投资者协同？应对气候变化是否影响了保险公司的稳健经营？应对气候变化如何影响消费者的福利状况？如何将环境责任纳入保险公司的治理之中？在保险业审慎监管中，如何对气候变化设计情景分析和压力测试？

第五，积极参与国际合作和治理。一方面，借鉴欧洲等地区一些先进做法，提升中国保险业的相关短板。另一方面，在全球宣传中国保险业所开展的工作和取得的成果，推广中国的经验和智慧，积极参与相关标准的制定。

致　谢

对于本书的出版，本人先要感谢英文文献的发布机构及作者，也要感谢中国社会科学院创新工程学术出版资助，同时感谢中国社会科学院金融研究所及保险与经济发展研究中心的领导和同事平时的关心帮助。本书的部分内容是国家社会科学基金青年项目“保险系统性风险的形成演变、外溢效应及审慎监管研究”（18CJY063）的相关成果。

最后，本人的理论造诣和实践经验有限，本书会存在错误或不妥之处，所以敬请相关专家批评指正。

王向楠

摘　　要

本书分为上、中、下三篇。

上篇题为“气候变化影响保险业”，按照分析的主体分为三章。第一章是英格兰银行的观点，是其撰写的首份以气候变化为主题的报告，也是其应英国环境、食品和农村事务部邀请之作。在全球范围内，英国以及英格兰银行是应对气候变化问题上有影响力的倡议者。第二章和第三章分别是联合国环境规划署和国际保险监督官协会的观点，前者更关注保险业可持续性受到的影响，后者更关注保险机构受到的影响。

中篇题为“保险业应对气候变化”，主要按照分析的主体分为四章。第四章是来自英格兰银行的观点，建立在第一章分析的基础上，既有战略性方法，也有新近的情景分析设计。第五章介绍法国的情况，采用“穿透法”分析法国保险人投资组合中的气候变化相关因素，数据翔实。第六章是联合国环境规划署的观点，建立在第二章分析的基础上，注重改善保险的可持续性。第七章是国际保险监督官协会的观点，建立在第三章分析的基础上，关注如何应用保险核心原则进行监管。

下篇题为“保险业参与治理气候变化”，结合内容和分析的主体分为四章。第八章包括联合国环境规划署建议的“五步”行动框架的后三步以及保险业在可持续发展中的引领作用。第九章是欧洲保险与职业养老金管理局（EIOPA）的欧洲职业养老金利益相关者团体对欧盟委员会的回复，其中，第一节是对欧盟委员会“可持续增长的融资”行动计划的意见，第二节是实施欧盟委员会“可持续金融”立法建议的意见。第十章简要介绍几个国际案例，包括瑞典，美国加利福尼亚州、华盛顿州，加拿大和菲律宾的情况以及国际上的风险共担倡议。

目　录

上篇　气候变化影响保险业

中篇　保险业适应气候变化

下篇　保险业参与治理气候变化

上　篇

气候变化影响保险业

第一章

英格兰银行的观点*

引言和概述

与其他很多公共政策议题相比，气候变化是一个慢变量。然而，全球气候系统的未来可能在很大程度上取决于未来几十年中人类的行动。

各国的央行关注货币和金融稳定问题，并且非常习惯于思考政策发挥效果的滞后性。英格兰银行负责英国的货币政策和金融稳定，而作为审慎监管职责的一部分，英格兰银行有责任通过审慎监管局（Prudential Regulation Authority，PRA）监管英国的保险业。审慎监管局在保险领域有两个法定目标：一是维护保险业的安全性及稳定性，二是确保适当程度的保单持有人保护。

在全球金融架构中，保险业是一个需要做较长远考虑的领域，而这给审慎监管局监管保险业带来了挑战。气候变化越发成为人们关注的焦点，而本章为英格兰银行分析系统性环境风险的影响提供了一个自然的起点。

几个世纪以来，保险人一直发挥着转移和分散风险的功能，否则，个人或企业难以承担这些风险。保险业包括人寿保险和非寿险两部分，二者均有再保险给予支持。寿险通常与死亡率风险和长期储蓄相关，如年金和两全保险。寿险保单可能延续几十年，在此期间要保持资产与负债的匹配。非寿险为多种原因造成的损失提供保障。非寿险人承保的责

---

* 编译者注：本章来自英格兰银行审慎监管局于 2015 年 9 月发布的报告《气候变化对保险业的影响，审慎监管局气候变化适应报告》（*The Impact of Climate Change on the UK Insurance Sector, A Climate Change Adaptation Report by the Prudential Regulation Authority*）。

任风险（如石棉责任）可能是长尾的，需要自承保之日起数十年中进行赔付。在此期间，气候变化的挑战是非常现实和重要的。

非寿险是一个能积极为天气相关事件提供保障的行业。因此，非寿险人在评估和管理极端天气的常规影响方面处于领先地位。与此同时，人寿保险人的投资可能会受到气候变化造成的意外影响。

审慎监管局监管的很多保险公司都承保了国际风险，他们在多个地区开展业务，并投资于全球金融市场。作为全球第三大保险业的有前瞻性的监管者，审慎监管局接受了环境、食品和农村事务部（Department for Environment，Food & Rural Affairs，DEFRA）的邀请，研究气候变化是如何影响审慎监管局对保险的监管目标的。本章由以下部分组成：30 家由审慎监管局监管的人寿保险人和非寿险人的回复；审慎监管局与保险业举行的 4 次圆桌会议；审慎监管局与众多利益相关者（包括学者、信用评级机构、技术专家和行业协会）的讨论。本章在很大程度上借鉴了外部的研究成果。

本章旨在满足适应报告的要求，并为 2017 年议会召开之前给《英国气候变化风险评估》提供信息。本章还认为，银行业在未来也要解决这些问题，审慎监管局还希望在以《联合国气候变化框架公约》（*UUN Framework Convention on Climate Change*，*NFCCC*）为主题的巴黎气候变化大会开幕前，为更广泛的国际对话做出贡献。

一 概要

2014 年 4 月，审慎监管局接受了环境、食品和农村事务部的邀请，撰写保险业对气候变化的适应报告。本章是审慎监管局的回复，也是审慎监管局关于气候变化主题的首份报告。

本章的目的是，通过审慎监管局在保险领域的法定目标（即保险人的安全及稳定、对保单持有人的适当保护），为考虑气候变化风险提供一个框架。同时，报告进行了初步的风险评估，探讨针对已识别风险可能采取的应对措施，但其本意并不是开政策处方。本章还讨论了气候变化带来的机遇。

对于气候变化背后的科学，审慎监管局尚未形成独立的观点。本章的背景材料是基于权威机构，特别是政府间气候变化专门委员会（Intergovernmental Panel on Climate Change，IPCC）提供的事实证据。审慎监管局关注的重点是，有关被监管企业和审慎监管局法定目标的科学证据。

审慎监管局随时欢迎利益相关者就本章内容提出专业意见，并根据需要适时更新。

（一）分析框架

保险业是一种市场化的风险转移机制。审慎监管局根据其法定目标应当发挥的作用是，确保英国保险业能够可靠和有效地发挥风险转移机制的作用。

保险业的运行方式及审慎监管局的目标会受到气候变化带来的多种多样、复杂和不确定的影响。因此，本章确定了可能造成这些影响的3个主要渠道（风险因素）。

第一，物理风险。天气相关事件（如洪水和暴风雨）带来的一阶（first - order）风险。它包括这些事件造成的直接损失（如财产损失）和通过后续事件（如全球供应链中断或资源短缺）间接造成的损失。

第二，转型风险。保险人在经济向低碳转型过程中面临的一种金融风险。保险公司的这一风险因素主要是潜在的高碳型金融资产的再定价概率以及类似再定价行为的实施速度。保险人还要在较小程度上考虑其面临的潜在风险。而在负债端，保险人面临着来自高碳型行业的保费减少的风险。

第三，责任风险。当事人遭受气候变化造成的损失时，会向他们认为可能的责任人追偿。如果此类事件追偿成功并且被追偿方投保了责任保险，那么被索赔方将寻求通过职业责任险、董事及高管人员责任险等第三方责任保单将部分或全部成本转嫁给保险公司。

本章探讨了这些风险中每个风险因素的性质、它们对保险公司资产负债表中负债端和/或资产端的潜在影响，以及保险公司正在采取的应对措施。其中，最主要的风险来自第1类——物理风险，因此，本章的大部分内容集中在这一方面。虽然另外两种风险还未成型且不确定，但是，它们也可能随着时间的推移对审慎监管局的目标造成越来越大的影响。

在这些风险因素中，审慎监管局的分析表明，气候变化的影响会对保险公司的业务模式构成重大挑战。尤其是，尽管气候变化会给保险业带来新的承保业务，但是也会让某些活动、资产和客户减少对保险业所提供风险保障的需要。这不仅关系到审慎监管局的目标（安全及稳定、保护保单持有人），也关系到其他决策者关心的内容。

1. 物理风险

审慎监管局着重分析了全球性巨灾以及英国的风险、洪水等灾害造成的直接影响。这些影响主要联系到非寿险人的负债端，特别是“财产相关的”保险业务，其占英国非寿险市场毛承保保费（780 亿英镑）的 38%①。

有数据表明，由全球自然灾害引起的保险赔付（一般称为“损失”）正在逐年增加。与天气有关的自然灾害事件的记录已经增加了两倍，经通货膨胀调整后，这些事件造成的保险赔付已从 20 世纪 80 年代的年均约 100 亿美元增加到近十年的年均约 500 亿美元②。

造成保险赔付的这些以及其他天气相关事件的原因是复杂的。相关研究认为，尽管风险敞口的扩大（由于行业扩张）是主要原因，但是也有迹象表明气候变化造成了一定的影响。例如，劳合社估计，自 20 世纪 50 年代以来海平面上升了约 20 厘米，致使超级飓风“桑迪”（2012 年）仅在纽约造成的损失就增加了 30%③。

巨灾风险建模、组合分散化、替代型风险转移和短期合同的运用实践表明，非寿险人需要具备管理当前直接物理风险的能力。在过去 20 年里，该行业已经开发了更精确的方法来模拟灾难和其他天气相关事件的风险，从而发展出了更稳健的风险定价方式，即使构建模型的本意通常是估计当前的风险，而不是预测气候趋势。通过承保多种风险，非寿险人可以降低自己对任何一特定风险或事件的敞口。单一企业可以利用再

---

① 根据审慎监管局进行的收益分析（Returns Analysis，2014 年年底），“财产相关的”保险包括海上、航空及运输（Marine，Aviation and Transport，MAT）和房地产领域的保险。

② 数据来自慕尼黑再保险公司（2015）。数据不排除存在报告偏差。

③ 资料来自劳合社（2014c）。在所有其他因素保持不变的情况下，Battery 海平面上升约 20 厘米；考虑地面浪涌损耗。

保险，并通过资本市场进行替代性风险转移来平滑他们的风险敞口。此外，每年签订保单的主流做法也使得保险公司能够定期调整价格，以应对不断变化的气候环境。

监管资本要求和基本业务模式使得保险业对气候变化有一定的应对能力。监管要求英国的保险人持有足够的资本以便承担“二百年一遇”的损失，从而建立起强大的风险韧性。与大多数企业不同的是，保险公司先收取保费，再支付赔付和待遇，这通常可以抑制由极端事件造成的即时流动性冲击。

展望未来，气候变化会引起物理风险上升，进而通过多个渠道给非寿险人的负债端带来挑战。

第一，气候变化的影响可能导致保险业务安排中断以及相关风险，成为重要的公共政策问题。英国的一个例子是，受影响地区的洪水发生率更高，房地产建设也更多。传统的非寿险条款能够适应这种变化，政府可以提供更具公共物品性质的保险，如英国的洪水再保险计划。

第二，在确定公司的监管资本要求时，确定分散化收益程度要取决于对不同风险之间相关性的关键性假设，如欧洲各地区风暴发生的集中程度。因此，气候变化对这些相关性的影响，以及对保险公司资本要求的假设均呈现出高度的不确定性。但是，风险之间相关性和波动性的增加会影响保险公司的分散化收益和资本要求。

第三，这种直接与天气相关的风险（如洪水）的性质和发生率的变化会带来间接风险。例如，2011 年，泰国洪水导致了 450 亿美元的经济损失，造成了 120 亿美元的保险赔付，其中包括由全球制造企业的供应链中断等“二阶效应”造成的。[①] 鉴于这些事件内在的不确定性，以及频繁而严重的“模型化”风险可能对保险公司带来的重大挑战，应当对它们加强关注。

物理风险对保险公司资产负债表的计量越来越重要，尤其是对于需要实现资产负债在长期中匹配的人寿保险人而言。物理风险能够直接影响一些金融资产（如房地产投资），并能通过实体经济间接影响大多数投

① 世界银行（2011）。

资领域。

虽然恶劣天气对房地产行业的影响范围较为有限，但是在一定程度上仍会导致非寿险人承保高风险地区的房地产时做出种种限制，从而影响房地产的价值。极端天气对保险人资产端和负债端的潜在影响还体现在相关风险的具体案例中。保险人也可能出现“认知失调”现象：他们采用先进的技术来管理负债端的物理风险，并习惯于每年重新定价，但是对那些影响资产端的潜在风险并不敏感，尤其是在保单已被重新定价或退保的情况下。

从更广泛意义上讲，物理风险也会通过实体经济效应间接影响大多数投资，并对全球可管理资产的存量价值产生重大影响。审慎监管局还注意到，投资者情绪或市场的这种可能性会对气候变化风险预期的潜在变化以及由气候变化引起的系统性风险程度产生短期影响，因此，实现分散化在某种程度上面临挑战。保险公司与其他主要投资者均会受此影响。

2. 转型风险

政府间气候变化专门委员会预计，如果想以 66% 以上的概率将人类活动造成的全球变暖控制在全球商定的 2℃ 目标以内，那么从 2011 年起，全球碳排放总量不能超过约 1000 吉吨的二氧化碳[①]。要将碳排放量控制在“2℃碳预算”之内，全球需要在当前基础上大幅削减碳排放量，使得此后的 25 年有预算可用。

全球向低碳经济的转型可能通过对高碳型资产的投资而影响保险公司。这与两个等级（two tiers）的金融资产尤为相关。(1) 公司证券，直接受到基于其生产或使用化石燃料能力的监管限制的影响（“等级 1”资产包括煤、石油和天然气开采企业以及传统的公用事业公司）。(2) 能源密集型企业的证券会受到能源成本上升的间接影响（“等级 2”资产包括化学品、林木业和造纸业、金属与采矿业、建筑和制造业）。这两个等级

① 政府间气候变化专门委员会为未来的排放提供了一系列预算，从仅仅约 750 吉吨二氧化碳排放量到 1500 吉吨以上二氧化碳排放量，其取决于温度上升超过 2℃ 的概率以及对气候驱动因素的其他假设。

的资产约占全球权益及固定收益类资产的1/3。

一般来说，这些资产端的影响涉及非寿险人和人寿保险人，而影响转型速度的一系列因素包括公共政策、技术和不断变化的投资者偏好以及市场情绪。来自高碳型行业的保费收入可能减少，这会对非寿险公司的负债端产生较为孤立和有限的影响。来自能源行业的保费收入约占英国保费收入总额的4%。

审慎监管局通过与市场参与者的探讨，与更广泛的利益相关者确定了一系列管理转型风险的可选策略，以及多项公众承诺，其中包括撤资和不参与某些高碳型行业。企业普遍希望（包括表示关切）尽快对碳排放路径达成一致意见。这将提高对碳和资源密集行业潜在风险暴露的透明度。

一种有关转型风险的做法是，制定和改进信息披露措施以确保市场参与者有足够的信息来评估这一领域的风险。市场参与者对产业结构发生的重大变化并不陌生，审慎监管局认为，转型速度是进一步评估向低碳领域转型的重要因素。

3. 责任风险

责任风险是指因气候变化而遭受损失的一方，向其认为的责任方追偿损失时产生的风险。审慎监管局认为，因为来自第三方的责任索赔可能增加，所以此类风险与非寿险人关系密切。

责任保险承保的是买方（“被保险人”）由于自身行为给第三方造成损失或损害而承担的法律赔偿责任。责任保险的保障范围通常包括法律成本和诉讼费用。因为要确定被保险人过错发生的年份以及由此造成的损失金额，所以责任赔付的真实成本往往是不确定和复杂的，这使得与灾难索赔相比，责任风险的大小可能需要很长时间才能搞清楚。

历史事件表明，随着时间的推移，责任索赔对保险业造成的破坏比极端天气事件更大，尤其是考虑到可能出现的新型索赔。将气候变化与石棉案和污染案相比较虽说有些简单，但是，这些案例证明，低概率风险可能给保险人带来巨大和难以预见的责任，例如，美国当前预计的石棉净损失达到了 850 亿美元[1]。

审慎监管局调查的受访者认为，普通责任类业务（如公众责任、董事及高管人员及其他的职业责任）的赔付可能增加的 3 个最主要原因是——减轻失败、适应失败和披露失败。

新的责任索赔类型想要获得法律支持还需要一段时间。气候变化相关的诉讼是一个新兴和发展中的领域，它在不同司法管辖区之间有很大差异，这些诉讼通常没有得到支持。

保险责任范围的划分对于识别审慎监管局监管的非寿险公司的未来风险敞口也很重要。人们可能想要了解温室气体（Greenhouse Gases，GHGs）的持续排放与这些政策之间的关系，以及对污染等设置的除外责任在面临索赔时能否经得起审查。虽然尚未出现重大损失，但是相关迹象已经非常明显。如果气候变化现象被继续归咎为人为因素，并且索赔人继续追究责任人的责任，那么责任风险（特别是第三方责任索赔）将成为一个带来负面影响的领域。

（二）结论和下一步

审慎监管局认为，气候变化可能通过 3 个主要渠道影响其在保险业的目标。虽然物理风险的增加是这些因素中最明显的，但是其他两种风险——转型风险和责任风险更可能造成重大影响。

我们当前所识别的潜在影响与非寿险公司的负债端最为相关。不过，其中也有一些潜在影响是针对非寿险公司和寿险公司的资产端的。

就其性质而言，这些风险短期内不能完全显现出来。我们已经采取了一些减轻措施，在审慎监管局看来，这些措施意味着，保险公司有足够的能力管理当前的物理风险。从长远看，不断增加的物理风险将对保险业务模式造成重大挑战，本章将重点考虑所有已识别的受气候变化影响的风险。

审慎监管局还将继续通过国际合作、研究及编写本章来继续开展气候变化方面的工作。同时，审慎监管局已经将气候变化风险适当地纳入当前的监管中。根据分析结果，审慎监管局将与被审慎监管局监

---

① 贝斯特评级（2013）。

管的保险公司分享本研究成果，并希望这些公司考虑已识别的风险。

最后，本章确定了保险公司在气候变化领域的一些机遇，包括保费收入增长的新来源（如可再生能源项目的保险）、通过提升风险意识和改善风险转移来增强公司应对气候变化的韧性、投资“绿色债券”以及在金融业应对气候变化问题上发挥前导作用。

第一节　背景

本节阐明本章的研究目的、范围和结构，并概述所采取的研究方法。

一　内容

《气候变化法案》（2008 年）引入的适应报告机制（Adaptation Reporting Power，ARP）旨在：确保报告机构系统地管理气候变化风险；帮助确保公共服务和基础设施应对气候变化的韧性；监测关键部门应对气候变化的准备水平。

2013 年，环境、食品和农村事务部根据第 2 轮适应报告机制（ARP），邀请审慎监管局提交一份气候变化适应报告。鉴于该议题非常重要，并且它与审慎监管局的目标具有一致性，所以审慎监管局接受了该邀请。

本章关注审慎监管局在保险监管方面的目标，具体包括：维护被监管的保险公司的安全及稳定；协助保险公司适当程度地保护保单持有人。

本章与第 2 轮适应报告中的其他报告一道，为 2017 年提交议会的英国气候变化风险评估（UK Climate Change Risk Assessment）以及 2018 年的国家适应计划（National Adaptation Programme，NAP）提供信息。

更通俗地说，审慎监管局在英格兰银行内部运作，而英格兰银行负责更大范围内的金融稳定。因此，审慎监管局在履行其通常的金融稳定职责时，接受金融政策委员会（Financial Policy Committee，FPC）的指导或征求其意见。

二 审慎监管局采用的方法

本章是审慎监管局以及英格兰银行就气候变化问题发布的首份文件。

本章采用的方法是外向型的（outward-facing），重点是与被监管企业和更广泛的利益相关者进行讨论。基于这些讨论，本章力求找出与审慎监管局法定目标有关的公共政策议题。鉴于本议题的性质，本章在很大程度上借鉴和反映了外部的研究成果。

本章的部分内容是基于气候变化适应调查和相关讨论，以及下文中介绍的一系列圆桌会议。

（一）调查和讨论

我们向30家被审慎监管局监管的人寿保险公司和非寿险公司发送了气候变化适应调查（参见本章附录1）。接受调查的非寿险公司的总保费收入为320亿英镑，占英国非寿险市场（不包括劳合社）的59%。我们还单独收到了劳合社的回复。接受调查的寿险公司的承保责任总额占英国寿险市场的70%以上。

审慎监管局与完成调查的保险人中约半数进行了双边会谈，详细讨论了他们的回复。随后，审慎监管局会见了大约20家受访企业，并与包括学术界、信用评级机构和其他市场参与者在内的其他利益相关者更详细地讨论了这3个已识别的风险因素。

（二）圆桌会议

审慎监管局参与了4次圆桌会议。第1次、第2次和第4次分别由“气候智慧”（Climate Wise）[①] 团体承办，第3次由精算师协会（Institute and Faculty of Actuaries）承办。这些会议均有多达30人参加，其中至少包括10家保险公司。这4次圆桌会议[②]的主题如下：第1次圆桌会议（2015年2月）讨论了整个保险业是否正积极考虑气候变化风险。这包括了解气候变化对定价的影响，以及建立气候风险模型的方法。第2次圆

---

① 气候智慧（Climate Wise）是全球保险业推动气候变化风险应对行动的先导性团体，秘书处设在剑桥大学可持续领导力研究所（Cambridge Institute for Sustainable Leadership，CISL）。

② 有关Climate Wise承办的圆桌会议的详情，参见Climate Wise（2015）。

桌会议（2015 年 3 月）以房地产行业作为案例，探讨气候变化风险对市场的影响。讨论的重点是，保险人的风险管理专业知识是否能够更好地应用于管理影响房地产投资的物理风险。第 3 次圆桌会议（2015 年 3 月）讨论了气候变化对英国金融市场、监管和社会的风险，包括对商业和住宅房产的资产和负债的潜在影响，以及对业务中断的影响。它还考虑了保险业在适应气候变化和减轻潜在风险方面能够采取的措施。第 4 次圆桌会议（2015 年 6 月）讨论了社会对气候变化风险的对策，例如向低碳经济的转型，以及对金融市场完整性的影响。这包括投资者偏好的变化、技术的变化、政策决定以及可能因物理损害事件而发生的市场预期的变化。

三　本章的结构

第二节为本章的其余部分提供了基础：分析了保险业的一些背景；概述了气候变化的主要方面。第三节主要研究第 1 个风险因素——物理风险。它主要在非寿险（特别是“财产相关的”保险）负债端受到的影响，对保险公司资产和保单持有人保护的影响较小。第四节讨论了第 2 个风险因素——向低碳经济转型的风险。它侧重于保险人的资产端，不过，审慎监管局在这方面的工作不是很先进。第五节重点分析了第 3 个风险因素——气候变化带来的责任风险，主要分析非寿险。与第五节所述类似，审慎监管局在这方面的工作仍处于初级阶段。第六节是总结，讨论了审慎监管局应对气候变化的方法，总结了本章的要点，并探讨了保险业希望看到的由气候变化带来的机遇。

第二节　保险业与气候变化

本节的目的是为本章其余部分提供保险业和气候变化方面的背景知识。它简要地概述了保险在经济中的作用、保险的业务模式和资产负债表、英国的保险业以及审慎监管局的监管角色。

同时，本章还提供了关于气候变化的更多内容，主要使用了政府间气候变化专门委员会的第 5 次评估报告和其他相关文献的信息。有关极端天气事件的更多信息将在本章第三节分析。

一 背景：保险业

（一）保险的角色

对于支持风险和储蓄的集中和转移以及更广泛的经济活动，保险人提供的金融服务至关重要。保险机制通过分散和管理保单持有人的风险，增强了企业、家庭、投资者和金融机构的抗风险能力。这使得创业和贸易更容易进行，并能保护企业和个人免受他们难以承担的风险的影响。

保险业通过资产负债匹配，支持资本的有效配置以及给资产项目融资（如基础设施投资）来推动经济增长。保险公司的长期视角也使得金融体系更为多元化，增强其韧性。

保险还会通过以下方式发挥重要的社会功能：在退休时提供收入保障，在工作期间提供收入保障，为卫生保健服务提供资金，增强个人、家庭和企业应对意外冲击的能力。总之，保险业对经济增长、产出和就业都做出了巨大贡献。

保险人向家庭和企业赔付的金额显示了保险业的重要性。例如，2014 年，英国的保险人向家庭和企业支付了 98 亿英镑的汽车赔付和 47 亿英镑的财产（不含汽车）赔付。他们拥有 19000 亿英镑的资产，创造了 33.4 万个就业岗位，为英国贡献了 290 亿英镑的 GDP[①]。

这些款项都是由保险人向保单持有人的承诺带来的，通常来自保险费和保险人用于支撑其负债的投资回报。图 1—1 呈现了保险公司典型的资产负债表。

（二）保险业务模式

传统的保险业务模式依赖于承保大量分散化的保单持有人的风险。“风险汇集”和分散化收益都是由风险引起的不相关事件产生的，对保险而言至关重要，其依赖若干基本假设，包括：（1）其汇集的风险是不能预测的（任意的），且没有达到太频繁或成本太高昂以至于保费达到无法

---

① 英国保险协会（ABI）（2015）。

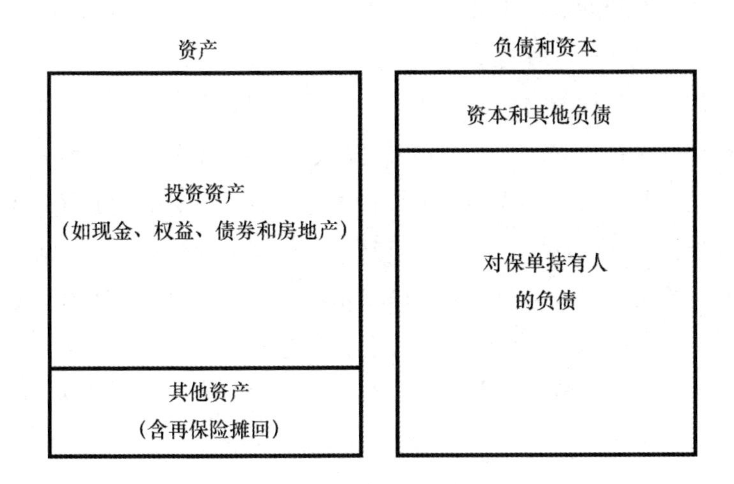

图1—1 保险公司的典型资产负债表

资料来源：Debbage 和 Dickson（2013 年）。

负担的程度；（2）风险池中索赔发生的频率和严重程度与往年类似，或者说，虽然不同但可以合理地预测并在财务计划和保险定价中加以考虑（值得注意的是，有一些公司专门承担新的、难以预测的风险）；（3）风险是充分独立或“不相关的”，所以组合的风险会因分散化而降低。

保险业务模式具有以下几个重要特征。（1）逆向生产周期。一般来说，保险业务模式的特殊之处在于，保险费是预先收取的，而所有赔付和待遇都是后支付的。（2）资产和风险的汇集。保险人可以选择接受、拒绝或转移所汇集的保单持有人的风险，并将汇集的保费投资于一系列资产。资产负债表两端的这种集中意味着，任何个体的损益都可以分散，从而促使保险公司在整体上实现更平稳的损益。（3）负债配置。考虑到生产过程倒转，保险人遵循提取“准备金”用于未来赔付的财务原则，其金额在签发保险合同时是未知的。保费收入的一部分需留存作为技术准备金，以支付预期的未来赔付和开支。准备金的提取根据会计和监管标准。（4）资产负债匹配。保险公司为承保责任计提准备金时，持有（汇集的）资产负债表上的资产，实现与负债在金额、时间和性质上匹配。长期负债通常与长期资产匹配。这意味着，保险公司可以从一些流动性较差的长期资产中赚取非流动性溢价。(5)风险承担资本。除技术准备金条款之外，保险人还应当持有资本，以缓冲其资产或负债中的负面事件，如不佳的财务回报或重大自然灾害事件。(6)使用再保险或寻求替代性风险转移工具。如果保险人承担的风险超过其承保能力，通常的做法是购买再保险或寻求替代性风险转移工具，如通过资本市场。这使得保险人能够转移一部分或超过某一水平（“过剩的”）的风险，否则，这些风险很可能超过公司的风险承担能力，或者挑战其资本状况。

（三）保险类别和保险业务模式的关键风险

保险公司大致可分为如下3类。第一，非寿险人。非寿险人为个人、企业及其他人士提供非寿险，包括财产保险、健康保险、责任保险以及各种财务损失的保险。一些实体经济活动，无论是根据合同约定还是公共政策要求，都要投保非寿险（如汽车保险或雇主责任保险）。第二，人寿保险人。人寿保险人向个人销售年金、传统寿险和其他长期储蓄型产品。因此，人寿保险是在人们死亡、退休或健康状况发生变化时提供待遇，并作为家庭的一种储蓄机制。第三，再保险人。再保险人向其他保险人出售保险。他们允许非寿险人或人寿保险人分出一些不想自留的风险。虽然再保险人采用的业务模式与主要保险人类似，但是他们所汇集风险的来源更为分散。

寿险和非寿险的业务模式有不同的风险特征。概括地说：非寿险人的负债风险大于资产风险，而资产的期限通常较短，这反映出其汇集的承保风险主要来自年度保单；人寿保险人的资产端通常更容易受到投资风险的影响，所以他们的负债价值的波动性较小。他们依靠投资回报来发挥长期储蓄、养老金和年金的作用，这些投资面临的风险通常被称为“市场风险”。

这些差异都反映在非寿险和寿险经营的资本要求上（见图1—2）。非寿险人最重要的风险类型是承保风险，而人寿保险人最重要的风险类型是市场风险。其他风险类型包括：交易对手风险，是指第三方（通常是再保险人）的违约或信用评级的转移；操作风险，是指由于系统、过程和管理失误等造成的损失；其他风险，包括团体风险和养老金风险。

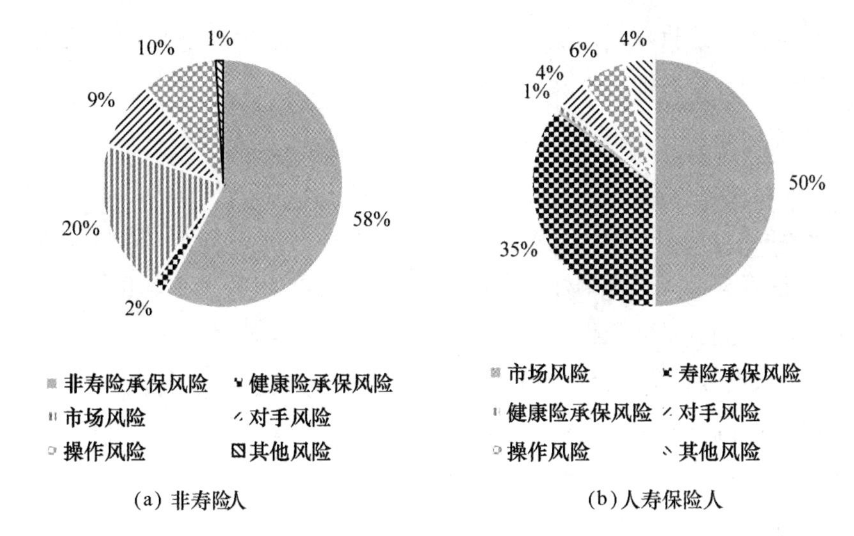

图 1—2　保险人按风险划分的资本需求

资料来源：审慎监管局进行的收益分析（2014 年年底）。

二　审慎监管局

审慎监管局是英格兰银行的一部分，负责监管全球第三大保险业——英国保险业。英国保险业约有 500 家保险人，其中大多数提供非寿险服务——通常是企业财产、公众责任、汽车或家庭财产的保险。按保险人的数量计算，人寿保险人所占比重较小。少数公司同时提供非寿险产品和寿险产品。

在英国，约有 100 家保险人参与伦敦市场，这是非寿险领域的一个专业性的批发市场。这些保险人包括劳合社特许经营的承保人，其管理代理人由审慎监管局授权。审慎监管局还监管劳合社、100 多家小型相互保险组织以及几家对国内外保险业都具有重要意义的大型保险公司。劳合社超过 80% 的保费收入是来自承保英国以外的风险①。

审慎监管局有多项法定目标：维护被监管公司的安全及稳定，包括促进保险人的安全及稳定，为现实或潜在的保单持有人提供适当的保护；

① 劳合社（2014a）。

促进审慎监管局监管的公司所在市场处于有效竞争状态。

为实现上述目标，审慎监管局采用了《保险监管方法》[①] 中所概述的基于判断的、具有前瞻性和适当性的方法。

欧盟建立了一个基于风险的资本制度，称为“偿付能力 Ⅱ”（Solvency Ⅱ）（见专栏 1—1）。自 2016 年 1 月 1 日起，所有在欧洲经济区（European Economic Area，EEA）经营的保险人都应当对风险进行自我评估，并持有符合其风险偏好的资本水平。“偿付能力 Ⅱ”要求保险人在 1 年的时间内拥有足够承担“二百年一遇”的损失的资本。不过，保险人还应当考虑，将超过一年时间范围的风险作为风险和偿付能力自评估（Own Risk and Solvency Assessment，ORSA）的一部分，该评估包括气候变化的潜在影响。

专栏 1—1 偿付能力 Ⅱ

保险人允许企业和家庭在经济体内部转移风险。这涉及用固定的保费换取确定性的财务结果，而这些财务结果通常是通过长期合同实现的。保险公司的失败可能影响其他企业，并对金融服务供给产生不利影响。因此，保险公司需要审慎的监管和充足的资本。

“偿付能力 Ⅱ”是 20 世纪 70 年代以来欧洲保险监管的首次全面性改革。它在一项指令中全面更新了之前的规则。其主要目的是，加强对保单持有人的保护，其次是增强保险业的韧性，降低保险公司倒闭的可能性。

在“偿付能力 Ⅱ”下，保险人应当评估其资产、负债以及两者之间的相互作用，以确定其监管资本要求。公司应当在持续的、前瞻的基础上进行测量和监测以确定风险，包括气候变化的预期影响。此外，“偿付能力 Ⅱ”对监管者和保险公司的透明度也有要求。

“偿付能力 Ⅱ”的主要特征[②]概述如表 1—1 所示。

---

① 英格兰银行（2014）。

② 有关“偿付能力 Ⅱ”制度的更多细节，参见 Swain 和 Swallow（2015）。

表1—1　　“偿付能力 Ⅱ”的主要特征

公司或监管方面	“偿付能力 Ⅱ”带来的改变
会计处理	采用与市场一致的估值方法，为公司有效的风险管理提供有用信息
资本质量	增强资本在经济困难时期吸收损失的能力
资本要求	引入前瞻性的风险资本要求，增强公司抵御金融冲击的韧性
治理和风险管理需求	进行改进，使公司具有更好的条件来识别、管理和减轻所面临的风险
监管	采用严格一致的方法对集团进行监管，帮助监管人员了解集团内公司面临的所有风险
市场披露及报告	改进信息披露和报告，加强市场纪律，并向监管者提供更好和更一致的信息

三　背景：气候变化

（一）政府间气候变化专门委员会的发现

政府间气候变化专门委员会是联合国主持设立的一个科学机构，是评估气候变化的主要国际机构。审慎监管局将其工作成果作为本章的重要内容。政府间气候变化专门委员会的第5份评估报告提供了关于气候变化①的最新科学知识。第5份评估报告中与审慎监管局评论有关的一些结论如下②。第一，“毫无疑问，气候系统正在变暖，自20世纪50年代以来，我们观测到许多几十年甚至上千年来都没有出现过的变化”。第二，“自前工业化时代以来，温室气体的人为排放量③增加，这在很大程度上归因于前所未有的高速的经济和人口增长……我们已经在整个气候系统中发现了这些以及其他人为因素的影响，这极有可能是20世纪中期

① 2014年7月，英国能源和气候变化委员会（Energy and Climate Change Committee）认为，政府间气候变化专门委员会的工作取得了稳步进展。参见下议院特别委员会（2014）。

② 特别是决策者摘要 spm1.1、spm1.2 和 spm2。这些结论并不代表一个完整的总结。

③ 人为排放是指由人类活动（如燃烧化石燃料、其他工业过程、砍伐森林等）造成的排放。有关详情参见政府间气候变化专门委员会第三工作组（2014 b）的附录（i）。

以来观测到的全球变暖的主要原因。”第三，“温室气体的持续排放将导致气候系统各部分进一步变暖和持续变化，增加对人类和生态系统产生严重、普遍和不可逆转的影响的可能性。减缓气候变化将要求大幅度和持续地削减温室气体排放，这与气候变化适应措施结合，可以降低气候变化的风险”。

（二）政府间气候变化专门委员会设定的情景和预期的温度变化

图1—3（a）显示了政府间气候变化专门委员会的一系列情景，称为典型浓度路径（Representative Concentration Pathways，RCPs，见专栏1—2）。4条粗线表示4个具体的典型浓度路径：（1）1个严格的减排情景——RCP 2.6，即到21世纪80年代将二氧化碳排放量迅速减少到零；（2）两个中间情景——RCP 4.5和RCP 6.0；（3）1个温室气体排放量增加的情景——RCP 8.5，即排放超过当前的排放水平。

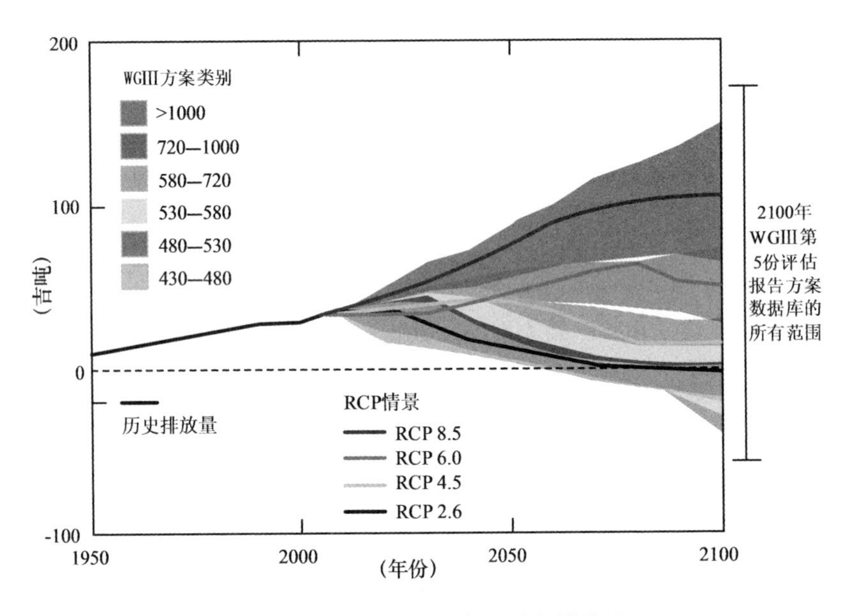

图1—3（a） 人为二氧化碳年排放量

注：典型浓度路径情景由4条线表示从RCP 2.6（最严格要求的减排情景）到RCP 8.5（最高排放情景）。阴影部分的颜色与政府间气候变化专门委员会第三工作组所涵盖的情景范围有关。

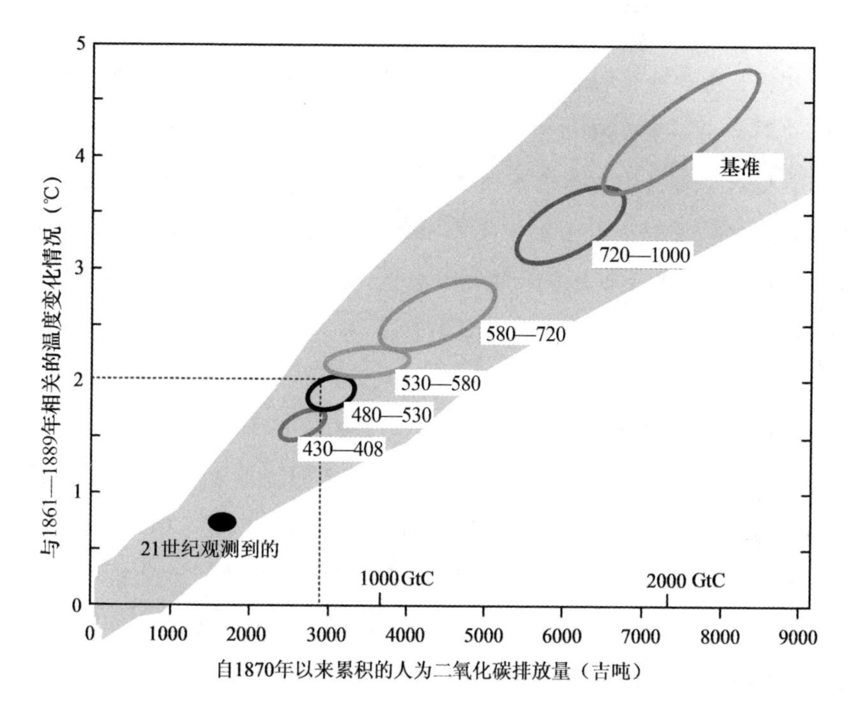

图1—3（b）　温室效应与二氧化碳累积排放量的关系（1861—1880年）

注：图1—3（b）显示了1861—1880年的温度变化与二氧化碳累积排放量的关系。虚线（2900吉吨二氧化碳，2℃）反映“有可能”将温度上升控制在2℃以内的累积碳预算。

资料来源：政府间气候变化专门委员会综合报告（2014）的图表SPM.5，有改动。图1—3（a）表示在典型浓度路径（RCPs，不同的线表示）和第三工作组使用的相关情景类别中的二氧化碳排放（阴影区域显示的5%—95%的置信区间）。第三工作组情景类别总结了科学文献中发布的一系列排放情景，并基于2100年二氧化碳当量的浓度水平（ppm）进行了定义。图1—3（b）反映全球表面平均温度上升，是在全球二氧化碳排放达到某一给定净累积总量时，根据各种证据线绘制成该总量的函数。彩色的烟羽显示了过去和未来气候—碳循环模型的预测范围，这些模型是由历史排放情景和4个典型浓度路径（到2100年）得到，并随着可用模型数量的减少而逐渐褪色。在第三工作组使用的情景类别下，从一个简单的气候模型（气候响应中位值）可以看出，到2100年，人类活动造成的总变暖与1870—2100年累积的二氧化碳排放量之间存在显著的正相关关系。椭圆部分在温度轴的宽度是由不同情景下二氧化碳之外的气候影响因素造成的。填充的黑色椭圆部分显示了截至2005年的观测排放量和2000—2009年十年间的观测温度（在相应的置信区间下）。

专栏 1—2 典型浓度路径（RCPs）[①]

从第 5 份评估报告推断出的人类影响情景被称为“典型浓度路径”。因为它们是用温室气体浓度（排放的结果）而不是排放水平来表示的。每条典型浓度路径都意味着不同数量的人类活动造成的气候变化（即每条典型浓度路径都会由于温室气体排放而导致地球系统储存不同数量的额外热能）。这些情景是基于对经济增长、技术选择和土地利用的假设而得到的，反映了一系列可能的缓释行动。

上述每一个情景下全球温度相对于 1861—1880 年的预计升幅不同，如图 1—3（b）所示。如果不采取额外的措施限制排放（“基线情景”），全球温度就会进入 RCP 6.0 至 RCP 8.5 之间的升温路径。RCP 2.6 是一种假设的情景，其含义是将全球升温幅度尽量控制在比工业化前的温度高出 2℃以内，而 2℃是 2010 年 12 月《联合国气候变化框架公约》中缔约方商定的全球温度上升的上限。

在众多因素中，我们关注 2℃，这是因为：如果全球温度上升超过 2℃，那么影响预计将迅速扩大，导致适应气候变化变得更具挑战性，而将升温幅度控制在 2℃以内被认为是可行的目标[②]。2℃温控目标的充分性仍是一个值得讨论的议题[③]，包括考虑将全球变暖限制在 1.5℃以内的讨论。

虽然全球温度上升是一个重要指标，但是对人类、基础设施和被审慎监管局监管的公司的影响主要是来自当地的变化，例如，与给定全球变暖水平相对应的天气变化。全球平均变暖 2℃意味着，一些大陆的中部地区变暖 3℃，而北极地区[④]至少变暖 4—5℃。

政府间气候变化专门委员会还发现，由于气候变化，一些独特的、

---

① 剑桥大学（2013），《气候变化：行动、趋势和对商业的影响》。

② 审慎监管局与包括英国气象局在内的技术专家讨论了 AVOID2 项目。参见 AVOID（2015）。

③ 参见《联合国气候变化框架公约》（2015）。

④ 政府间气候变化专门委员会（2013）。

受威胁的系统即使在升温 2℃ 的极端天气事件中也会产生很多额外的风险，而全球综合的影响和大规模单一事件风险的影响在升温 2℃ 时是温和的，在升温超过 3℃[①]时就会变得非常严重。

气候变化的影响因地而异。对于欧洲，政府间气候变化专门委员会强调了河流和沿海洪水、极端高温事件和野火，以及在全球平均升温 2℃ 的情况下因水资源约束增加造成损失增加的中等风险。所有这些都将在升温 4℃ 时成为高风险，虽然在大多数情况下，风险可以降低，但是不能通过有效适应来消除[②]。

本章第三节探讨了这些与保险公司密切相关的物理变化。

二氧化碳累积排放量与全球温度预期升幅之间的关系催生了全球碳预算的概念。政府间气候变化专门委员会提供了一系列基于不同证据的二氧化碳累积排放量的估计情况，这些估计情况能够在不同的概率水平上将升温幅度限制在规定的上限内。例如，"与 1861—1880 年相比，要将人类活动造成的总变暖控制在 2℃ 以内的概率大于 66%，这就要求，将自 1870 年以来所有人为的二氧化碳累积排放量控制在 2900 吉吨（范围为 2550—3150 吉吨）"。到 2011 年[③]，人类已经累积排放了约 1900 吉吨二氧化碳。

本章第四节讨论了"2℃ 碳预算"的潜在财务影响（从 2011 年起，预计二氧化碳累积排放量不超过 1000 吉吨才有 66% 以上的概率将温度上升控制在 2℃ 以内）。

三　背景：气候变化和保险业

多年以来，保险人一直关注气候变化的影响，20 世纪 70 年代就出现了首份报告，那时主要的国际再保险人讨论了气候变化与自然灾害损失上升的关系。此后，多家保险人/再保险人进行了气候相关的工作，例

---

① 政府间气候变化专门委员会（2014a）。

② 同上。

③ 政府间气候变化专门委员会（2014a）。除二氧化碳之外，其他温室气体的排放也很重要，如果不被控制，也会导致全球变暖。使用预算概念难以考虑寿命较短的气体，所以应当更好地考虑它们的年代排放量。

如，与科学界合作来提升客户和公众的认识，对气候变化带来的风险和机遇进行内部分析。国内外也有一些国家公开讨论了气候变化的相关政策[①]。

本章其余部分基于审慎监管局的目标，讨论了气候变化对保险业的影响，着重分析了3个风险因素——物理、转型和责任。这些已被确定是3个主要的影响渠道（风险因素）。虽然这些因素都是单独讨论的，但是它们显然是相互关联的，并且与前面讨论的典型浓度路径相关。

例如，当政府间气候变化专门委员会[②]使用气候响应的中值估计时，与工业化前的水平相比，在那些没有其他缓释措施的基准情景中，2100年全球平均地表温度将从3.7℃上升到4.8℃。"如果考虑气候变化的不确定性，那么这一升幅将提高到2.5℃—7.8℃。"这些基准情景将增加保险人的物理风险（见本章第三节）。

按照全球商定的目标，升温幅度需要控制在2℃以内，在这种情况下，就需要通过大规模改变能源系统、采取其他减排措施、利用潜在土地[③]等方法来削减温室气体排放。虽然与基准情景相比，这些大规模的变化降低了长期的物理风险，但是它会导致转型风险（见本章第四节）。

因此，虽然典型浓度路径的情景会以不同的方式影响个体风险因素，但是我们可以考虑所有与当前总体风险水平相比出现增长的情景。正如本章第三节所讨论的，有迹象表明，现有的升温幅度（1880—2012年[④]约为0.85℃）正在对保险公司产生影响（如海平面上升导致损失和保险赔付增加）。如图1—4中的RCP 2.6所示，尽管有一个严格的缓释方案，但人类活动造成的升温幅度仍然有超过2℃的风险。重要的是，我们要将潜在非线性变化的影响考虑在内，而对于这些非线性的影响何时发生[⑤]，有多种看法。

---

① Surminski、Dupuy和Vinuales（2013）。

② 政府间气候变化专门委员会第三工作组（2014b）。

③ 同上。

④ 政府间气候变化专门委员会（2014a）。

⑤ 如Arnell等（2014）。

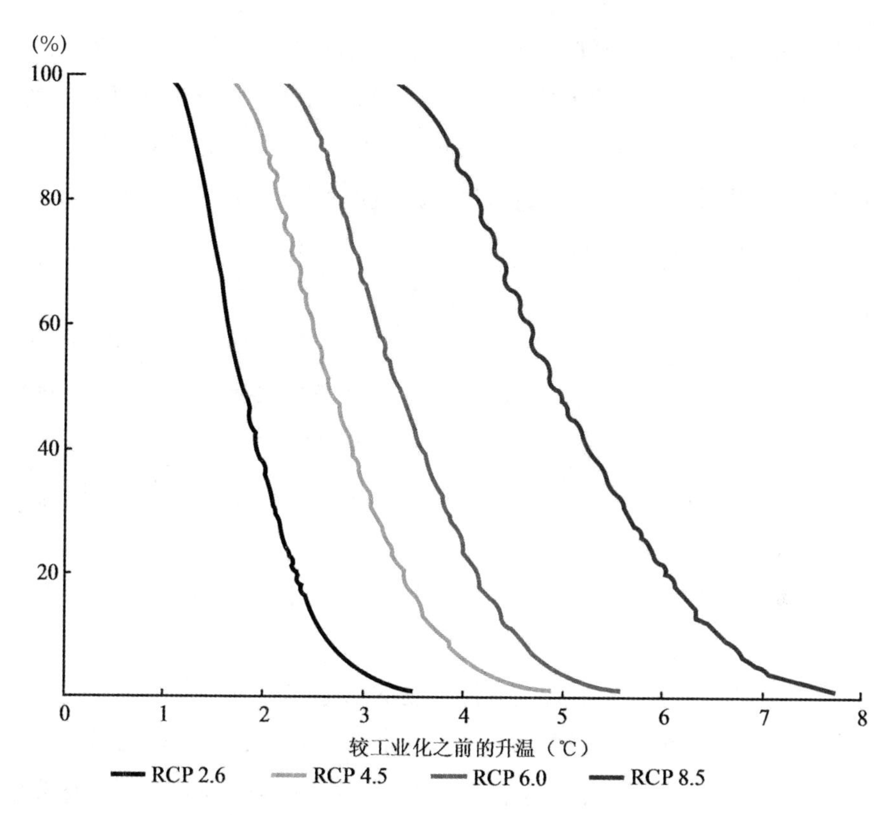

图 1—4 2100 年的全球变暖（由典型浓度路径方案的简单气候模型估计）

资料来源：载于 King 等（2015）中 Lowe 和 Bernie 的工作。

第三节 物理风险

本节从两个方面考虑了气候变化与审慎监管局监管的保险公司的物理风险的关系。(1) 本节第三小节主要讨论非寿险人（特别是财产保险人）的负债端，这是一个直接受天气相关事件影响的领域。该小节考虑了现实的风险敞口以及保险业风险转移作用的长期影响。(2) 本节第四小节主要讨论人寿保险人和非寿险人的资产端。该小节的重点是房地产投资，以及气候变化通过实体经济对金融市场产生的更广泛的影响。(3) 为了进一步说明物理风险，本节广泛地引用了政府间气候变化专门委员会和英国气象局等的专业技术知识。本章特别引用了政府间气候变化专门委员会的第5份评估报告、政府间气候变化专门委员会的一份关于极端事件风险的特别报告（SREX）、英国气候预测（UKCP09情景）以及英国外交和联邦事务部（Foreign and Commonwealth Office）、英国精算师学会等机构最近联合发布的《气候变化：风险评估》（*Climate Change：A Risk Assessment*）。

一 内容

（一）政府间气候变化专门委员会的出版物和其他出版物显示，极端天气事件的风险将随着全球平均温度的上升而增加

气候的两方面预期变化——年平均表面温度和年降水量——随着地理位置和政府间气候变化专门委员会所设定情景的不同而变化。预计其他很多环境指标也会发生变化，而这些指标会对人、基础设施和生态系统产生重要影响。

气候变化将导致极端天气事件发生的频率和严重程度增加，这是一个复杂的技术性领域。下文是一些可能给保险公司带来风险的潜在变化的例子[①]，包括：（1）热浪持续时间更长、频率更高、强度更大，部分地区干旱加剧；（2）沿海水位上升和强降水频率增加；（3）虽然全球热带气旋的频率可能下降或保持不变，但是在一些海洋盆地，最强风暴的频率很可能会显著增加。

本章利用政府间气候变化专门委员会第5次评估报告和《气候变化：风险评估》的分析，进一步扩展了日益严重的物理风险的两个方面——沿海城市海平面上升风险和河流洪水的风险。

1. 沿海城市海平面上升的风险

Nicholls等[②]的研究表明："2005年，中国有136个沿海城市的人口超过100万，人口合计达到4亿。所有这些沿海城市都不同程度地受到海洋洪水的威胁，并且由于对海洋的敞口（人员和资产）日益扩大，这些风

---

① 这不是一个详尽的列表。对于更全面的讨论，请参见"气候智慧"团体（ClimateWise）和剑桥大学可持续领导力研究所（2012）。

② 发表于King等（2015）。

险正在不断增加。缘于气候变化造成的海平面上升，在一些城市，重要的沿海居住地由于人类活动（向敏感的土壤排水和从中抽取地下水）而发生沉降。”

图 1—5 显示了不同 RCP 情境下的全球平均海平面上升情况，而图 1—6 则显示，随着海平面的上升，纽约、上海和加尔各答当前“百年一遇”事件的发生频率有所增加。根据 Nicholls 等（2015）的研究，“海平面每上升 1 米，上海‘百年一遇’洪水事件的发生频率就会增加约 40 倍，纽约增加约 200 倍，加尔各答增加约 1000 倍”。

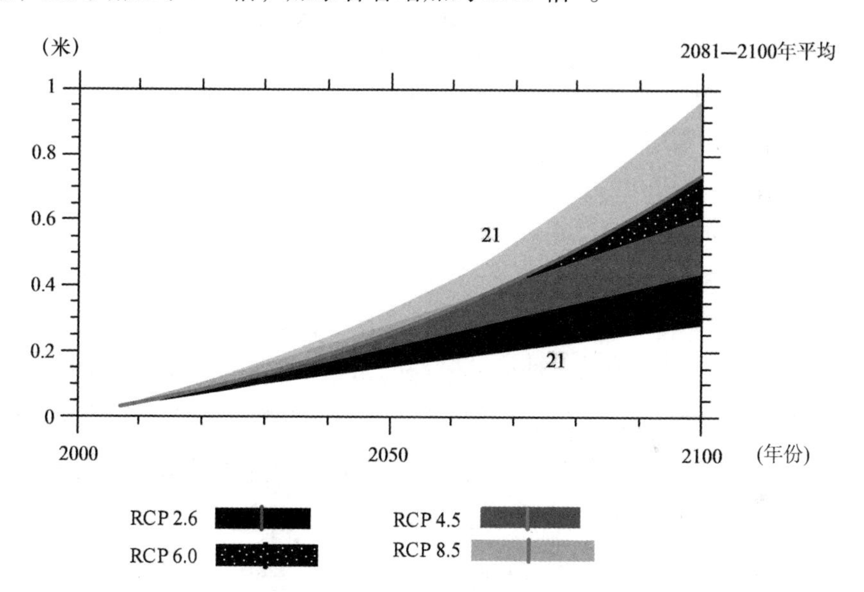

图 1—5　全球平均海平面上升（相对于 1986—2005 年）

资料来源：改编自政府间气候变化专门委员会综合报告（2014）中决策者摘要的图表 SPM. 6。该报告显示，通过多模型模拟确定，全球平均海平面①从 2006—2100 年上升了。所有变化是相对于 1986—2005 年而言的。情景 RCP 2. 6 和情景 RCP 8. 5 显示了投影的时间序列和不确定性度量（阴影）。2081—2100 年，所有典型浓度路径情景的平均和相关的不确定程度均以每个面板右侧的彩色竖条形式给出。该报告还显示了“耦合模型对比项目”（用于计算多模型均值）第 5 阶段（Coupled Model Intercomparison Project，CMIP5）的模型的数量。

① 政府间气候变化专门委员会（2014）。根据目前的认识（从观察、物理认识和建模），只有南极冰盖的海基板块开始崩溃，才可能导致全球平均海平面在 21 世纪超出预期的大幅上升。我们有中等程度的信心确认，在 21 世纪，这一因素不会引起海平面上升超过零点几米。

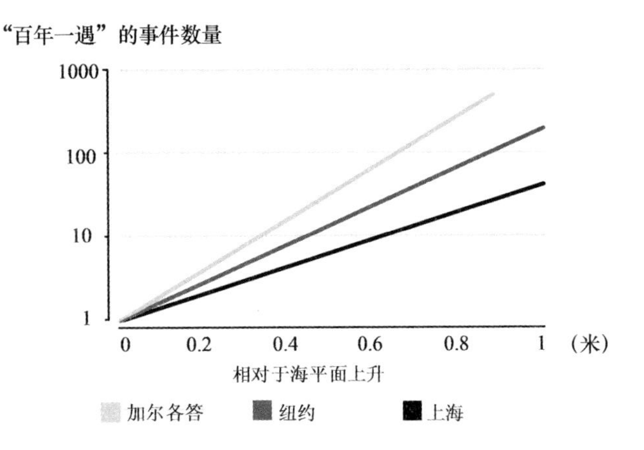

图1—6 相对海平面上升导致"百年一遇"事件频率增加

资料来源：载于 King 等（2015）中 Nicholls 的工作。

2. 河流洪水风险

根据 Arnell[①] 的调查，河流洪水是全球影响最严重和最广泛的天气灾害。慕尼黑再保险公司的自然灾害目录显示，1980—2014 年，河流洪水占所有损失事件的41%，造成了27%的死亡人数和32%的财产损失。降水时间和降水量的变化会使汛情发生较大变化，从而造成损失。2010 年，有 7 亿多人生活在主要洪泛区，其中约 200 多万人受洪水的影响，每 30 年就有至少 1 次的回潮期。

图 1—7 显示了政府间气候变化专门委员会的情景 RCP2. 6 和情景 RCP8. 5 中受洪水影响的人数随时间变化的情况。受洪水影响的人数超过了全球当前"三十年一遇"洪水影响的人数。未来人口数字将继续增加，图 1—7 也说明，在政府间气候变化专门委员会的不同假设下，气候变化的预期影响有很大的差异。

（二）英国的证据显示，某些气候或天气方面的因素正在发生变化，预计这些变化还将持续

英国气象局有如下表示。（1）英国有记录的 10 个最热的年份中，有 8 个发生在 2002 年以后，而所有 10 个最热的年份都发生在 1990 年以后，

① 发表于 King 等（2015）。

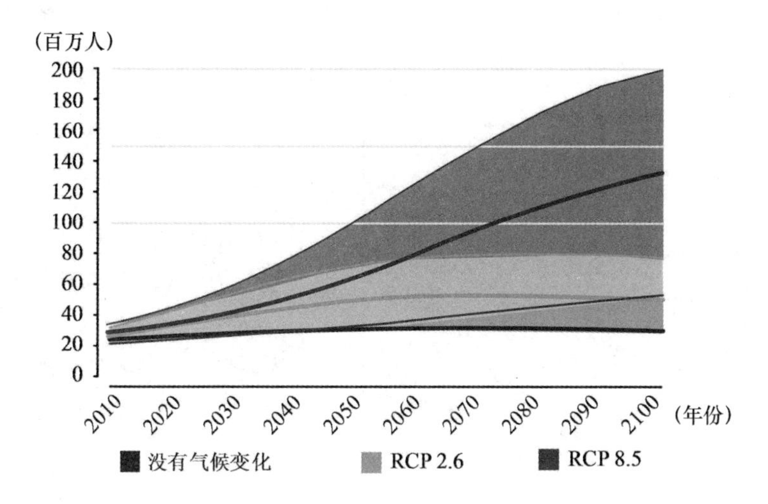

图 1—7　每年受河流洪水影响的平均人数（在不同气候变化影响的情况下）

注：实线表示对每个路径影响的估计值的中位数，阴影区域表示 10%—90% 的范围。按人口增长中速推测。

资料来源：载于 King 等（2015）中 Nicholls 等的工作。

且 2005—2014 年的平均温度比 1961—1990 年高出 0.9℃。（2）在英国近海岸海面温度最高的 10 年里，有 9 年出现在 1989 年以后。在 20 世纪，修正地壳运动活动之后，英国周围的海平面平均每年上升约 1.4 毫米。（3）2013 年和 2014 年之交的冬天是英格兰和威尔士自 1766 年有记录以来最潮湿的一年，英国 10 个最潮湿的年份中有 7 年出现在 1998 年以后①。

从长远看，英国气候项目（见图 1—8）预测，未来冬季的降水将会增加。在中等排放情景下，对冬季降水的中心估计显示，到 2080 年，英国大部分地区的降水量将增加 10%—30%。在 90% 的概率水平上，英格兰南部某些地区的冬季降雨量的增长率为 50%—70%。巨大的自然变化与这一长期趋势密切相关，从而将导致更显著的极端降水变化。

① 英国气象局哈德利中心（2015）。

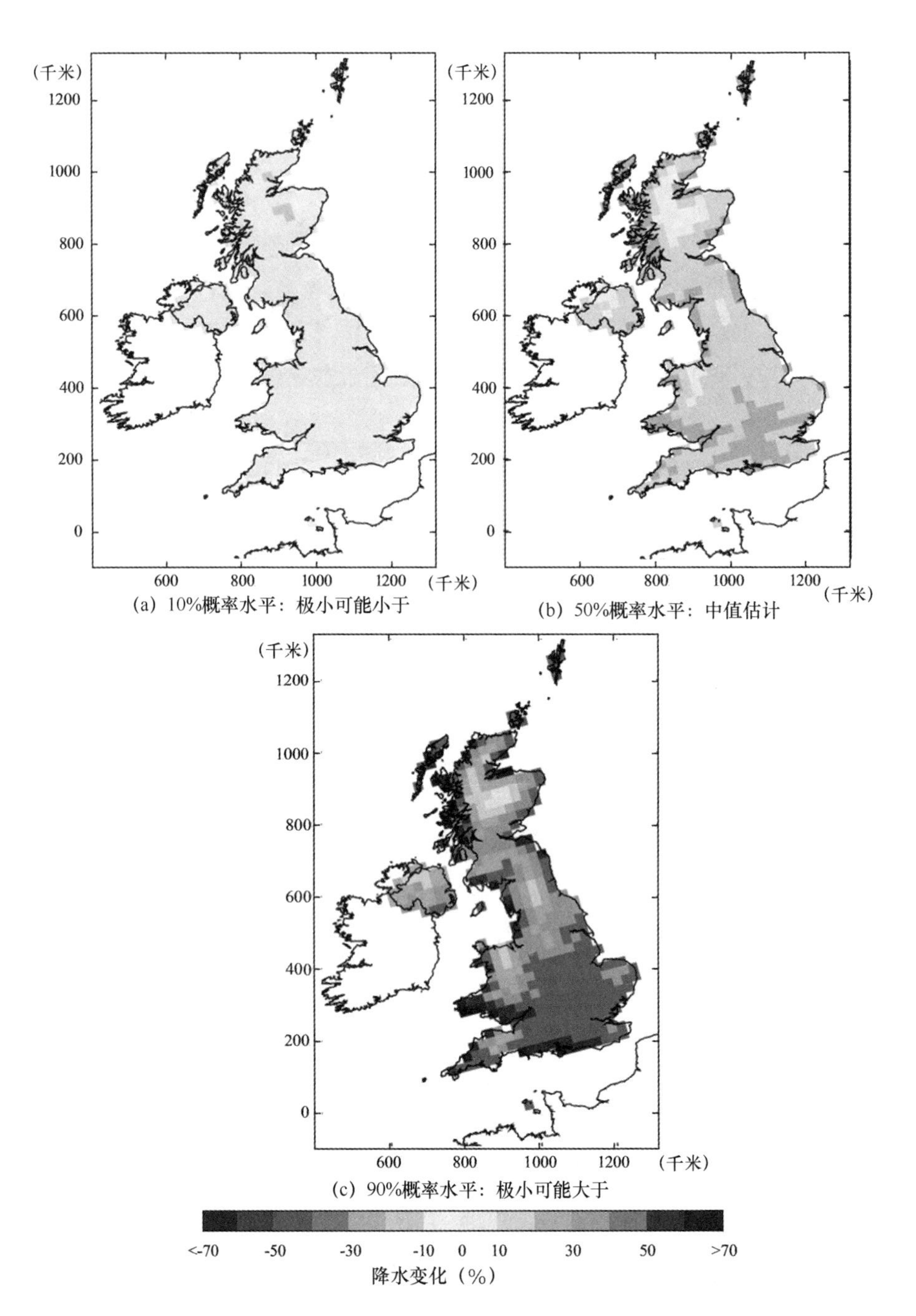

图1—8 在中等温室气体排放情景（UKCP09）下，20世纪80年代冬季年平均降水量在10%、50%和90%概率水平上的变化

资料来源：Jenkins等（2010）。

二 与审慎监管局监管的保险公司的关系

物理风险可以是直接的，也可以是间接的，其与保险公司的资产端和负债端都有关系

审慎监管局与保险公司进行了较深入的讨论，明确了两类物理风险：直接由气候和天气事件造成的风险，如洪水和风暴；以及那些可能由后续事件造成的风险，如供应链中断、资源稀缺以及对宏观经济、政治和社会的潜在冲击。

如下所述，无论是非寿险公司还是人寿保险公司，这些直接风险和间接风险对资产端和负债端均有影响。以下按相关性的大致顺序分析这些问题。

1. 非寿险的负债

审慎监管局认为，气候变化带来的直接物理风险与财产保险以及海上、航空及运输（MAT）保险等业务类别密切相关。这些直接风险可能来自一系列的风险事件，例如强风暴等自然巨灾，或沿海或河流洪水等灾难事件。这些类型的事件发生过多次，因此，它们通常属于“模型化”风险的范畴。本节第三小节“三 物理风险对非寿险负债的直接影响”提供了对这些非寿险风险承保责任的当前和未来的风险敞口评估。

间接风险可能影响更广泛的保险业务线，如财务损失、农业和政治风险。因为这些风险可能是超出预计范围或者根本没有被预计，而且关于这些风险的数据是有限的，或者可能被曲解，所以它们通常未纳入行业机构的模型之中，而被视为“未模型化”的风险。这些间接风险的内在不确定性以及气候变化未来可能产生的影响，致使评估这些间接风险变得更具挑战性。为了说明这些间接风险是如何产生的，专栏 1—3 讨论了泰国洪灾[①]造成的业务中断的赔付案例，专栏 1—3 强调了气候变化的一些潜在的更广泛的影响，重点是食品安全、全球安全和流离失所问题。本章第五节讨论了责任风险的几个例子。

---

① 泰国洪灾的例子是为了说明天气方面的事件如何产生间接风险。

专栏1—3 间接风险——2011年泰国洪灾造成的业务中断[①]

2011年，泰国遭受了50年来最严重的洪灾，造成450亿美元的经济损失和120亿美元的保险赔付。虽然洪水在泰国并不罕见，但是许多人没有预料到这一事件的严重程度，也没有考虑到它对远在欧洲和美国的公司造成的连锁影响。

洪水造成的严重破坏迫使1万多家生产消费电子、纺织品和汽车产品的工厂关闭，厂房和办公场所无法进入，交通瘫痪，机器停工。这不仅严重影响了泰国经济，还扰乱了许多依赖这些制造商提供机械零部件的企业［如索尼（Sony）、尼康（Nikon）、本田（Honda）等］的全球供应链，导致生产减少甚至中断。这些国际化企业向所投保的保险公司和再保险公司提出紧急业务中断的索赔，致使劳合社赔付了22亿美元。保险公司和再保险公司现在已将更多注意力集中在这类间接索赔上，采取诸如除外责任和提高费率等做法，以降低其带来的风险。

2. 非寿险人和人寿保险人的资产

直接和间接的物理风险也与非寿险人和人寿保险人的资产端有关。例如，风暴和洪水可以直接影响保险人对房地产的投资，正如专栏3所示，这些事件也会造成经济损失，可能通过实体经济渠道间接影响金融市场。这些问题将在本节第二小节“四 物理风险对保险资产的影响”中讨论。

3. 人寿保险人的负债

发病率的增加、严重热浪造成死亡率及温度的上升带来的其他间接影响［如疟疾传播疾病（即蚊子传播的疾病等）的增加］，构成了人寿保险人负债端的最大威胁。虽然与其他威胁（如流行病或人口结构变化）相比，这些威胁与人寿保险人的关系较小，但是气候变化可能对这些风险产生影响，所以审慎监管局将这些风险视为长期风险。审慎监管局还认为，死亡率和长寿相关风险之间的部分对冲关系将减轻其潜在影响。附录2中有更详细的说明。

---

① 劳合社（2012）、Aon Benfield（2011）和RSA（2014）。

专栏1—4　气候变化的更广泛影响[①]

粮食安全

劳合社（Lloyd's of London）最近发布的一份报告对粮食安全对商业和保险的意义进行了研究，该报告认为，粮食不安全是未来十年全球面临的最大风险之一。虽然已经确定了一些因素，但是气候变化仍被认为是最重要的供给侧因素之一，并可能极大地改变全球粮食市场。该报告强调，发展中国家尤为脆弱；到2050年，儿童营养不良程度预计将比没有气候变化时高出20%。英国也有这样的例子，据报道，蚜虫是英国主要的农业害虫之一，而随着温度上升，蚜虫更早出现在农田，导致农作物减产。该报告讨论了若干保险方面的问题，包括农业、环境责任、恐怖主义及政治风险等的保险。

全球安全和流离失所

2011年7月，时任联合国秘书长潘基文在联合国安理会就气候变化的影响发表讲话时提到，极端天气事件“不仅会摧毁生命，还会破坏基础设施、机构和预算——这是一种邪恶的酝酿，会造成危险的安全真空”。政府间气候变化专门委员会表示，“气候变化显而易见会放大贫困、经济冲击等，从而间接提高暴力冲突的风险”。政府间气候变化专门委员会还强调：适应能力较差的人群——尤其是发展中国家的人群通常最容易受到极端天气事件的影响，从而导致流离失所的人数不断增加。

三　物理风险对非寿险负债的直接影响

本小节讨论了气候变化对非寿险公司负债端带来的直接的物理风险，包括当前和潜在的影响。

直接风险会影响一系列的业务线，而审慎监管局认为，其中，财产险和海上、航空及运输险（Marine，Aviation and Transport，MAT）特别重要。2014年，被审慎监管局监管的非寿险公司（包括劳合社）的总承保

① 劳合社（2013）、联合国（2011）和政府间气候变化专门委员会（2014）。

保费为780亿英镑，其中38%来自这些业务线（见图1—9）[①]。

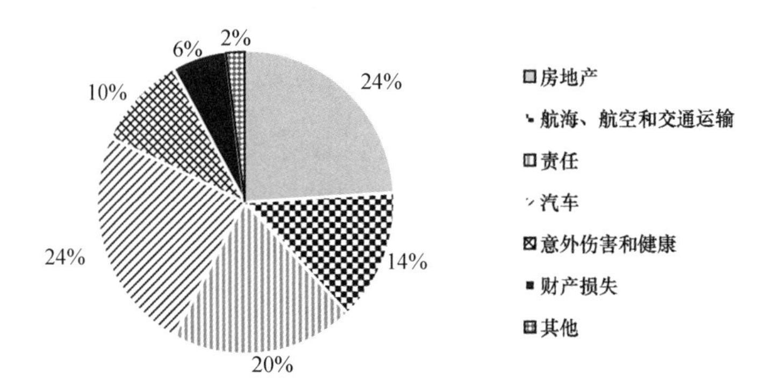

图1—9 被审慎监管局监管的非寿险公司的总承保保费（2014年）

资料来源：审慎监管局进行的收益分析（2014年年底）。

（一）有证据表明，全球自然灾害的数量和这些事件造成的损失正在增加。风暴、洪水和漏水对英国造成损失的变动较大，它们通常由重大事件主导

气候变化可能导致一些与财产险和海上、航空及运输保险（MAT）有关的变化，如强降水、强风暴和沿海高水位上升。下文的分析侧重于其中两项——全球自然灾害和英国风暴、洪水及相关灾害。

1. 全球自然灾害

伦敦保险市场（包括劳合社）承保了全球相当大比重的有关天气的自然灾害风险（“cat风险”）。审慎监管局估计，巨灾损失（包括地震造成的损失）平均占到保险公司（不含劳合社）承保年度的总损失的10%，占劳合社承保年度总损失的20%[②]。

根据慕尼黑再保险公司的数据，与天气相关的自然灾害损失事件的记录在过去30年中增加了2倍，而地震等地球物理事件的数量保持基本不变（见图1—10）。

① 780亿英镑的数字包括了劳合社的业务，但是不包括再保险保费（其中有一部分是重复计算的）。

② 审慎监管局分析（2014）。在英国，非劳合社的企业的总承保保费约为500亿英镑，劳合社的总承保保费约为250亿英镑。

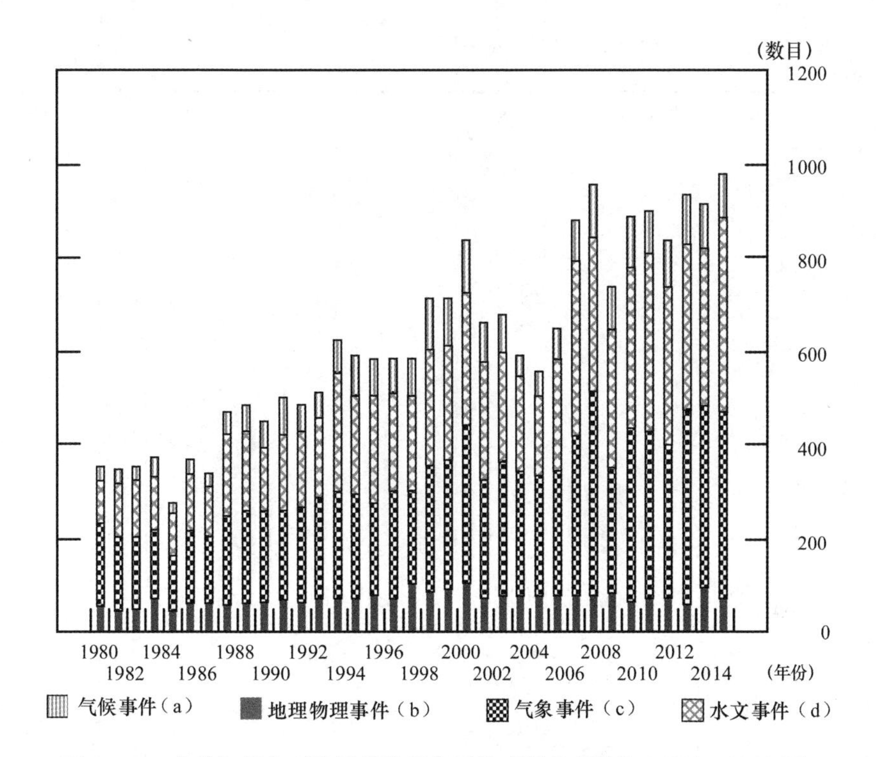

图1—10　全球气候方面及地球物理方面的"损失事件"（1980—2014年）

注：（a）自然灾害损失事件是指，该事件的报告清楚地表明了由受损财产造成的直接经济损失（和/或人身损失）。（b）地震、海啸和火山活动。（c）热带风暴、对流风暴和局部风暴。（d）洪水和泥石流。（e）极端温度、干旱和森林火灾。事件数量的统计数据容易出现报告偏差，不过，随着时间的推移，较小损失事件的报告会更加准确。

资料来源：慕尼黑再保险的巨灾研究平台（NatCatSERVICE，2015年）。

调整通货膨胀因素后，天气相关的损失事件造成的损失总额在过去30年中增加了约3倍，2010—2014年达到了年均1400亿美元（见图1—11）。保险赔付也从20世纪80年代的年均约100亿美元增加到2005—2014年的年均约500亿美元。

2. 风暴、洪水和相关风险

在英国，风暴、洪水和其他相关事件（如漏水）是气候及天气相关损失（包括对商业和住宅房产造成的损失）的主要成因。如图1—12显示，这些事件给住宅房产造成的损失每年都有显著差异，而且通常以特定的大型事件为主，如1990年的风暴或2007年的洪水。

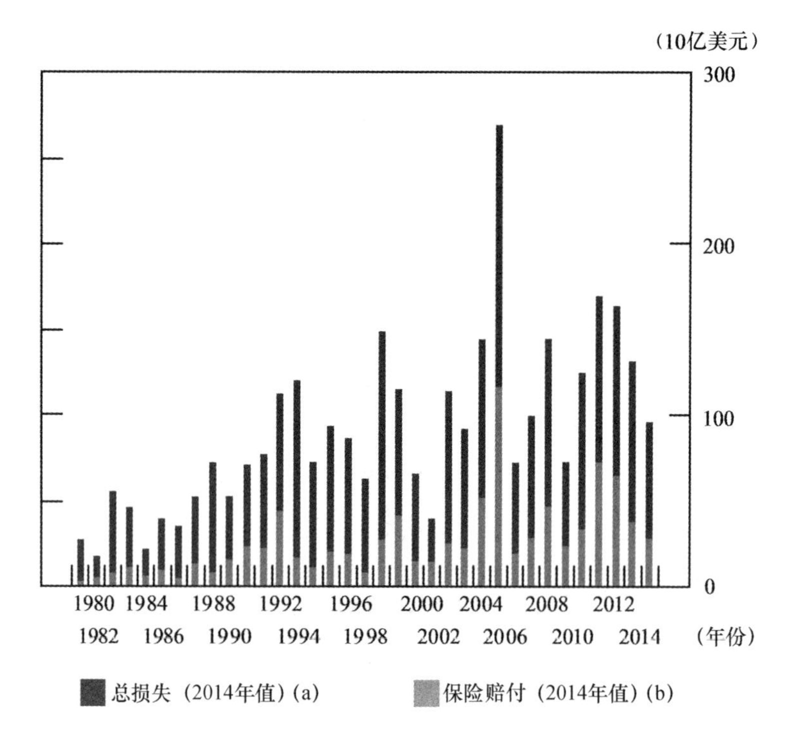

图1—11 1980—2014年全球天气方面的损失事件

注:基于2014年的价格水平,根据国家消费价格指数对通货膨胀进行调整。

资料来源:慕尼黑再保险公司业 NatCatSERVICE(2015年)。

（二）虽然保险赔付背后的原因很复杂，而且主要受风险敞口的影响，但是有迹象表明，气候变化正在成为一个助推因素

保险公司在模拟气候变化风险时通常会考虑3个主要因素——灾害(天气事件的物理特征)、风险敞口(人员和资产)和脆弱性(特定事件造成的损害)。

保险赔付增加背后的原因是复杂的。对气候变化造成的损失进行全面的技术分析超出了本章的范围。然而，为了反映现有的研究，下文列举了一些观察结果。(1)初步评估显示，保险赔付增加的主要原因是风险敞口增加。例如，根据 Aon Benfield① 的数据，85%的损失增幅是由经

① Aon Benfield(2014a)。

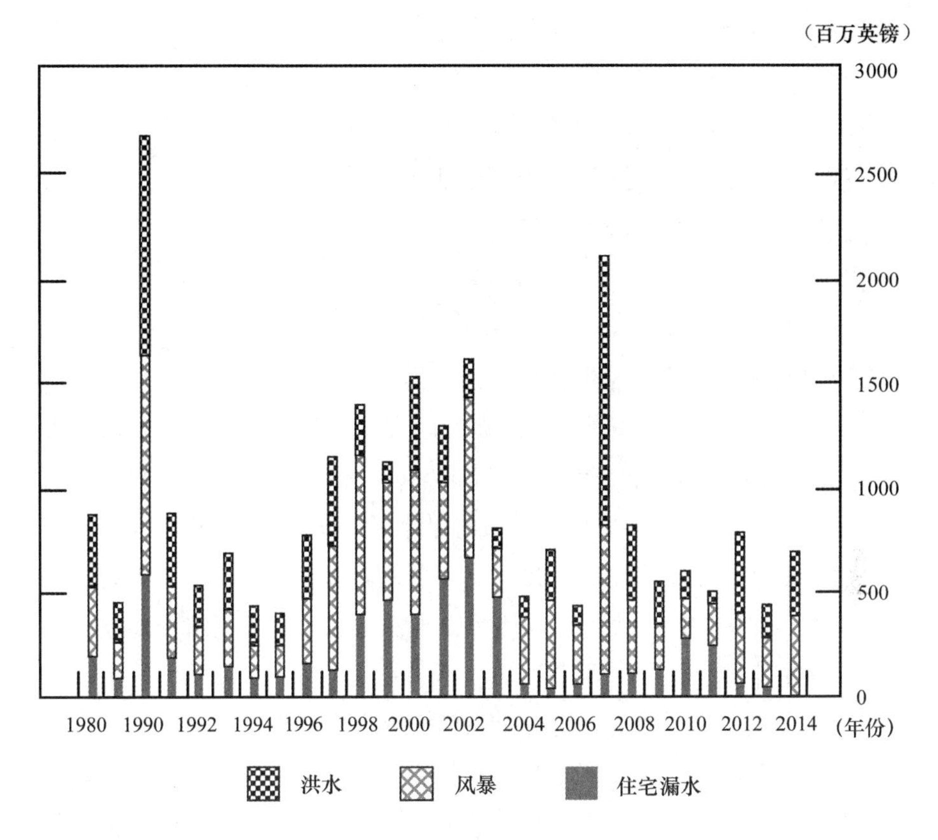

图 1—12　英国每年因洪水、风暴和漏水造成的住宅房产保险赔付（1988—2014 年）

资料来源：英国保险协会（ABI）（2015 年）。

济增长和人口向沿海和城市地区迁移造成的，而其他因素（包括天气及气候）占了剩下的 15%。（2）已有证据证明了气候变化的影响，特别是对损失严重程度的影响。例如，劳合社估计，自 20 世纪 50 年代以来，Battery 海平面上升了约 20 厘米，在其他因素保持不变的情况下，由超级飓风“桑迪”（Sandy，2012）引起的风暴潮仅在纽约造成的损失就增加了 30%[①]。（3）在过去几年中，英国气象局哈德利中心（Hadley Centre）在调查全球极端事件原因方面发挥了重要作用。英国气象局称，“如果我们研究 2013 年发生的事件，就可以发现，16 起事件中有 10 起的发生概

① 劳合社（2014b）。

率受到了人为影响"[1]。(4)保险业及相关专业团体正积极加深对这方面的了解。例如，回复审慎监管局调查的公司正在资助外部研究力量，或通过 Climate Wise、日内瓦协会等组织与外部研究力量合作，以进一步了解气候变化的影响。更广泛地说，专业机构也在从事类似的研究活动，如北美精算师编制的精算气候指数。

(三) 非寿险公司适应不断增加的风险水平的能力将受到操作、业务模式和结构等因素的影响

1. 操作因素：巨灾风险模型的使用

历史上的重大灾难事件给非寿险公司敲响了警钟，并推动了风险管理方面的创新。例如，在经历了 1992 年 Andrew 飓风事件（165 亿美元的保险赔付[2]，未调整通货膨胀）和一些保险公司破产之后，保险业开发出了一套更复杂的方法来评估巨灾风险，并为类似事件制定了更有韧性的解决方案。保险人现在普遍可以使用灾难模型来评估投资组合的损失以及估计其资本需求。

巨灾模型是复杂的。它们模拟了可能发生的事件的物理特征，并量化了它们的影响（如某些位置的洪水深度、对建筑物的破坏）。最严重的灾难是罕见的，几个世纪才会发生一次，所以关于其影响的记录很少且是零星的。因此，模型开发人员只能通过一系列的假设和近似来构建巨灾模型，从而导致了风险估计结果的显著差异。因为模型的复杂性，保险公司在对风险进行判断时往往需要借助外部供应商的力量。目前，这一市场由少数几家建模公司主导。风险、国家和供应商之间的损失估计结果存在着很大的差异。

在过去 20 年中，巨灾风险模型的精密性有了显著提升。但是，它们本质上仍然是不确定的，而气候变化的影响不断加强了这种不确定性。建立巨灾模型通常是用来估计当前的风险，而不是预测气候趋势或推断这些趋势在未来的影响[3]。标准普尔（S&P）的粗略说明显示，如果过去

① 大都会办公室哈德利中心（2014）。

② Leggett（1993）。

③ 参见 2015 年 2 月"气候智慧"团体所组织的圆桌会议的讨论。

十年反映了"新常态"，那么当前对灾难损失的估计可能偏低了50%，"十年一遇"和"二百五十年一遇"收益周期中的灾难损失均有所低估。虽然这是相对简单的分析，但是它仍然为了解气候变化影响的潜在规模提供了一个有用的视角[1]。

此外，虽然目前的巨灾模型一般涵盖了较为成熟的风险（如美国和欧洲的风暴），但是还没有覆盖一些地理区域和天气事件。前文讨论的2011年的泰国洪灾就是"未模型化"风险的一个很好的例子。

2. 业务模式因素：组合分散化、风险转移和逆向生产周期

保险公司采用多种方法来管理其巨灾风险敞口，并使之与风险偏好保持一致。这些方法包括组合分散化、风险转移和逆向生产周期。

第一，组合分散化。保险公司通过对不同地理区域、对不同风险和对不同产品的承保，能够降低其遭受多重重大损失的风险。保险公司不仅为巨灾风险提供保障，还提供其他对自然灾害几乎没有风险敞口或风险敞口较小的业务线，如汽车保险或财务保险。此外，巨灾损失与保险公司面临的市场风险、信用风险和操作风险等几乎没有关联，因此，保险公司承担巨灾风险有助于实现其资产负债的分散化。

第二，风险转移。保险人将风险转嫁给再保险人，以管理巨灾事件产生的内在波动性，并使自留损失与其风险偏好保持一致。根据再保险合同，再保险接受人承担保险人承保的部分风险，并收取一定费用。保险公司通过将一定比重的损失或超过一定阈值的损失分出给再保险人来保护自己的资产负债表，降低收益的波动性，并获得更多承保新风险的能力。再保险人通过在全球分散风险避免了过度承担风险，从而在当地保险市场发挥着稳定器的作用，确保以比其他方式更低的价格获得更多的保险。目前，约有200家公司提供再保险服务，其中前十大再保险人（按保费金额计算）约占全球保费收入总额[2]的一半。据瑞士再保险公司的统计，2011年再保险业保费收入约为2200亿美元，股东权益约为2200亿美元[3]。有

① 标准普尔（2014）。

② 瑞士再保险公司（2012）。

③ 同上。

了这样的资本基础，再保险人就有能力去承保巨灾风险。

保险公司逐渐开始使用被称为“另类资本”的新兴风险转移机制。如图1—13显示，自国际金融危机以来，全球再保险资本大幅增长，从2008年的3400亿美元增至2014年的5750亿美元；其中超过1/4的增长归因于另类资本。目前全球另类资本约占再保险资本的12%（约650亿美元）。保险公司在考虑某些地区，特别是高风险地区时，这一比例通常更高；例如，对于佛罗里达州的飓风险，另类资本提供了超过25%的承保能力。[①] 关于另类资本进一步的背景资料参见专栏1—5。

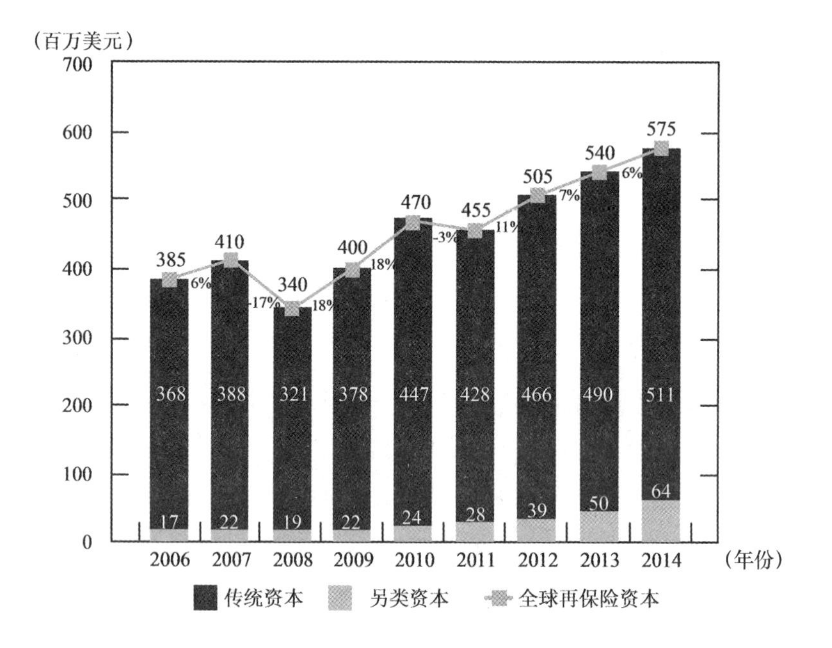

图1—13　2007—2014年全球另类资本和再保险资本

资料来源：Aon Benfield（2015年）。

专栏1—5　另类资本[②]

另类资本允许机构投资者直接投资于某些灾难风险（如佛罗里达飓

① 审慎监管局预测（2015）。

② 审慎监管局《技术议程》，2015年。

风)，而不是通过保险人或再保险人间接投资。从投资者的角度来看，这些产品本质上与传统债券相同——票息由分出的保险人支付，本金收回要取决于是否发生了某些灾难（达到一定规模的灾难）。这些结构化产品主要是在 Andrew 飓风（1992）和北岭地震（1994）之后发展起来的。这两场灾难导致再保险公司大幅削减了他们能够提供的风险保障。另类资本可以扩展到更广泛的投资者群体，从而提高保险人的承保能力。

近年来，另类资本大幅扩张，目前已经为佛罗里达等地区提供了约 1/4 的全球的巨灾再保险承保能力。然而，近年来的增长并不是缘于传统再保险能力的下降，而是缘于低利息/低收益的环境。随着其他领域风险溢价的下降，巨灾债券变得越来越有吸引力，这主要缘于：其有较好的收益率，以及人们认为巨灾债券的风险与其他金融风险无关。

第三，逆向生产周期。如本章第二节所述，保费一般是提前支付的，而待遇在以后支付。例如，国际保险监督官协会（2011）参考了美国再保险协会的分析，该分析显示，卡特里娜飓风（2005）发生 6 个季度（11 个季度）后，再保险索赔才处理完了 60%（80%）。延期使得赔付随时间推移而分散，进而可以纾解灾难事件带来的财务压力，特别是流动性压力。

3. 结构性因素：短期合同和监管资本要求

第一，短期合同。如表 1—2 所示，2009—2014 年[①]，12 个月以上的保单（即多年期保单）的毛保费总额仅占 5% 左右。因此，对于大多数合同，保险人每年都能根据风险因素的变化对其业务组合重新定价并收取保费。这意味着，由于市场的约束，任何潜在的气候变化风险或成本高于预期的重大天气事件都将在下一年的保单定价中予以考虑。

---

① 保费总额的数据来自审慎监管局年度报表，与英国企业及其海外分支机构在年底报告的事故年度的数目相关。这些数字不包括劳合社的业务或报告的承保年度偏差。

表1—2　　超过12个月保单（即多年期合约）占承保毛保费总额的比重（2009—2014年）

	2009年	2010年	2011年	2012年	2013年	2014年
总承保保费：多年期合同（10亿英镑）	2.2	2.2	2.2	2.0	2.4	2.2
总承保保费：年内累积风险（10亿英镑）	41.2	43.1	43.0	43.0	45.6	44.5
多年期合同的占比（%）	5.4	5.1	5.2	4.7	5.3	4.9

资料来源：审慎监管局进行的收益分析（2014年年底）。

第二，监管资本要求。受20世纪90年代到21世纪初英国非寿险业面临的挑战的推动，个体资本充足率标准（Individual Capital Adequacy Standards，ICAS）监管制度于2005年推出。作为个体资本充足率标准监管制度的一部分，保险人需要留出足够的资本，以确保自身的偿付能力在一年内保持在99.5%的置信水平。有时这被称为“二百年一遇”的标准。这种置信水平也是新资本体系“偿付能力Ⅱ”的基础。资本量是以风险为基础的，因此，承担更大风险的公司需要更多的资本。“偿付能力Ⅱ”制度还规定了为应对不可预见事件而预留资本所支持的资产的质量，包括对公司治理状况的评估。审慎监管局要求保险公司向其报告资本水平，并要求公司根据“偿付能力Ⅱ”进行前瞻性的资本要求评估，这将有助于分析由气候变化产生的预期影响。

有证据表明，2007年发生在英国多个地区的洪灾给英国保险业造成了30亿英镑的赔付，其严重程度处于“七十五年一遇”洪水和“二百年一遇”洪水之间[①]。虽然这些频率是粗略估计的，但是如果此类事件再次发生，那么公司应当保持偿付能力，将资本保持在能够应对“二百年一遇”的损失水平。

（四）总而言之，这些因素表明，被审慎监管局监管的保险公司有足够的能力管理当前的物理风险水平；审慎监管局将继续监测保险公司在这方面的工作

审慎监管局的总体观点是，保险公司要有足够的能力管理气候变化

① 英国环境局（2007）。

带来的现实的物理风险；虽然与审慎监管局所关注目标之间的关联性要低一些，但是，保险公司也应当：（1）从多维度考虑风险，包括使用情景分析和压力测试；（2）与学术界建立密切联系，将最新的科学证据纳入对风险的评估，其中包括气候发生更突然、更严重变化的可能性；（3）考虑对气候变化风险进行适当的治理，包括在新兴风险委员会中开展讨论、指派高级管理人员监管以及利用内部环境委员会。

根据其分析，审慎监管局希望与被监管的公司一道讨论本章的发现，并继续监控管理非寿险负债的物理风险的方法。审慎监管局还认为，英国以外地区的适应能力更弱，这对寻求开拓发展中经济体市场的保险人产生了重要影响。

（五）从长远看，物理风险水平的不断上升给基于市场的风险转移机制和非寿险业务模型背后的基本假设都带来了一系列的挑战

除本节开头的讨论之外，目前预计，由气候变化带来的物理风险水平在未来几十年会不断增加，特别是在高碳排放情景下。

长远看来，气候变化会威胁某些风险的可保性。Ranger 和 Surminski 最近的一项研究强调了这一点："更高、更不稳定、更不确定和更紧密相关的损失意味着保险人（再保险人）需要提高保费。"在极端情况下，保险公司甚至可能不得不拒绝承保某些地区或类型的风险①。这将对私人保险和公共保险的平衡产生影响。

虽然这些风险一般都被认为是长期的，但是温室气体造成的气候变化也可能比预期的要早得多。例如，近期的一项研究②证实了一个剧烈的变化，在背景层面上，到 20 世纪末，欧洲炎热夏季的回归时间预计将由至少"千年一遇"缩短到大约"五十年一遇"，再到现在的"五年一遇"，十年之间缩短到 1/10。

为了提供进一步的信息，下文讨论了两方面内容——对基于市场的风险转移机制的影响和对风险相关性的影响。

---

① Ranger 和 Surminski（2013）。

② Christidis、Jones 和 Stott（2014）。

1. 对基于市场的风险转移机制的影响

如本章第二节所述，保险在向金融业和整个社会提供风险转移方面发挥着关键作用。一旦风险的可负担性或可保性受到威胁，政府可能就有理由进行干预，以减轻保单持有人日益增加的保费负担。

气候条件变化（可能反映也可能不反映长期趋势）的影响可能造成既定的保险安排中断以及出现相关风险，从而造成重要的公共政策问题。

洪水保险的条款说明了该地区当前面临的挑战以及可能出现的情况。目前，公共部门参与提供住宅洪水保险的情况已经非常普遍，许多国家都采用了某种形式的公私合营安排或国家管理计划。实际上，各国政府已经决定，虽然非寿险人能够迅速适应变化，但是保险保障服务具有公共物品的性质，特别是住宅房地产保险。

直到最近，英国一直遵循《原则声明》的做法，以政府对防洪领域公共投资的承诺为基础，由私营保险公司承保和管理保单。然而，随着洪水发生率和受影响地区房地产建设的增加，这种做法已经成为一个旨在向纯粹市场化定价转型的临时性计划，被称为“洪水再保险”。正如洪水再保险计划的首席执行官在专栏 1—6 所称的，这一计划的报告日期需要得到监管者的批准[①]。

专栏 1—6　洪水再保险[②]

洪水再保险计划的目的是，为英国 35 万—50 万面临严重洪水风险的家庭提供可负担的洪水保险。洪灾造成的破坏不但是毁灭性的，而且持续时间长。洪水再保险计划创建了一个基金，为那些没有洪水风险的房地产提供补贴，使得高风险的房地产能够被承保。该计划采用基于再保险的业务模式。保险公司能够将住宅房产保险中的洪水风险因素纳入洪水再保险，保费上限与房地产委员会的税种挂钩。洪水再保险计划将促进保险市场的竞争，使得客户受益。洪水再保险不会与零售客户直接

① 洪水再保险计划目前正在寻求审慎监管局的批准。

② 由洪水再保险计划（2015）提供。

接触。

保险业之所以提出“洪水再保险”的概念，并为其寻求政府的支持和赞助，是因为运作洪水再保险需要征费权。该计划将以多种方式考虑气候变化的影响。首先，该计划将把2008年以后建造的所有房地产排除出其承保范围，以防止对洪泛区的住宅房产开发产生不当的激励。其次，洪水再保险有法定责任在25年内向反映风险的正常定价模式转型。在引入洪水再保险计划的建议中规定了这项责任，要求为这一转型不时制订计划。

保险业同意设立洪水再保险计划，而政府承诺在未来25年继续在防洪及维修方面提供不低于某一水平的投资。此外，保险业已经与洪水再保险计划达成了协议，告诉客户到哪里寻找信息，以及如何改造他们的房产以减轻受洪水的影响。

为达到法定及监管目标，洪水再保险委员会可采取进一步行动，提高消费者对计划的认识，并利用洪水再保险计划不断累积的数据。委员会还考虑应对洪水再保险可能造成的负向激励效果，如面临洪水风险的居民不采取防洪补救行动。

图1—14显示了来自牛津大学和伦敦经济学院的一个案例研究结果，该案例研究调查了气候变化对定价的影响，以及前文所述的洪水再保险等干预措施的初步影响。

如图1—14显示，在引入洪水再保险后，保险人最初可能会为受洪水影响的房地产设计较低的保费。政府干预和政府不干预之间不断扩大的价格差距表明，气候变化将会提高洪水保险的价格。正如专栏1—6所讨论的，洪水再保险计划有在25年内实现正常的风险定价的法定责任，因此，这被认为是一个有时间限制的政府干预。

2009年，英国保险协会与全球航空公司（AIR Worldwide）和英国气象局合作发布的一份研究报告进一步表明了气候变化[①]对定价、损失和资本需要的潜在影响。这项研究探讨了天气模式和灾害风险的一些潜在变化，其中包括可能增加的保险损失、保险价格和资本要求（因雨水引发

① 英国保险人协会、全球航空公司和英国气象局（2009）。

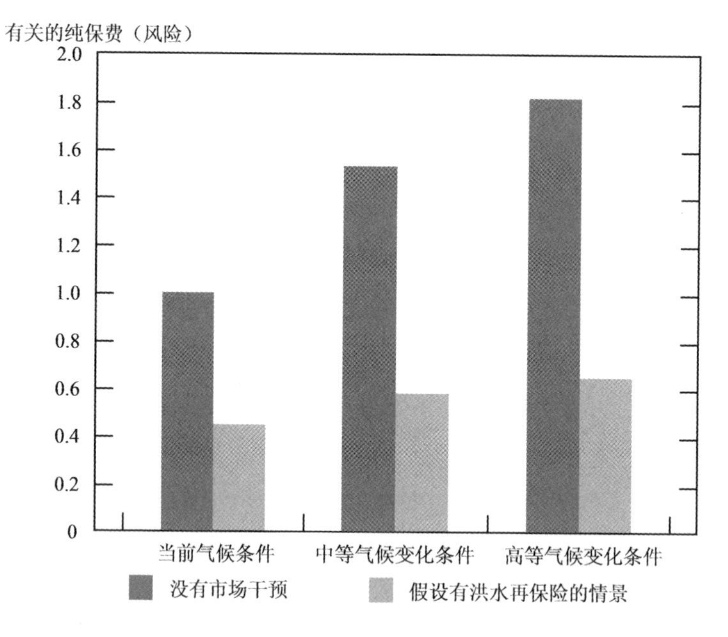

图 1—14 气候变化的定价含义

资料来源：Jenkins 等（2015）和 Surminski 等（即将发布）。

英国内陆洪水所致）。如表 1—3 所示，所有这些因素都会随着温度的上升而增加，其中“二百年一遇”事件的保险损失的增幅最大。

表 1—3 温度上升对英国内涝保险的损失、定价和资本需求的影响

温度变化	2℃	4℃	6℃
年均保险损失（AAL）的增加	8% 0.47 亿英镑	14% 0.8 亿英镑	25% 1.38 亿英镑
“百年一遇”事件的保险损失的增加	18% 7.69 亿英镑	30% 12.4 亿英镑	56% 23.53 亿英镑
“二百年一遇”事件的保险损失的增加	14% 8.32 亿英镑	32% 19.2 亿英镑	73% 43.46 亿英镑
对保险定价的理论影响（基于 AAL）	16%	27%	47%
“二百年一遇”洪水事件所需增加的最低资本＊	10.65 亿英镑	24.57 亿英镑	55.65 亿英镑

注：＊假设 GDP 的年增长率为 2.5%。

资料来源：英国保险协会（2009 年）。

2. 对风险相关性和分散化的影响

如本章第二节所述，保险业务模式依赖于许多假设，其中包括风险充分独立或“不相关”假设，因此，分散化能够降低组合的风险。如果所汇集风险的相关性越来越高，就会给保险业务模型带来挑战。

气候变化会在许多方面影响风险的这种相关性，包括提高天气相关事件之间以及不同类的风险（即巨灾风险和市场风险）之间的相关性。第 1 个问题将在下文讨论，第 2 个问题将在本章随后讨论，考察其对房地产投资的影响。

3. 关注不同物理风险之间的相关性

对于保险公司，天气事件之间的相关性是一个重要问题：它是公司分散化收益的重要成因，并会影响监管资本。

有关相关性的讨论并不新鲜。当前的一个问题是，欧洲风暴在多大程度上是集群发生的，例如，1990 年的 Daria、Vivian、Wiebke 和 Herta，1999 年的 Lothar、Martin 和 Anatol。风暴的聚集增加了一年内巨灾事件发生的频率，并将预计的短期保险赔付增加至“二十五年一遇”①。

最近的研究表明，在 20 世纪至 21 世纪期间，极端厄尔尼诺和拉尼娜现象的发生率均几乎翻倍：这些天气现象与干旱、野火、台风和飓风的发生频率的变化有关②。

如图 1—15 所示，大规模气候破坏的相互作用会导致系统性的、相互关联的物理风险的增加。虽然这些影响难以量化，并且在很多情况下仅是推测得出的，但是模型中风险之间的相关性增强将影响保险公司的分散化收益和资本要求。在极端情况下，气候变化带来的系统性物理风险不断增加，会对本章第二节概述的保险业务模式背后的基本假设造成挑战。

（六）结论

在现阶段，审慎监管局认为，非寿险人有足够的能力管理其负债端所面临的物理风险水平。审慎监管局为了实现其监管目标，期待保险人

---

① Willis 再保险公司（2011）。

② Cai 等（2014）。

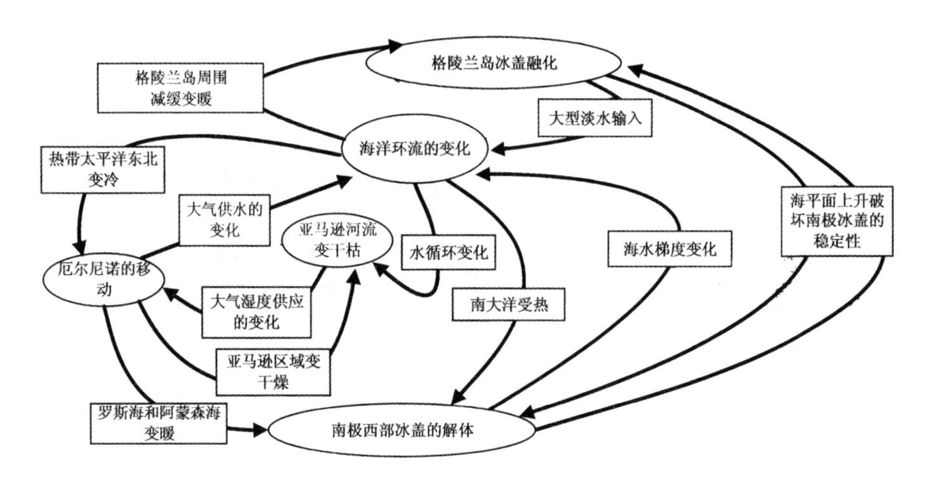

图 1—15 大规模气候破坏的潜在的相互作用

资料来源：载于 King 等（2015）中 Kriegler 等的工作。

进行一些工作，如从多个视角分析风险，与科学界建立密切联系，对气候变化风险进行适当治理等。

从长远看，气候变化会影响现有的保险安排和相关风险，并对公共政策产生重要影响。因为“模型化”风险与更严重和频繁的间接的“未模型化”风险之间的相关性越来越高，而且这些风险通常难以估计和预测，所以物理风险水平的不断提升也对非寿险人的负债构成挑战。

四 物理风险对保险资产的影响

气候变化的物理风险也与非寿险人和人寿保险人的资产端有关。本小节将更详细地讨论以下两个领域——房地产投资的潜在风险以及长期物理风险对金融资产和保单持有人的影响。

(一) 保险人的房地产风险敞口

保险业普遍认为，现阶段，通过购买房地产保险和持有相对分散的房地产组合（其中较大比重的房地产位于低风险地区）能够在很大程度上缓释房地产投资的物理风险。

我们讨论发现，从长远看，1 年期保单和长期房地产投资之间可能存在时间错配，这种错配随着保险人按年重新定价或可能不续保而越来越严重。

显然，保险公司内部存在着不同意见。一方面，承保人认为 1 年期合同的性质以及重新定价或退出市场的选项可以减轻气候变化带来的长期影响；另一方面，保险公司内部的房地产投资团队认为，提供可负担的保险是防范天气相关损失加剧的重要措施。

鉴于自然灾害造成的影响超出预期，当前，一些保险人已经缩小甚至不再提供保险保障。例如，1992 年 Andrew 飓风和 Iniki 飓风袭击美国和加勒比地区后，保险业的应对措施是提高再保险成本，大幅缩小承保范围。夏威夷保险集团停止承保，并宣布不再更新已有保单，这导致了“气候多米诺骨牌效应”，让其他保险公司也觉得应当撤出太平洋和加勒比岛国[①]。

专栏 1—7 提到了一个具体案例。在巴哈马群岛，保险业的退出对房地产价值造成了冲击。尽管这发生在一个相对小且特定的地理区域，但是气候变化带来的物理风险不断增加很可能导致出现更多类似于该案例的情况，从而进一步加剧保险业承保端和投资端的风险缓解策略之间的内在冲突。

专栏 1—7　巴哈马群岛的可保性和对洪水的适应能力[②]

巴哈马群岛近年来遭受了一系列与天气相关的重大自然灾害，特别是在 1999—2004 年，几场大型飓风（包括卡特里娜飓风）席卷了这个岛国，造成了巨大的洪灾损失。现有数据表明，巴哈马群岛热带风暴的发生频次在每百年中增加了 3—4.5 次（巴拿马国，2001）。

因为巴哈马政府在此期间没有支持商业保险，所以商业保险人在经历了连续 3 次损失后不得不停止向一些受影响较大的低洼地区提供洪水保险（日内瓦协会，2009）。由于无法获得可负担的商业保险，当地房主要么被迫自保，要么放弃建筑地基等重要项目以限制保费支出的上升。

由于无法获得可负担的保险保障，业主面临的压力越来越大，这导

---

① Leggett（1993）。

② 剑桥大学可持续领导力研究所（2015）。

致许多人不得不调整他们的房地产，以提高他们对气候变化的韧性以及可保性。在受影响最严重的地区，缺乏可负担的保险已经使得抵押贷款开始减少。这导致了房地产价值暴跌，许多房地产遭到遗弃。

考虑到对所有利益相关者的不利影响，保险人和其他人显然不希望发生这种状况。这反映了社会未能管理好气候风险敞口而受到的系统性影响。

如果更多的房地产受到沿海或河流洪水等事件的影响，那么，正如本节前面所讲的，随着时间的推移，将出现恶性循环。例如，最近的一份报告显示，美国沿海房地产的很大一部分位于海平面以下[①]。

在审慎监管局的评论中，保险公司和其他业界人士讨论了在承保端和投资端建立更密切工作关系的可能性，以便共同评估和管理资产负债表两端的气候风险。

（二）物理风险对金融资产和保单持有人的长期影响

英国保险公司负责管理 1.9 万亿英镑[②]的资产，其中很多是长期投资，并持有至到期，以匹配其长期负债。例如，年金和两全保险等长期储蓄和投资型保单的期限可以长达数十年。审慎监管局根据其对保险业的监管目标，有责任“为现实或潜在的保单持有人提供适当程度的保障”。

虽然气候变化对全球经济的影响难以估计，但是人们普遍认为，总的经济损失会随着温度的上升[③]而加剧。Stern（2006）认为，如果我们不采取行动，那么未来的气候变化将导致全球经济产出显著下降。有证据表明，天气相关事件已经冲击了一些地区的经济活动，正如前文中的泰国洪灾。

最近，受英杰华（Aviva，其是被审慎监管局监管的保险公司）的委托，经济学人智库[④]（Economist Intelligence Unit，EIU）估计了 2100 年气

① Houser 等（2015）。
② 审慎监管局进行的收益分析（2014 年年底）。
③ 政府间气候变化专门委员会（2014a）。
④ 经济学人智库（2015）。

候变化的在险价值（VaR）与全球可管理资产总存量之比[1]。该报告以综合评估模型（Integrated Assessment Model，IAM）的分析为基础，将经济增长、温室气体排放、气候变化和气候变化所造成的损害置于一个综合和一致的框架下。

该报告的调查结果如下。（1）由此导致的全球可管理资产总存量的预期损失的现值为4.2万亿美元，大致相当于日本全国的GDP。（2）升温5℃可能导致7万亿美元的损失，而升温6℃可能导致13.8万亿美元的损失，约占全球可管理资产存量的10%。（3）从政府的角度[2]考虑，6℃的升温预期将导致43万亿美元的现值损失，占可管理资产存量的30%。

虽然气候变化对金融资产会产生长期影响已经得到普遍认可，但是，新的研究也表明，市场预期快速变化带来的“情绪冲击”可能对气候变化风险造成短期影响。本章第四节更详细讨论了这一点，以及气候变化的系统性如何导致“不可对冲的风险”（见专栏1—8）。

专栏1—8　情绪冲击和无法对冲的风险[3]

在由剑桥可持续领导力研究所协调的一个研究小组即将发布的题为“不可对冲的风险”的报告中，对于未来气候变化所导致的短期市场情绪变化对金融市场的潜在影响，他们使用一种压力测试方法来量化。作者分析了宏观经济波动和股市收益受到的影响。作者还量化了由于负面情绪变化（没有缓释的情景）而造成的潜在损失（权益投资占45%，固定收益类投资占23%），并仔细研究了投资者通过分散资产类别或地区来规避气候变化风险的程度。在此基础上，他们得出结论，政策和市场对气候变化应对措施的预期将给投资组合带来不利的影响，其中约一半的影

① 该报告估计，全球目前可管理资产存量为143万亿美元，其定义为非银行金融机构持有的总资产存量（根据金融稳定理事会的估计）。这个数字不包括银行的资产（主要由银行自己管理）。

② 该报告采用《斯特恩报告》（*Stern Review*，2005）假设的贴现率来分析公共部门的情况。

③ 剑桥大学可持续领导力研究所（即将发布）。

响可以通过分散化策略抵消掉。也就是说，尽管各行业受气候变化影响的差别很大，但是风险更像是系统性的，而非特异性的，所以我们需要采取政策和行动来应对。作者证明，在未来5年（这是一个影响投资者和投资组合经理当前任期的时段）这种关系是成立的，并且这种关系也将长期持续。以前这一领域的分析采用了几十年的时间尺度。该研究团队通过研究“情绪冲击”（投资者对新信息做出的重要反应）展示了一些看似合理的情景，即投资者在未来5年可能遭受重大不利的财务影响。

（三）结论

虽然研究还处于初期阶段，但是很明显，物理风险也会影响对房地产等金融资产的投资，从更广泛的角度来看，还会通过实体经济效应间接影响投资组合的很大一部分。这种影响同时作用于保险人的负债端和资产端，也将对更广泛的投资者群体产生影响。气候变化带来的物理风险对投资组合和保单持有人的影响很可能与寿险公司（考虑到相对长期的投资范围）以及审慎监管局的保单持有人保护目标密切相关。本章第四节讨论了气候变化风险通过投资者情绪和市场预期变化可能产生的短期影响。

第四节 转型风险

本节旨在探讨第2个风险因素，即全球向低碳经济转型带来的潜在影响。这被称为“转型风险”，它涵盖了一系列与低碳转型相关的潜在的发展变化、行动和事件，并会影响审慎监管局监管的保险公司及其保单持有人的安全及稳定。

在这个阶段，审慎监管局认为，这些转型风险因素中最值得关注的是气候变化相关的政策和监管的变化、低碳技术的快速发展、投资者偏好的变化、物理事件的发生以及气候科学的重大进展。

本节介绍一个新兴的、不断演变的风险因素——全球向低碳经济的转型。本节讨论了其与审慎监管局监管的保险公司的潜在相关性。审慎监管局对这一风险因素的评估尚处于初级阶段。

一　内容

（一）要想将人类活动造成的全球变暖幅度控制在 2℃以内的概率维持在 66% 以上，需要让碳排放轨迹发生显著改变

政府间气候变化专门委员会根据多种证据提供了一系列二氧化碳累积排放量的大概数字，这些估计的数字以不同的概率将升温幅度限制在规定的上限以内。例如，政府间气候变化专门委员会估计，“与 1861—1880 年相比，要将人类活动造成的全球变暖幅度控制在 2℃以下（有 66% 以上的概率达到），就要求自 1870 年以来所有人为来源的二氧化碳累积排放量不超过 2900 吉吨（估计的范围为 2550—3150 吉吨二氧化碳）”①。

截至 2011 年，全球已排放了约 1900 吉吨二氧化碳，这使得从 2011 年起，全球仅有 1000 吉吨左右的“碳预算”②。根据粗略估计，到 2014 年年底，这些预算中的 15% 已被使用了③。

如本章第二节所述，要将剩余的“2℃碳预算”控制在一个范围内，就需要让碳排放轨迹发生显著转变。碳排放开始显著减少的时间越晚，所需要的减排速度就越快。例如，如果政府间气候变化专门委员会的成员国将减排努力从当前（2014）推迟到 2030 年，那么预计将大大增加向较低的长期排放水平转型的难度④。

推迟碳减排的影响参见图 1—16。计算是基于 2014—2100 年剩余碳预算的使用。在此基础上，如果要从 2020 年开始向低碳经济转型，那么每年的排放量需要削减约 6%。如果转型从 2030 年开始，那么需要削减约 14%。最后，如果碳排放保持在 2015 年的水平，那么“2℃碳预算”将在大约 20 年内耗尽（b 线，2035 年左右）。这一分析是说明性的，“2℃碳预算”到期年份的估计会因基本假设不同而存在差异，但是这种

---

①　政府间气候变化专门委员会（2014a）。

②　对剩余碳预算的估计可能受到技术突破的影响，如在地球工程测量、二氧化碳脱除等领域。参见国家研究委员会（2015a，2015b）。

③　审慎监管局基于政府间气候变化专门委员会（2014a）、《世界能源展望》（2013）和 Friedlingstein 等（2014）对二氧化碳排放量的估计。

④　政府间气候变化专门委员会（2014b）。

分析提供了一个减排指标，表明想要实现2℃温控目标，全球就需要减排。

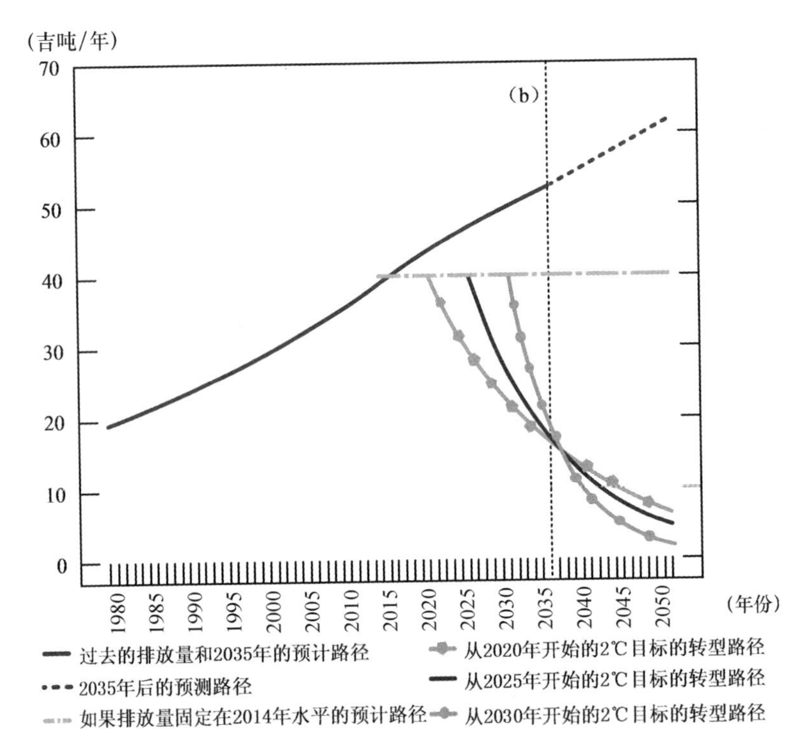

图1—16 基于2100年全球“2℃碳预算”（到2050年将人类活动造成的总变暖控制在2℃以内的概率大于66%），模拟碳排放的可能轨迹

资料来源：政府间气候变化专门委员会（2014a）、国际能源署（2013）和审慎监管局的计算（2015）。

注：碳排放历史增长率按1970—2013年的平均水平推算；未来增长率是基于审慎监管局的计算，采用国际能源署《世界经济展望》2013年的预测结果，并在2035年之后固定在这一水平上①；垂直的虚线表示，如果将排放量设定在当前水平将会耗尽碳预算的时间；以化石燃料、工业过程和土地利用产生的二氧化碳排放量保持不变为基础进行粗略估计。

推迟缓释措施，以及未能协调措施或部署关键技术也会增加稳定气

① 投影路径是说明性的。计算是近似的，预测并不代表审慎监管局对未来排放量的看法，也不代表任何其他国际机构的看法。

候的成本[①]。特别是未能开发出碳捕集和封存技术（Carbon Capture and Storage，CCS）将使得实现2℃温控目标的成本增加1倍以上（按最佳估计）[②]。许多将升温幅度限制在2℃以内的设想也依赖于某种形式的人工二氧化碳脱除，即从大气中捕集和封存二氧化碳[③]。国际能源署（International Energy Agency，IEA）的模型显示，将全球升温幅度控制在2℃以内"在技术上是可行的，但是需要对全球能源体系进行根本性变革"[④]。

政府间气候变化专门委员会估计，缓释措施的成本（不考虑避免气候变化带来的好处）相当于21世纪全球消费总量的增长率每年下降0.04%—0.14%，而在此期间，消费总量的年增长率预计是1.6%—3%。

普华永道[⑤]估计，2013年全球碳强度（单位GDP的碳排放量）下降了1.2%，而2000年以来的年平均降幅为0.9%。在区域层面，这些数字可能相差较大。例如，英国的碳强度（2012—2013年）预计同期下降了4.8%，2008—2013年年均下降2.9%。普华永道估计，全球年均脱碳率目前为6.2%，而到2100年，全球年均脱碳率将达到"2℃碳预算"的要求。

（二）如果这些资产的定价不能充分反映不同转型路径的风险，那么这种转型可能对金融资产产生不利影响

联合国环境规划署[⑥]（United Nations Environment Programme，UNEP）表示，"为了观察从高碳资产向低碳资产的转变，政府间气候变化专门委员会估计，2010—2029年，全球对低碳发电、行业间能源效率和新型能源研发上的投资需要每年增加高达11000亿美元。与此同时，按2010年不变价美元计算，在化石燃料发电（不包括碳捕集和封存）和化石燃料开采方面的投资每年需要减少不低于5300亿美元。

---

① 政府间气候变化专门委员会（2014b）。

② 政府间气候变化专门委员会（2014a）。

③ 国际能源署（2014）。

④ 政府间气候变化专门委员会（2014a）。

⑤ 普华永道（2014）。请注意普华永道的数据是基于每单位GDP的碳排放，不能直接与图1—17（基于碳排放）相比较。

⑥ 联合国环境规划署（2015）。

学术界有证据表明，气候变化和其他环境相关的因素没有被适当地纳入财务或经营决策[①]，所以没有被适当地定价[②]。关于环境外部性的规模和分布的文献很多，其中的一项研究估计，全球前100个环境外部性成本每年给全球经济造成了47000亿美元的损失[③]。给这些外部因素定价，即使只是部分定价，也会改变资产的价值，从而产生（积极或消极的）环境外部因素[④]。

虽然在有效市场上，人们自然会预期，金融市场的价格已经反映了向低碳经济转型所带来的风险，但是事实并非如此。市场参与者会质疑旨在减少碳排放政策的政治承诺，或者缺乏评估2℃气候情景对资产价格影响的信息。

例如，对于第1个问题，在普华永道第18次全球首席执行官调查[⑤]中，有受访者认为，政府和企业之间的合作在应对气候变化问题上越来越低效。对于第2个问题，有人向审慎监管局表示，煤炭、石油和天然气公司目前的信息披露水平使得市场参与者难以充分评估全球向低碳经济转型的风险。

有证据表明，政府为降低气候变化带来的风险而采取的行动可能导致某些金融市场上的重新定价，如专栏1—9对欧洲公用事业部门的讨论。

专栏1—9 政府行动对欧洲公用事业部门资产负债表的影响

政府降低气候变化风险的行动可能导致某些金融市场的重新定价。例如，2010年，德国政府重申了“到2050年实现80%的能源来自可再生能源的经济转型”的承诺[⑥]。这一目标加上可再生能源回购费率（feed-in-tariff）政策，已经推动德国大量部署可再生能源，特别是太阳能和风能。2014年，德国26%的电力来自可再生能源（英国《金融时报》，

① 欧洲可持续投资论坛（2014）。

② Caldecott 和 McDaniels（2014a）。

③ Trucost（2013）。

④ 同上。

⑤ 参见普华永道（2015）。

⑥ 编者注：该目标值目前已调整至100%。

2015d)，2015 年 7 月 25 日，可再生能源的发电量占德国电力需求量的 78%（“绿色商业”，2015)，创历史新高。

可再生能源的边际成本非常低（因为风力和阳光都是免费的)，这压低了德国和欧洲其他许多国家的批发电价，影响了传统发电项目的盈利，进而对欧洲公用事业公司的资产负债表产生了现实的不利影响。例如，德国莱茵集团（一家主要的传统公用事业公司）的股价自 2010 年以来已经下降了 65% 以上，而同期欧元区股价指数只下降了大约 30%（见图 1—17)。除调整股息以维持资产负债表之外，主要公用事业公司还削减了产能投资计划，这加剧了人们对系统安全以及不同欧盟国家停电风险的担忧（Caldecott 和 McDaniels，2014b)。

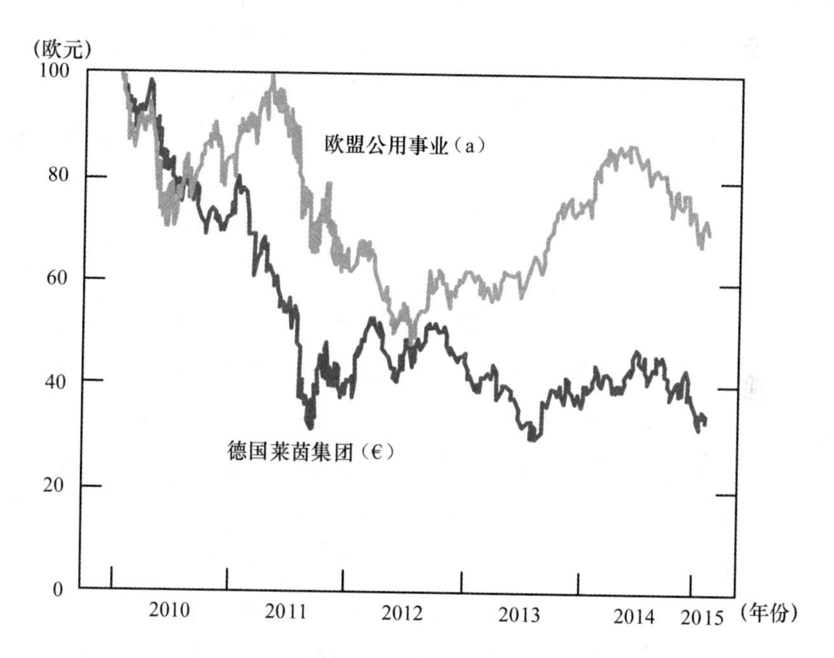

图 1—17　能源管制对公用事业公司股价的影响

注：(a) 欧盟传统电力指数；指数：2010 年 1 月 4 日 =100。

资料来源：彭博社、汤森路透数据库和审慎监管局的计算。

（三）经过讨论和交流，我们得出了导致转型风险的5个“诱因”——公共政策和监管、技术、投资者偏好、物理事件以及气候科学进展，每一个诱因都可能导致市场失败

在碳排放发生重大变化的背景下，从高碳型经济向低碳经济转型的一系列发展、行动或事件都会涉及转型风险。

虽然审慎监管局的工作尚处于初期阶段，但是，迄今为止，我们从讨论中得出了以下5个可能造成转型风险的“诱因”。

其一，公共政策和监管。自20世纪80年代末以来，致力于应对气候变化的个人和组织就开始认识到，新的监管条例可能对化石燃料公司的价值和盈利能力产生不利影响[①]。截至2013年，全球已制定了近1400项气候政策，而在2005年，全球制定的气候政策还不足200项。这表明，国家和各级地区在应对气候变化问题上越来越积极[②]。气候政策的内容也很丰富，包括碳排放交易计划、强制披露公司或投资组合层面的气候变化风险。例如，2015年5月，法国成为全球首个对资产管理人实行强制性碳信息披露的国家。这些新的法律规定包括：企业应当报告如何看待气候变化并实施低碳战略；机构投资者应当披露其投资组合的碳足迹，并报告其气候风险敞口。

其二，技术。技术变革是影响转型风险的重要因素。例如，随着太阳能光伏（photovoltaic，PV）、陆上风能等清洁技术的成本下降和投资增加，这些技术如今更容易获得，使得清洁能源更能够与传统能源竞争。在过去十年，清洁能源的新投资增加了5倍[③]，可再生能源的价格也下降了（自2010年以来，太阳能光伏降价了50%，陆上风力[④]降价了近20%）。现在世界上每年增加的基于可再生能源的发电能力，比基于煤炭、天然气和石油的总和[⑤]还要多。此外，由于颠覆性技术——如太阳能光伏薄膜技术、电动汽车或可能引发革命性变革的新型家庭储能设备不

① Krause、Bach和Koomey（1989）。
② 《华尔街日报》（2015）。
③ 彭博新能源财经（2015）。
④ 世界能源委员会（2013）。
⑤ 布隆伯格（2015）。

断出现，基于当前技术的许多资产[1]都可能被取代。

其三，投资者偏好。情绪变化和金融创新——如碳风险的“对冲”或化石燃料撤资可能影响资产价格。例如，化石燃料撤资运动（fossil fuel divestment campaign）是一场大规模的社会运动，它成功地引发了私人和公共财富所有者（如大学捐赠基金、公共养老基金、超高净值个人或他们指定的资产管理人）投资行为的变化[2]。虽然现阶段的撤资规模似乎很有限，但是该行动会引发市场规范的变化[3]。此外，有新兴研究表明，与气候风险预期方面的市场情绪变化不同的是，投资者偏好可能迅速发生变化（见专栏1—8）。

其四，物理事件。如本章第三节所述，一个重大的、引人关注的恶劣天气事件可能直接改变市场预期或情绪，这反过来可能导致监管或社会态度迅速发生变化，进而影响资产价值。

其五，气候科学的进展对现有信息的最新解释也可能影响风险感知和风险定价。例如，“2℃碳预算”的估算通常是基于一些重要的假设，如气候对二氧化碳的敏感性、气候—碳循环反馈以及除二氧化碳之外的温室气体[4]的占比，这些假设都会导致当前的估算结果出现不确定性。

（四）在更高层面上看来，审慎监管局认为，转型风险与两个等级的资产最为相关（它们约占全球权益及固定收益类投资的30%）

虽然向低碳转型有好处[5]，如对长期经济增长、可再生能源等行业的好处，但是，为简便起见，此次分析的重点是对高碳和能源密集资产的不利影响。

从更高层面上看，我们通过两个潜在“等级”的方法来确定可能受

---

① 美国Ferro公司（2015）。

② Ansar、Caldecott和Tilbury（2013）。

③ 同上。

④ 更广泛地说，对非线性过程的最新看法（通常不包括在碳预算估计中）也可能导致对气候变化风险的看法发生变化（如永久冻土变暖）。

⑤ 例如，美世咨询公司（Mercer）最近的一份报告“在气候变化时期进行投资2015”（Investing in A Time of Climate Change 2015）指出：“在模型考虑的期间（到2050年）中，2℃情景对总体投资组合层面上分散的投资者的收益没有负面影响，并预计将更好地支持超过这一时间范围的长期收益。”

影响的金融资产的范围，如下所述。一级是指那些可能直接受到生产或使用化石燃料能力监管限制影响的公司。生产者包括煤炭、石油和天然气开采公司，也包括传统公用事业公司。一个与这一等级金融资产的转型风险有关的概念是“不可燃碳”（unburnable carbon）（见专栏1—10）。二级是指能源密集型公司（如化学品、林业和造纸、金属和采矿、建筑和工业生产公司），他们因转型过程中能源成本的潜在变化而受到间接影响。

专栏1—10 不可燃碳

据估计，自2011年以来，全球“2℃碳预算”（按大于66%的概率计算）约为1000吉吨二氧化碳，而到2014年年底就已经使用了其中的15%（见图1—18，左边的柱）。与此同时，根据“碳追踪”智库（Carbon Tracker）的消息，《世界能源展望》（*World Energy Outlook*）在2012年估计，地球化石燃料总储量（包括国有资产）的碳潜力为2860吉吨二氧化碳（见图1—18，右边的柱）。这大约是前文提到的“2℃碳预算”的3.5倍，这意味着，已知碳基能源储备中有高达70%的可能是“不可燃烧”或“搁浅”的。政府间气候变化专门委员会提供了一系列的估计值，其中可被视为“不可燃烧”的化石燃料储量所占比重因基本假设的不同而不同。然而，据估计，政府间气候变化专门委员会的所有符合2℃温控目标的碳预算都大大低于全球煤炭、石油和天然气储量的碳潜力。

如图1—19所示，全球权益及固定收益类资产中，一级和二级公司的占比约为1/3。

我们需要进行更具细粒度的分析，以充分评估不同行业和子行业的潜在风险，同时需要考虑碳强度和商业模式的经济性等因素。例如，Ekins和McGlade（2014）估计，为达到2℃的温控目标，全球约30%的石油储量、一半的天然气储量和约80%的煤炭储量不能开采。这方面的研究还有：（1）牛津大学的“搁浅资产”项目（Stranded Asset Programme）考察了全球效率最低的动力煤电厂的资产、这些资产的所有者，

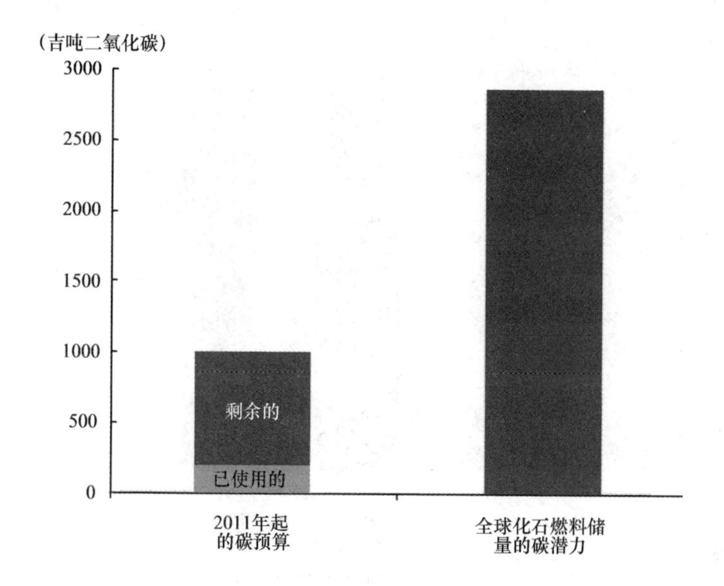

图1—18　全球碳预算（升温小于2℃的概率小于66%）与全球化石燃料储量的碳潜力

注：如果我们没有重大的技术（如碳捕集和封存以及负排放技术）上的突破，任何一种想将升温幅度控制在2℃以内的转型路径都需要大幅削减碳排放。如果保险公司的业务模式建立在碳使用的基础上，没有充分考虑向低碳转型的风险，那么此类调整可能导致保险公司持有的金融资产（如化石燃料采掘行业的权益及固定收益证券）遭受损失。

资料来源：政府间气候变化专门委员会（2014a）、“碳追踪”智库（2013）和审慎监管局计算（2015）。

以及旨在遏制碳排放、空气污染和水资源压力的政策的潜在风险[①]；（2）“碳追踪”倡议（Carbon Tracker Initiative，CTI）的分析考虑了碳供应成本曲线的各种出版物，以评估煤炭、石油和天然气投资的金融风险[②]；（3）金融分析师和信用评级机构（如汇丰银行、花旗集团和标准普尔评级服务公司）的报告[③]。

---

① Caldecott、Dericks 和 Mitchell（2015）。

② 参见“碳追踪”倡议网站（www. carbontracker. org）。

③ 如汇丰银行“Oil and Carbon Revisited”（石油和碳的重新审视）（2013）、标准普尔评级服务和碳追踪倡议“What A Carbon-Constrained Future Could Mean for Oil Companies Creditworthiness”（碳约束的未来对石油公司信誉的影响）（2013）、花旗全球定位系统“Energy Darwinism Ⅱ”（能源达尔文主义Ⅱ）（2015）。

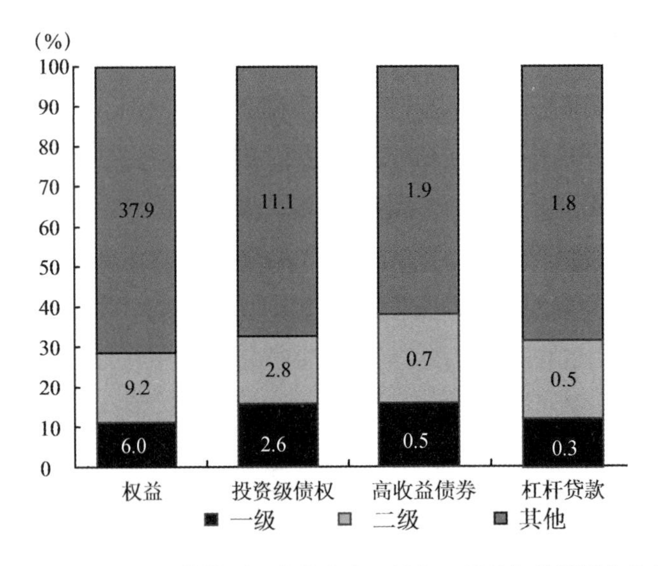

图1—19 面临转型风险的全球一级和二级的权益及固定收益类资产

注：条形图上的数字显示了风险资产的价值，以万亿美元计。

资料来源：路透社、Datastream 公司、迪罗基、彭博社和英格兰银行的计算（2014 年年底）。

二 与保险公司的相关性

（一）转型风险与保险公司的负债端和资产端均有关系，特别是对于资产持有期较长的寿险公司

从更高层面上看，全球向低碳经济转型可能导致碳化石燃料开采等行业的投保需求减少，从而影响保险人的负债，同时，也可能由于对碳资产的错误定价而影响保险人的投资组合。

对于第 1 个问题，审慎监管局估计，能源行业提供的保费占英国非寿险承保保费总额的约 4%[①]（29 亿英镑）。就各行业平均水平而言，审慎监管局预计部分专业的非寿险公司的风险敞口将明显增加。例如，能源行业贡献了劳合社保费收入总额的近 7%[②]。

对于第 2 个问题，定价错误的高碳型资产与寿险和非寿险的投资组合关联更大。英格兰银行估计，能源领域的风险敞口约占寿险业总资产

① 审慎监管局进行的收益分析（2014 年年底）。

② 同上。

的5%，占非寿险业总资产的2.2%[①]。

保险人的大部分投资是债券而不是权益，对能源行业的投资有很大一部分是对公用事业公司，而不是对能源开采公司。

虽然这些投资在保险公司资产中的占比不高，但是审慎监管局认为，鉴于寿险公司的投资期限较长，转型风险可能与之密切相关。

（二）经过与市场参与者、学术界和广大利益相关者的讨论，我们确定了一系列的可选战略，以及一些与转型风险有关的公共承诺和意见。审慎监管局认为，转型风险是一个有待进一步评估的重要领域，其影响取决于转型的速度

通过与市场参与者及多个利益相关者的讨论，审慎监管局认为，转型风险是一个不断演变的范畴，在这方面已经形成一系列的实践和见解。虽然目前市场参与者的行动似乎有限，但是被监管的两家保险公司——安盛（AXA）和英杰华（AVIVA）最近公开承诺了如下事宜。

（1）2015年5月，安盛保险首席执行长Henri de Castries在巴黎的一次讲话中宣布，安盛将出售5亿欧元的煤炭资产，并进行30亿欧元的绿色投资[②]。到目前为止，用燃烧煤炭来产生能源显然是妨碍我们实现2℃温控目标的最大障碍之一。从煤炭业务撤资不仅有助于降低投资组合的风险，还有助于达到安盛的公司责任战略要求——建设一个更强大、更安全和更具可持续的社会[③]。

（2）2015年7月，英杰华[④]确定了首批40家公司，其中包括英杰华持有收益股权的企业，以及超过30%的收入与动力煤开采或煤炭发电相关的企业。英杰华与40家企业将在未来12个月中形成初步接触的基础。如果英杰华认为被投资企业没有取得足够的进展，那么英杰华将撤出投资。英杰华还计划在未来5年中投资25亿英镑用于开发可再生能源和提高能效。

---

① 保险监管数据收集；2013年年底；对于超过2.5亿英镑的大曝光。在1.9万亿英镑的保险资产总额中，超过80%由人寿保险人持有。

② 英国《金融时报》(2015)。

③ 安盛(2015)。

④ 英国《金融时报》(2015b)。

保险业界认为，当务之急是就碳排放路径达成一致意见。审慎监管局在这一领域的研究强调了改进信息披露的潜在好处，以支持碳排放和资源密集型行业提高信息披露的透明度。

此外，我们与学术界的讨论关注了个体投资者（见表1—4）和集合投资者应对的例子（见表1—5），如蒙特利尔碳承诺（Montreal Carbon Pledge）①。该承诺允许投资者对实现“投资组合脱碳联盟”（Portfolio Decarbonization Coalition）最近宣布的目标做出正式承诺，联合国在巴黎气候变化大会（COP21）（2015年年底）之前主动用数千亿美元动员投资者衡量、披露和减少他们的投资组合的碳足迹。

表1—4　　个体投资者应对示例

应对	说明和示例
筛选	投资者可以选择：（1）从投资组合中撤回部分投资；（2）根据具体环境特征，将部分资产纳入投资组合。例如，从一些高碳型行业的公司撤资
撤资	投资者从投资组合中撤回某些投资，这些投资与企业采取或不采取某些行动有关。例如，最近有著名大学（如斯坦福大学）的捐赠基金撤回了投资
对冲	投资者购买某些衍生品合约，以保护他们（部分或完全地）免受环境相关风险的影响。例如，使用总收益互换等对冲碳价格的工具
加强交流	投资者更密切地参与他们所投资企业的治理过程。例如，在股东大会或董事会上发挥作用，以确保一些公司适当地管理环境相关的风险
“绿色”指数	在配置投资组合时，根据环境或可持续绩效指标的指数，考虑投资组合的部分或整体的得分。例如，富时社会责任指数（FTSE4 Good Index）系列
招聘专业人士	在内部或外包团队（如投资顾问）的投资者中，雇用具有环境相关风险管理经验的专家
压力测试	通过模拟和其他形式的统计扰动，更严格地分析投资组合对环境相关风险的敞口。例如，投资者可能通过大量极端的未来情景——如不同范围的碳价格和政策结果来监测（实际或假设的）投资组合

资料来源：劳合社、牛津大学史密斯学院（即将发布）。

① 参见蒙特利尔碳承诺（2015）。

表 1—5　　集合投资者应对示例

应对	说明和示例
信息披露标准	投资者参与信息披露的实践不断发展，要求被投资公司提高透明度，并向投资者的利益相关者提供更多信息。例如，根据各国际机构发布的准则，积极参与标准制定和自愿信息披露
投资框架	投资者已经或承诺参与的组织要求组织成员/签署人采用最佳实践，或对其实践和/或程序做出某些更改，包括投资选择和管理、信息披露。例如，签署和通过《联合国负责任投资原则》
游说	投资者参与制定区域、国家和国际层面的环境变化立法。例如，在征求对立法（或法律修改稿）的反馈意见或咨询意见时登记意见，在制定环境政策的委员会中获得“观察员”（或同等地位人员）身份，或参与有关环境风险问题的公开听证会
合资经营	投资者寻求合作投资来开发投资机会或产品，从而分散用于减轻或消除环境相关风险敞口的风险和成本。例如，对可再生能源基础设施的联合投资，为可持续发展计划提供资金
集体诉讼	投资者以被投资公司将投资不必要地或过度地暴露于环境相关风险而导致股东价值受损为由，对被投资公司的管理层提起集体诉讼（注：这一应对通常被视为潜在的威胁，尚未通过法院判例得到普遍实施）

资料来源：劳合社、牛津大学史密斯学院（即将发布）。

虽然市场参与者已经熟悉了某些行业内可能出现的重大结构性转变，但是审慎监管局认为，有必要进一步评估转型风险，其产生的影响取决于转型的速度。如果公司考虑到全球向低碳经济转型对商业计划和投资战略的潜在影响，那么审慎监管局目标的实现难度将会降低。

第五节　责任风险

本节旨在探讨第 3 个风险因素，即来自气候变化的责任风险对审慎监管局监管的保险公司的潜在影响。这些责任风险来自因气候变化带来的物理风险或转型风险而遭受损害的各方，试图从其认为可能负有责任的其他人那里追回损失。

许多论文、研究报告和书籍都探讨了增加责任索赔的可能性，特别是在“气候变化”诉讼增加的背景下[①]。因为审慎监管局的评估还处于初期阶段，所以对责任风险因素的分析有很强的推测性。然而，考虑到保险业曾因石棉、污染及健康等与责任有关的赔付而遭遇挑战，所以审慎监管局认为，责任风险是一个需要加强考虑的重要领域。

本节主要讨论非寿险负债的潜在影响，特别是普通及公众责任、董事及高管人员责任、职业赔偿等第三方保险。

一 内容

（一）对于非寿险人，承保责任风险是一个重要且往往具有挑战性的领域

责任保险保障的是保险的买方（“被保险人”）因自身行为给第三方造成损害而承担的法律责任。在保单限额内，保障范围通常包括法律诉讼和和解的费用。

因为保险公司可能需要多年才能确定被保险人是否有过错，以及由此造成的实际损失金额，所以与巨灾索赔相比，责任风险事故的确定时间更长。责任索赔的实际成本通常是不确定的，而且很难确定。更糟糕的是，索赔通常是在庭外解决的——通常以赔偿责任限额的方式解决。

历史事件表明，与极端天气事件造成的损失相比，责任索赔对保险业的破坏性更大，特别是出现新型风险时。虽然直接将责任索赔与石棉案和污染案进行比较过于简单，但是下文列出的例子是解决责任问题的新型途径。

1. 石棉

尽管石棉对健康的危害已经众所周知，但是直到 1985 年英国首次出台石棉禁令后，保险公司才对承保美国责任风险的保单实施全面的石棉责任豁免。这意味着，在此之前的很长一段时期中，销售英国的雇主责任险和美国的产品责任险的保险公司都承保了石棉风险。再加上间皮瘤的潜伏期很长，致使美国保险业遭受的净损失从最初的小额上升到如今

---

① 如 Carroll 等（2012）。

的 850 亿美元[①]。与之相比，美国超级飓风“桑迪”（2012）造成的灾难损失要小得多，估计为 200 亿—250 亿美元[②]。

2. 污染

类似地，20 世纪 70 年代纽约拉夫运河（Love Canal）污染事件产生的影响激起了公众的愤怒，美国政府因此通过一项环境法案来明确：无论污染地曾经或目前的地权所有者和经营者以及其他相关方是否有直接或间接的污染行为，他们都要对此地的污染情况负责。与此同时，美国设立了超级基金来支付清理费用，保险公司也因此增加了清理费用支出[③]。

鉴于责任风险有不确定性和索赔的长尾性，非寿险公司资产负债表上的准备金提取比例通常较高。例如，2014 年，在审慎监管局监管的公司中，39% 的技术准备金与普通责任保险有关，而“财产相关的”保险仅占 16%[④]。

（二）气候变化带来的潜在责任风险已经显而易见。现有案件涉及 3 个主要话题——减轻、适应和披露

我们与保险公司和其他利益相关者的讨论表明，对于因气候相关风险而遭受损害的原告，如果其损失或损害在一定程度上应当由企业、公共实体或其他机构负责，那么他们就可能采取法律行动[⑤]。这个过程中会出现责任风险。

法院还强调，各国政府和政府机构有责任采取行动控制温室气体的排放。在 2007 年马萨诸塞州诉环境保护局（Massachusetts v. Environmental Protection Agency）的一个重要案件中，美国最高法院裁定，美国环保署有责任利用现有法律控制温室气体，并将其列为一种“空气污染物”[⑥]。

---

① 贝斯特评级（2013）。

② 劳合社（2014b）。

③ 美国环境保护署（2012）。

④ “财产相关的”保险包括海上、航空及运输（MAT）保险。这些数据包括劳合社（Lloyd’s of London），但是不包括再保险。

⑤ 因普通法上的疏忽或滋扰，或违反法定或受托责任而引致的诉讼。

⑥ 美国最高法院（2007）。

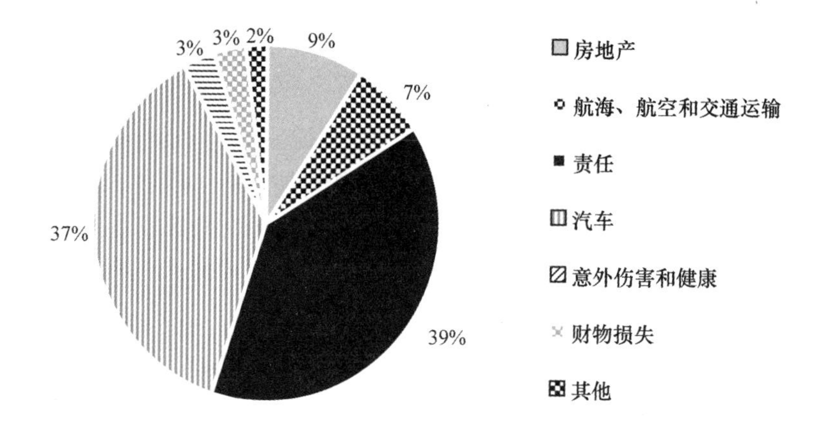

图 20 2014 年全部技术准备金——审慎监管局监管的公司

资料来源：审慎监管局进行的收益分析（2014 年年底）。

2015 年 6 月 24 日，海牙的一名法官裁定，荷兰政府存在未能合理实施排放控制措施的行为过失，未能对实现"全球变暖控制在 2℃以内"的目标做出适当的贡献，从而责令荷兰到 2020 年削减 25% 的温室气体排放量（Urgenda 基金会诉荷兰政府）[①]。据悉，比利时政府和挪威政府也面临类似的指控[②]。

目前，有许多机构和组织已经专注于气候变化法律和/或诉讼[③]，并制定了各种框架，以便对潜在的责任风险进行分类。审慎监管局选择将分析重点放在确立责任的 3 个主要论据上——减轻失败的责任、适应失败的责任以及披露或遵守失败的责任。这 3 点不一定能够覆盖所有可能出现的情况。

第一，减轻失败的责任。此类索赔声称，被保险人应当对气候变化的物理影响承担责任——如温室气体排放，应当对第三方遭受的损害承担直接责任。需要确立"注意义务"和证明"因果关系"使得该类案件最难胜诉。

---

① 英国《金融时报》（2015c）。

② 《卫报》（2015）。

③ 如萨宾气候变化法律中心（2015）。

第二，适应失败的责任。此类索赔声称，被保险人在其行为、疏忽或决策中没有充分考虑气候变化的风险因素。原则上讲，这可以用于气候变化相关的一系列风险因素，不仅包括风暴和洪水等物理风险，也包括对企业风险或收益至关重要的经济及金融问题的治理等内容。因为这些案件的诉讼理由（如董事职责的违反或疏忽）是根据现有的成文法或普通法来制定的，所以这类案件的原告更容易胜诉。例如，属于此类的股东派生诉讼或股东集体诉讼就不太可能像“减轻失败”案件那样面临同样的立场、注意义务或归因障碍。然而，事件的重大性和因果关系仍可能导致相关问题的出现，例如，损失是否可以合理预见，损失是否由气候变化治理失灵以及相关市场的普遍疲软导致。这一问题将在下文中的“董事及高管人员责任”中进一步讨论。

第三，披露或遵守失败的责任。此类索赔声称，被保险人未充分披露与气候变化有关的信息、以误导的方式披露信息，或在其他方面未遵守与气候变化有关的法规和监管。此类责任发展非常快，尤其是在社会、股东和其他参与者呼吁提高气候相关风险因素的透明度，以及就披露和报告进行立法或监管的情况下。

气候变化方面的诉讼是一个新兴和不断发展的领域，上述每一种索赔在不同的司法管辖区之间都存在较大差异。过去十年，气候变化诉讼在美国越来越多，有研究显示，美国气候变化方面诉讼案件的判决或和解的数量超过了世界其他地区的总和。

初步研究表明，与上述论点相关的许多气候诉讼案件并没有取得胜诉，或在正式的法律听证会召开之前被撤回了。在责任问题的相关诉讼的初期，这是一种常态，它们获得胜诉通常需要时间[①]。

二　与审慎监管局监管的保险公司的相关性

审慎监管局的调查对象并不认为会出现一种名为“气候变化”的新型业务。相反，他们认为，本节开头3段中分析的内容是否会影响现有

---

① 参见哥伦比亚大学法学院萨宾气候变化中心（Sabin Centre for Climate Change）于2015年对审慎监管局的访谈。

的业务类别要取决于索赔的性质和相关方。

以下是3条特定的业务线：普通及公众责任、董事及高管人员责任以及职业赔偿，还应当注意的是，环境责任也可能与之有关。

（一）普通及公众责任

普通责任包括雇主责任，即保障雇主（被保险人）向因受雇而遭受身体伤害或疾病的雇员支付损害赔偿金的法律责任。公众责任保险保障的是被保险人因经营活动对第三方造成人身或财产损害而承担的法律责任。

美国已经出现了许多引人注目的案件，在这些案件中，各州和个体以“减轻失败”为由向公用事业公司和能源公司提起诉讼。虽然这两项诉讼都没有胜诉，但是以下两个例子反映了，普通及公众责任保单可能引发的问题的索赔类型。

在康涅狄格诉美国电力公司一案中，几个州对不同的电力公司提起诉讼，称这些公司的碳排放造成了公共危害。2011年，美国最高法院驳回了这项指控，但是是以程序上的原因，而不是拒绝承认温室气体的潜在危害①。

在2009年Kivalina诉埃克森美孚公司（ExxonMobil Corp.）的一宗类似案件中，阿拉斯加一个沿海村庄的居民以习惯法上的公害提起诉讼，要求能源行业赔偿他们的经济损失，并提供其他救济，以补偿据称由气候变化引发的洪水对他们祖先的家园造成的破坏。最终，原告的案件因缺乏证据而被驳回②。

一些案件与适应失败有关，如2014年Farmers保险公司诉芝加哥一案。该案中，Farmers保险公司对美国芝加哥地区的多个地方政府提起了9起集体诉讼，要求赔偿Farmers保险公司所承保的被保险人在2013年超级飓风“桑迪”（Sandy）和其他风暴中遭受的损失。这些指控称，虽然地方政府知道温度上升将导致降雨量超过历史正常水平，但是他们却疏忽大意，没有采取合理的预防措施来加固下水道和雨水渠。该案件最终也被撤回③。

---

① 美国最高法院（2011）。

② Péloffy（2013）。

③ Law 360（2014）。

（二）董事及高管人员责任

董事及高管人员保险涵盖公司董事及高管人员在任职期间做出或涉嫌做出的作为（或不作为）所招致的个人责任。虽然被保险人主要是董事及高管个人，但是公司实体通常可以就其向董事及高管人员的代偿责任来投保。其所涵盖的“损失”通常包括损害赔偿金、判决、和解和辩护费用。通常情况下，因不诚实行为、刑事罚款或处罚、税收、惩罚性惩戒和严重损害赔偿引起的损失不在承保范围之内。

那些对董事及高管人员提起诉讼的原因可能包括，股东派生诉讼——因违反法定或受托责任，或因减轻失败或适应失败而导致公司价值损失而寻求的赔偿。索赔也可能是因为气候变化相关风险的披露失败（或误导性披露），特别是在相关信息披露和报告的要求趋严的情况下。例如，美国证券交易委员会（Securities and Exchange Commission，SEC）等机构要求在企业报送的文件中增加对气候变化风险的信息披露[①]。在公司年度会议上提交的股东决议也越来越多，这些决议通常要求公司或其董事会披露更多有关温室气体排放的信息；制定减排目标和时间表；分析气候变化带来的风险和机遇[②]。未来，如果董事及高管人员未能充分考虑、歪曲或隐瞒气候变化方面的风险，那么他们可能面临来自监管和股东的双重处罚[③]。

最近，在美国，对两个雇员养老金计划（均是由公司发起的）的受托人董事提出的索赔表明，在现行法律框架下，对受托人在气候相关转型风险上的管理失败和披露失败的索赔是如何产生的[④]。这些针对皮博迪能源（Peabody Energy）和 Arch 煤炭（Arch Coal）雇员养老金计划董事

---

① 参见《证券交易委员会（2010）》。

② 例如，在欧洲，壳牌（Shell）石油公司、英国石油公司（BP）和挪威国家石油公司（Statoil）等石油公司在 2015 年的年度治理会议上通过了股东特别决议，为应对潜在气候变化的前瞻性战略进行压力测试。

③ Carroll 等（2014）。

④ 参见 Roe 诉 Arch Coal Inc. 等案，案件编号 4：15 – cv – 00910 – NAB，美国密苏里州东区地方法院，2015 年 6 月 9 日；Lynn 诉 Peabody Energy Corporation 等案，案件编号 4：15 – cv – 00916 – AGF，美国密苏里州东区地方法院，2015 年 6 月 11 日。截至 2015 年 9 月 1 日，对这些索赔的抗辩尚未提出。

（以及其他被告）的指控，包括其违反审慎责任以及披露和通知养老金计划参与者的责任。值得注意的是，这些指控本身并没有使用“气候变化”或“全球变暖”等术语，被告的答复也尚未提交。但是，因为被告声称没有考虑到气候变化产生金融风险（至少部分）的可能性（例如，美国煤炭行业声称，所谓的“结构性衰退”是由清洁能源政策和排放法规、可再生能源技术发展和竞争力提高造成的），所以投诉是有建设性的。

如上所述，在因“适应失败”而向董事会及高管人员提出的索赔中，可能要关注风险的重要性和可预见性以及损失的原因。例如，索赔方的损失是由于气候变化风险的治理失败，还是由于相关市场的整体疲软和/或无法预见的“黑天鹅”事件？回答这些问题很重要，能帮助人们认识到，气候变化影响的规模、速度和分布存在不确定性。然而，从总体上看，当前的科学和经验证据越来越让人们确信，未能管理好气候变化风险将影响公司的价值。在这方面，“适应失败”的索赔要求能够与那些因与全球金融危机倒闭公司引起的索赔要求分开，因为这些公司的倒闭通常是“突然的”，而且基本上是“无法预见的”。相反，此类索赔更类似于那些据称未能管理好结构性或系统性转型风险的案件，例如，针对伊士曼柯达公司董事和雇主发起的养老金计划受托人的案件①。

最近发表的一篇学术论文②进一步深入研究了董事及高管人员在治理气候变化相关风险上，可能因违反受托职责和法定职责而遭受索赔的问题。

（三）职业赔偿

职业赔偿，又称差错和疏漏保险，是指职业人士和服务提供者在履行职责过程中因发生的差错、疏漏和过失行为所引起的第三方责任。被保险人可以是企业法人或职业者个人。

与气候变化有关的职业责任保险索赔常涉及建筑师、测量师、工程

---

① 例如，美国地方法院对伊士曼柯达计划受托人提起诉讼，在 2014 年 12 月驳回的动议中获得通过，目前正在等待审判，参见 Gedek v Perez 等人 66 F. Supp. 3d 368。2015 年 7 月，纽约南部地区法院驳回了针对雷曼兄弟计划受托人的 3d 368，参见 re Lehman Brothers Securities and 09 – md2017（LAK）ERISA Litigation 2015 WL 4139978（S. D. N. Y）。

② Barker（2013）。

师、城市规划顾问等职业人士，他们未能适应或充分考虑由气候变化带来的影响，如气候变化带来的天气变化问题。据此，法院已经要求设计师和建筑职业人员做好应对如热浪等极端天气的准备。

在“卡特里娜运河违规案”（详见 Katrina Canal Litigation，2012）中，主审法官最初裁定陆军工程兵团（Army Corp of Engineers）在维护墨西哥湾与新奥尔良之间的航运通道时出现重大过失。原告特别表示，该兵团在已知存在某些水文风险的情况下，疏忽对航道的维护，进而导致堤坝的垮塌。此案件并非仅围绕气候变化展开，更加反映出职业人员对已知环境风险承担的责任越来越大[①]。在上诉中，虽然第五巡回上诉法院支持了过失裁决，但同时裁定，陆军部队根据政府豁免条款免于诉讼。

职业服务提供商也可能因气候变化而面临与职业赔偿有关的责任索赔。例如，在审计财务报表时未充分考虑信息披露要求的会计师，或者在投资建议中未充分考虑气候变化相关风险因素的专业顾问。

三　当前和未来的风险敞口评估

（一）设定承保范围对确定审慎监管局监管的非寿险公司的未来风险敞口具有重要意义

除诉讼成功之外，保险公司还需要明确其为气候变化的责任风险提供的保险责任范围，以使非寿险公司的责任风险具体化。公司很难将“气候变化”这一因素简单排除在保单之外，因为就算原始保单条款允许这么做，多年之后仍可能在不可预见的情况下遭到责任索赔。

职业责任保单、董事及高管人员责任保单一般是基于“索赔发生制”拟定的。这种类型的保单应当具备两个条件：索赔在保单期间或议定的延长报告期间提出；该情形、行为、错误或疏忽必须发生在保单开始生效或保单追溯日期之后。追溯日期可在保单起保日之前。

与此不同，一般的责任保单通常是基于“事故发生制”拟定的，即不一定必须在保险期内提起索赔（但可能有“日落条款”规定提起索赔

---

① Hon（2013）。

的最晚期限）。对于保险公司，“事故发生制”型保险单的赔付的不确定性更高。

尽管看似简单，但是在实际案件中往往存在对责任范围的争议，保单限制性条款和排除性条款的具体措辞也常常受到质疑。例如，关于“减轻失败”的气候变化责任的问题可能包括：温室气体的持续排放属于保险或再保险保护中规定的情形、行为、错误或疏忽吗？如果确实存在连续排放温室气体的事件，该事件发生在保单期生效日期和特定追溯日期之间吗？在可能增加诉讼请求的情况下，被保险人是否应当报告温室气体的有关情况？

为说明这些问题在实践中是如何产生的，在前面讨论的“减轻失败”一案中，与被告有关联的 Kivalina 保险公司诉埃克森美孚公司（ExxonMobil Corp.）时成功地辩称，该公司“没有义务”为其客户辩护，理由包括：温室气体的排放不属于承保责任范围；温室气体的排放属于污染免赔范围；温室气体的排放在保单生效日期之前就已经发生。

除与可报告情况有关的问题之外，此类问题不太可能对转型风险的“适应失败”或“披露失败”引起的索赔造成障碍。因为根据成文法或普通法，这些索赔很可能被视为失败或疏忽，如董事故意或过失违反普通法规定的职责与信托义务。

（二）公司之间的观点不同，所以许多因素都可能使得气候变化的责任风险变得越来越重要

在这方面的讨论主要集中在气候变化相关的责任风险的“减轻失败”类别。在此问题上，公司普遍持有乐观态度。他们建议，即使原告成功证明了气候变化造成的损失会涉及复杂和困难的问题，“索赔发生制”保单也会减轻保险公司的风险。

虽然大多数公司认为他们已经掌控了这个问题，但是一些公司仍有顾虑。公司正在采取行动，包括密切关注专业的法律意见，对多条业务线的潜在气候诉讼案件进行“天际线扫描”，审查保单的措辞，以便更全面地评估相关业务产生的影响。

值得注意的是，正如 2010 年慕尼黑再保险公司（Munich Re）的一

份报告中所讨论的[①]，再保险业已经普遍认识到因“适应失败”或基于转型风险的索赔而产生的潜在风险。同样，2009年瑞士再保险公司将气候变化相关诉讼的可能性与石棉诉讼进行比较后称：“我们预计，气候变化的相关责任将比石棉相关的诉讼发展得更快……并相信，气候变化相关的诉讼将成为一个重大问题。”[②] 不过，受访者也表示，这一问题并没有在随后几年的重大承保活动中被讨论过。

虽然审慎监管局还不知道保险公司在这方面遭受过任何索赔，但是，初步研究显示，有些因素可能导致气候变化相关的责任风险越来越重要。其中包括：气候变化风险因素造成的损失和损害可能增加；气候变化相关的立法、法规和报告要求的提高；对新的保障形式的潜在需求，以及保险业对此需求做出的回复；法院关于赔偿责任和赔偿范围的决定可以为今后的案件树立新的先例。

四　责任风险的结论

审慎监管局将气候变化带来的法律责任风险视为一个可能产生不利影响的领域，鼓励公司充分考虑这一风险，并采取前瞻性方法。

过去的石棉案、污染案等经验表明，虽然最初的起诉难以在法庭上获得支持，但是日益增长的科学共识加上不断增加的诉讼，最终可能导致保险业进行大规模赔付。即使在诉讼时没有判决，也可能通过庭外和解造成重大风险（通常是参考责任限额达成协议）。

一些专家认为，该行业严重低估了社会在寻找“谁是罪魁祸首”问题上的潜力：即使现有的法院判决不明确，但是，气候变化的诉讼很可能在十年到二十年后获得支持。有法律专家[③]表示，在未来十年，某个发展中国家的更激进的法院可能会支持“减轻失败”责任，尤其是随着越来越多相关证据的出现——包括风险的“可预见性”以及高碳型活动对气候变化的影响不断增强。然而，基于“适应失败”或“披露失败”的

---

① 慕尼黑再保险公司（2010）。

② 瑞士再保险公司（2009）。

③ 2015年审慎监管局的访谈。

索赔似乎不会面临相同的法律或证据的障碍，它们可以根据现行的成文法和习惯法来确定。

如果保险公司做到如下几点，审慎监管局目标面临的风险将降低：考虑到“适应失败”“披露失败”及“减轻失败”可能引致的责任风险；研究未来气候变化索赔潜在风险的保单措辞，特别是基于“事故发生制”的合同；利用前瞻性方法来管理这一领域的风险，包括对潜在的气候诉讼和其他变化进行“天际线扫描”。

第六节 结论

在完成本章时，审慎监管局已经基于法定保险监管目标讨论了气候变化带来的风险，以及在本节末尾所述的机遇。虽然本章对一些领域（如“财产相关的”保险的直接物理风险）进行了合理深入的分析，但是，对其他领域（如向低碳转型的潜在影响，或人寿保险负债受到的长期影响）的研究尚处于初级阶段。

一 审慎监管局的工作对这 3 个风险因素均得出了一些新的结论

（一）物理风险

现阶段，与气候变化的物理风险的关系最为密切的是，审慎监管局监管的非寿险公司的负债。利用巨灾风险模型、组合分散化（包括资产方面和负债方面）、替代性风险转移和短期合同的方式都表明，非寿险公司有充分的能力来管理当前的物理风险。保险公司的逆向生产周期（流动性风险较低）和严格的监管资本要求（确保公司内部财务资源整体充足）有利于管理这些物理风险。

我们需要继续监测这些物理风险，从长远看，风险水平的增加可能对以市场为基础的风险转移机制、另类资本作用的演变以及对风险相关性的精算假设产生重要影响。其中包括气候灾害之间的相关性以及保险公司资产端风险和负债端风险（如承保风险和市场风险）之间的相关性。

随着时间的推移，物理风险与保险商业模式的资产端的关联可能日益紧密，特别是在房地产投资方面。从长远看，物理风险与全球可管理资产存量的关系越来越密切，尤其是在高碳排放情景下，预计将造成更具破坏性的物理风险。此外，与气候变化风险有关的投资者情绪或市场预期的迅速变化也会带来短期影响，而气候变化的系统性会在一定程度上造成“无法对冲的风险”。

业界正在与科学界建立密切联系，充分考虑多种风险的观点，采用情景分析和压力测试等措施，因此，物理风险对审慎监管局目标的影响似乎较小。

（二）转型风险

全球向低碳经济的转型通过对高碳型资产的投资而对保险公司产生影响，也可能减少来自高碳型行业的保费收入。我们通过与市场参与者和更广泛的利益相关方进行讨论，确定了一系列备选战略以及这一领域的实践进展。

审慎监管局认为，转型风险是一个需要加强评估的重要领域，其影响取决于转型的速度。如果公司在其商业计划和投资战略中积极考虑全球向低碳经济转型的潜在影响，那么，转型风险对审慎监管局目标的影响将会减弱。

（三）责任风险

审慎监管局认为，由于第三方责任索赔的增加，责任风险与非寿险人最为相关。尽管这一风险因素本质上更难以预测，但是，各种历史事件表明，责任赔付可能对保险业造成破坏性影响。随着时间的推移，一些重大的和难以预见的索赔会不断增加。保险保障范围是未来风险敞口的重要决定因素，尽管尚未发生重大损失，但是审慎监管局认为，责任风险是一个可能发生不利演变的领域。

如果非寿险人在与第三方责任保险有关的一系列渠道中考虑了可能存在的风险，检查了保单条款中可能存在的风险敞口，并对风险的新发展进行了“天际线扫描”，那么责任风险对审慎监管局目标的影响将会减弱。

二 气候变化与金融监管的关系日益密切

审慎监管局的工作重点是，增强应对气候变化的韧性，支持金融业有序地向低碳经济转型；审慎监管局将结合国际合作、研究、对话和监管来实现这一目标。

金融监管者和央行正采取行动以应对气候变化和更广泛的系统性环境风险。例如，联合国环境规划署[①]重点介绍了从美国的气候报告到中国采取绿色信贷指引的一系列的创新实践。

在这一大背景下，保险监管者正在研究气候变化方面的某些风险对保险业的影响，并调整其监管方式。例如，2013 年，全美保险监督官协会（National Association of Insurance Commissioners，NAIC）修订了《财务状况审查员手册》（*Financial Condition Examiners Handbook*），以支持审查员评估气候变化对保险公司偿付能力的潜在影响[②]。

依据审慎监管局的法定目标，其应对气候变化的方法旨在增强公司对气候变化风险的韧性，并支持金融业有序地向低碳经济转型。它将包括以下 4 个活动领域。

（一）国际合作

与金融领域的其他系统性风险一样，与全球的金融监管者及相关机构一起制定一套解决方案非常重要。例如，与转型风险有关的单一管辖权的信息披露要求可能影响金融市场某些行业的资本流动。

迄今为止，审慎监管局在气候变化问题上进行国际合作的重点是，参与联合国环境规划署牵头的对可持续金融体系设计的调查。审慎监管局希望在这些问题上继续开展国际合作，这是其方法论的重要内容。

同时，审慎监管局还注意到国际金融公司的“可持续银行网络”（Sustainable Banking Network）[③]在促进银行业监管者就可持续相关问题进行集体学习时所做的工作。值得进一步考虑的是，审慎监管局还建立了一个模拟网络，其中包括对可持续保险政策、指引和实践感兴趣的保险

---

① 联合国环境规划署（2015）。

② 参见全美保险监督官协会（2015）。

③ 参见国际金融公司（2015）。

监管者和协会。

更广泛地讲，这些讨论认为，国际社会必须就气候变化引起的金融稳定问题达成共识，制定措施，并同意采取行动来解决这些问题。为此，9 月 24 日，金融稳定理事会（Financial Stability Board，FSB）与业内人士举行了会议，来自多个国家或地区的官方部门、银行、保险人、投资者、信息披露专家和学者会聚一堂，讨论金融业如何考虑气候相关问题，以及可能采取的进一步措施。

（二）研究

审慎监管局关于气候变化的工作还处于初期阶段，未来还需要进行更多研究。在完成本章后，审慎监管局打算列出并继续探讨气候变化对微观审慎监管的影响（包括物理风险和转型风险）的最相关的问题。审慎监管局预计，这些将成为英格兰银行（Bank of England）今后研究议程的一部分[①]。

（三）对话和接触

如本章第一节所述，审慎监管局完成气候变化适应报告的方法包括与被审慎监管局监管的保险公司和更广泛的利益相关方进行实质性对话。审慎监管局希望继续将适当水平的持续对话和接触作为其战略方针的一部分，包括继续开展圆桌会议。

（四）保险监管

如本章第二节所述，审慎监管局对保险监管采取基于判断、前瞻性和恰当的方法，包括通过运用商业模式分析来发现，保险商业模式的可行性和可持续性所遇到的威胁。

根据 2016 年 1 月 1 日生效的“偿付能力 Ⅱ”制度，保险公司要根据 1 年期“两百年一遇”的在险价值（VaR）测算所需要持有的监管资本，并通过风险和偿付能力自评估（ORSA）进行前瞻性评估。

审慎监管局会进一步考虑如何以最佳方式将已确定的气候变化风险因素纳入其现有的框架和监管方法。其中包括：审查审慎监管局的业务模式分析及压力测试的框架，以确保自己掌握最新的气候变化风险因素；

---

① 英格兰银行（2015）。

继续建立内部技术专长，以支持监管人员了解和评估与保险人有关的气候变化风险；对保险公司的风险和偿付能力自评估（ORSA）进行专项审查，以评估保险公司识别和评估气候变化风险因素的恰当性。

最后，根据分析结果，审慎监管局会与被审慎监管局监管的保险公司一起分享本章的成果，并期望他们考虑已识别的风险。

三 审慎监管局的评估还强调了气候变化给保险公司带来的机遇

这些机遇包括新的保费收入增长来源（如可再生能源项目保险）、通过风险意识和风险转移来增强气候变化韧性、投资“绿色债券”以及在金融业应对气候变化问题上发挥引领作用。

（一）增强应对气候变化的韧性

保险具有提供保障和风险转移的功能，保险业在提升气候变化适应能力方面发挥着重要作用。审慎监管局通过调查中收到的反馈以及更广泛的讨论，发现了一些机遇。第一，增强对气候变化的风险意识，并就降低风险和损失，特别是对“财产相关的”资产的直接物理风险提供专业意见。虽然许多保险公司已经为个人及其他客户提出了如何抵御自然灾害或洪水等风险的指引，但是他们的灾害韧性仍有很大的增强空间。例如：调整公共政策，以改进建筑规范、防洪措施和其他风险缓释措施，或设法将韧性纳入承保条件或纳入其他资本来源的附加条件[①]。第二，创新风险转移机制，丰富风险管理解决方案，以帮助投保不足或未投保的社区和经济体应对气候变化的挑战。这还可以包括向新型的公共和私人倡议——如为加勒比巨灾风险保险基金（CCRIF）或非洲风险能力（ARC）提供技术援助。

（二）开发新保险产品

保险公司也有机会开发新产品，特别是在向低碳经济转型的领域。举例如下。(1) 低碳基础设施的发展已经为可再生能源项目保险等领域提供了机会，包括对设计和建筑风险以及质量风险的保险保障需求的不断增加，例如，为太阳能发电厂因天气模式变化造成的收入减少提供保

① 如参考联合国（2014）。

险。(2) 这方面的机遇还包括与公共政策风险有关的产品，例如，为可再生能源补贴突然取消提供保险。此外，更发达的碳交易市场的出现可能带来新的收入增长来源。(3) 现有保险产品的环保申请——通常被贴上“绿色产品”的标签——也可能为保险人提供机会，鼓励他们改变行为，从而使得被保险人和保险人都受益，并实现碳减排。这方面的例子还包括“按里程付费汽车保单”（pay-as-you-go motor insurance policies）和“生态家园保单”（eco home policy），前者鼓励减少使用私家车，后者鼓励提高能源效率①。

（三）发挥机构投资者的积极作用

作为一类重要的投资者，保险人的资产端也有不少机遇。在其他机构投资者所采取的一系列活动中，有的与保险业息息相关，举例如下。(1) 投资“绿色债券”——为具有积极环境和/或气候效益的项目提供资金的债务工具。除提供商业机会之外，保险人还可以在塑造和推动这类产品的增长方面发挥作用。另一个例子可能是，生成恰当的风险调整后的收益曲线，投资于防洪设施或其他支持提升收益的基础设施。(2) 通过行业协会做出气候变化方面的投资承诺。例如，在 2014 年 9 月于纽约举行的联合国气候峰会上，国际合作与互助保险联合会（International Co-operative and Mutual Insurance Federation，ICMIF）和国际保险协会（International Insurance Society，IIS）共同承诺，到 2015 年年底，将对气候智能产业的投资从目前的 420 亿美元增加 1 倍，达到 840 亿美元②。

（四）提供先导

从更大范围上看，保险人对自己在推动社会应对气候变化上的作用有明确的看法。他们认为，他们有责任在此问题上发挥引领作用。这可以采取多种形式，包括参与行业活动，如“气候智慧”团体（Climate Wise，其希望成为全球保险业在气候问题上的领导性团体）采取行动应对气候变化，签署“可持续保险原则”（Principles for Sustainable Insurance，PSI），建立全球可持续发展框架，主动参与联合国环境规划署的金

① Surminski、Dupuy 和 Vinuales（2013）和 Mills（2009）。

② 国际合作与互助保险联合会（ICMIF，2015）。

融倡议（Environment Programme Finance Initiative，UNEPFI）。

四 结尾鸣谢

审慎监管局感谢所有对本章做出贡献的组织和个人，特别是：回复审慎监管局的调查、提供额外资料及出席圆桌会议的被监管的保险公司；支持此项研究的广大利益相关者，他们来自学术界、行业组织、信用评级机构、多边机构、民间社会团体等；圆桌会议召集人（“气候智慧”团体和精算师学会）；来自牛津大学、剑桥大学和伦敦政治经济学院的英格兰银行的访问学者；技术专家，包括来自英国气象局（Met Office）、政府间气候变化专门委员会、英国外交和联邦事务部、能源与气候变化部等机构的专家的支持。

附 录

附录1 审慎监管局气候变化适应调查

请你完成以下适应报告中的6个问题。根据适应报告的要求，本调查的重点是：气候变化对贵组织目前及未来的影响；贵组织管理气候变化风险的方法，包括气候变化风险的阈值；保险业以及保险监管在支持适应潜在气候变化方面的作用。

欢迎你回答并提供支持性信息，你可将支持信息发送到审慎监管局的专用电子邮箱。

（一）气候变化的当前影响

1A. 在贵组织目前的业务规划范围内，你认为，气候变化带来的哪些风险会对贵组织产生影响，包括以下几个方面：

（1）贵组织商业计划的完成情况；

（2）贵组织的持续安全与稳定；

（3）贵组织的保单持有人的保护情况

请告知贵组织目前的业务规划期限：________年

请列出由气候变化引起的3—5个最大的风险。

1B. 贵组织是否评估了这些气候变化风险的可能性及其影响？ 是/否

如果是，请提供进一步的信息，包括评估风险的时间维度。

1C. 贵组织是否评估了气候变化对投资组合的潜在影响？　　是/否

如果是，请提供进一步信息。

1D. 贵组织是否有一些业务线和/或所在地区比其他组织更容易受到气候变化的影响？　　是/否

如果是，请提供进一步信息。

1E. 贵组织是否已经认识到了气候变化带来的风险和机遇？　　是/否

如果是，请提供进一步信息。

（二）气候变化的未来影响

2A. 除现有的业务计划范围（如1A所述）之外，贵组织是否能识别未来气候变化对贵组织的业务模式、安全及稳定以及保单持有人保护造成的风险？　　是/否

如果是，请提供进一步信息，包括这些风险与问题1所述的风险有何不同（如有的话），并考虑这些风险的未来发展状况。

2B. 如果你还没有将此作为问题2A的一部分，请考虑2025年可能由气候变化带来的风险。在此过程中，请关注2025年的这些风险与问题1中确定的风险有何不同。

（三）气候变化风险管理

3. 贵组织如何管理气候变化带来的风险？请提供进一步信息，包括本组织内负责气候变化风险管理的人员。

（四）气候变化风险阈值

4. 你认为，上述未来气候变化情景阈值（如温度变化或重大气候事件的频率和严重程度）是否可能威胁到贵组织实现商业计划（如对收益的影响）、偿付能力（如对资本的影响）或业务模式的可行性？　　是/否

如果是，请提供进一步信息，包括考虑气候变化阈值的性质及其对贵组织的影响。

（五）保险业和保险监管的作用

5A. 你认为，保险业在支持应对潜在气候变化方面应当扮演什么角色？

5B. 你认为，保险监管者特别是审慎监管局在支持应对潜在气候变化

方面应当扮演什么角色？

6. 其他信息

如果你还有其他气候变化方面的问题，请在下面列出。

附录2 人寿保险

审慎监管局关于气候变化对寿险负债影响的评估仍处于初期阶段。本附录是我们初步研究后的一个总结，不应被视为全面的评估。

（一）气候变化对人寿和健康保险人负债的潜在影响

气候变化带来的物理风险可能影响人的健康状况和死亡率，进而影响人寿和健康保险人的负债。目前，与非自然灾害风险相比，富裕国家因自然灾害死亡的人数较少①。

从长远看，物理风险的增加可能对死亡率和发病率产生不利影响。但是，人寿和健康保险的业务模式可以在死亡型产品和长寿型产品之间建立对冲关系。此外，人寿和健康保险人预计将通过提高收费、减少奖金或限制承保范围来适应不断变化的气候。这类似于本章第三节讨论的非寿险人提高保费和减少保险供给的做法。

（二）气候变化如何影响发病率和死亡率

根据政府间气候变化专门委员会（2014）② 的分析，人类的健康和死亡率对天气模式及其他方面的气候变化很敏感。随着时间的推移，温度和降水的变化以及热浪、洪水、干旱和火灾的发生均会增加死亡率并导致医疗条件变差。

Peara 和 Mills（1999）③ 以及 Lancet 委员会的报告（2015）④ 列举了可能影响人寿保险负债的气候变化。（1）气候条件的变化影响了疟疾、登革热、莱姆病、脑炎和汉坦病毒，以及霍乱、隐孢子虫病、弓形虫病等水源性疾病的传播。（2）暴洪等自然灾害增加了死亡风险；洪水和强降水也会通过病原体、危险化学品和农业废物污染水和土壤。这些事件

---

① 美国人口普查局（2012）。

② 政府间气候变化专门委员会（2014）。

③ Peara 和 Mills（1999）。

④ Lancet 委员会（2015）。

既可能导致人口流离失所，又可能危害公共卫生。(3) 温度上升会提高以下情况发生的可能性：死亡率——如热浪导致的过早死亡；呼吸系统疾病——火灾引致的一氧化碳、氮氧化物、气溶胶及微粒的浓度上升；在温度上升的情况下，居民易受停电的影响。(4) 地面臭氧增加（elevated ground - level ozone，GLO）——在云量减少、降水频率降低的环境中更容易出现和持续。(5) 粮食生产和公共水供应的限制——气候变化及其对粮食生产的影响与水供应（地下水和地表水）之间存在着复杂的关系。这反过来又会影响极端天气情况下的发病率和死亡率——通过直接影响个体，或通过政治动乱等渠道间接影响。

上述讨论的气候变化的影响可能因国家和因素而异，如暴露于风险的人口、人口统计学因素、财富、教育、政治和立法等。正如 Lancet 委员会强调的，人口的增长和老龄化以及更多地向沿海地区移民会增加气候变化风险的脆弱性。老年人尤其容易受到热浪的影响，而人口统计学因素和气候因素的变化在未来几十年中均会增加人口的脆弱性。

（三）对人寿和健康保险人负债的影响

气候变化对死亡率和发病率的潜在影响可能涉及主要的寿险产品，如分红型产品、年金和保障型产品。附表 1—1 将它们分为以下 3 类。

附表 1—1　　　　产品类别

类别	人寿保险产品	风险
1. 保单持有人的付款期限与保单持有人的寿命相同	养老金、退休金	保单持有人活得比预期长（长寿）的风险
2. 被保险人死亡时支付	保障产品（有分红寿险、临时或终身寿险）	保单持有人死亡早于预期的风险（死亡率）
3. 获得某些医疗服务时支付	健康保险，也是保障型产品（重大疾病险、收入保险等）	保单持有人健康欠佳的风险（发病率）

在英国，大部分人寿保险产品是年金和养老金，其赔付取决于保单持有人的寿命，以及他们的死亡时间。因此，如果死亡率恶化，人寿保险人将受益于提前支付待遇。

此外，英国保险人目前销售的人寿保险产品中有很大一部分是投资连接型的。一般来说，虽然提供的保障范围有限，但是保险的成本费用是可以查询的，并能从与之挂钩的基金中扣除。如果在情况恶化时保险人能够相应地增加保费，那么保险人本身没有承担多少风险。尽管目前看来，这种限制不太可能达到造成重大风险的程度，但是在极端情况下，这些做法仍可能受到限制（出于公平对待保单持有人的考虑）。

相反，如果死亡率和发病率因气候变化而恶化，那么健康保险人和销售保障型产品的人寿保险人（见附表1—1中第2类和第3类）可能遭受比预期更大的损失。然而，在许多人寿保险人的业务组合中，长寿和死亡率之间存在着一种天然的对冲（即使由于被保险人群不同，这种对冲并不完美）。

除人寿保险人的产品组合之间的对冲之外，因为流感和寒冷天气下潮湿的住房条件，冬季的死亡率通常要高于一年中的其他季节，所以全球温度上升将在一定程度上降低这种死亡率。

（四）审慎监管局目标的当前影响

审慎监管局预计，气候变化对死亡率和发病率的短期影响不会很大。虽然人寿保险人在其现行的定价或准备金做法中不一定明确提及气候变化风险，但是，有理由认为，这些因素在现阶段是通过其他方式（如使用预期寿命的研究）隐含考虑的。

2016年开始实施的“偿付能力 Ⅱ”资本制度要求公司持有资本以应对“二百年一遇”的事件，有助于增强公司的抗风险能力，这在本章第三节中有所讨论。此外，因为英国大型人寿保险人通常持有相当规模的年金保单，所以气候变化对健康和预期寿命的影响在人身保险和年金保险之间会相互抵消。

鉴于这方面的评估尚处于初期阶段，审慎监管局将继续关注气候变化对寿险负债的影响，以及可能影响寿险业的其他新型风险，如流行病和人口结构变化带来的风险等。

附录3　参考文献

Allwood, J. M., Bosetti, V., Dubash, N. K., Gómez - Echeverri, L. and von

Stechow, C. , 2014, "Glossary", In: *Climate Change 2014: Mitigation of Climate Change*, Contribution of Working Group III to the Fifth Assessment Report of the Intergovernmental Panel on Climate Change [Edenhofer, O. , R. Pichs – Madruga, Y. , Sokona, E. , Farahani, S. , Kadner, K. , Seyboth, A. , Adler, I. , Baum, S. , Brunner, P. , Eickemeier, B. , Kriemann, J. , Savolainen, S. , Schlömer, C. , von Stechow, T. , Zwickel and J. C. Minx (eds.)] . Cambridge University Press, Cambridge, United Kingdom and New York, NY, USA.

A. M. Best, 2013, "Special Report: Asbestos Losses Fueled by Rising Number of Lung Cancer Cases", www3. ambest. com/ambv/bestnews/presscontent. aspx? altsrc = 0&refnum = 20451.

Ansar, A. , Caldecott, B. and Tilbury, J. , 2013, "Stranded Assets and the Fossil Fuel Divestment Campaign: What Does Divestment Mean for the Valuation of Fossil Fuel Assets", Stranded Assets Programme, Smith School of Enterprise and the Environment, University of Oxford (Oxford, UK) .

Aon Benfield, 2011, "2011 Thailand Floods Event Recap Report", http: //thoughtleadership. aonbenfield. com/sitepages/display. aspx? tl = 214.

Aon Benfield, 2014a, "2014 Annual Global Climate and Catastrophe Report", http: //thoughtleadership. aonbenfield. com/sitepages/display. aspx? tl = 460.

Aon Benfield, 2014b, "Reinsurance Market Outlook", http: //thoughtleadership. aonbenfield. com/documents/20131231_analytics_reinsurance_market_outlook_jan2014. pdf.

Aon Benfield, 2015, "Reinsurance Market Outlook – June and July Update", http: //thoughtleadership. aonbenfield. com/Documents/20150701 – ab – analytics – reinsurance – market – outlook – junejuly2015. pdf.

Arnell, N. W. , Brown, S. , Gosling, S. N. , Hinkel, J. , Huntingford, C. , Lloyd – Hughes, B. , Lowe, J. A. , Osborn, T. , Nicholls, R. J. and Zelazowski, P. , 2015, "Global-scale Climate Impact Functions: The Relationship Between Climate Forcing and Impact", http: //rd. springer. com/

article/10. 1007%2Fs10584 – 013 – 1034 – 7#.

Association of British Insurers (ABI), 2009, "Assessing the Risks of Climate Change: Financial Implications".

Association of British Insurers, AIR Worldwide and the Met Office, 2009, "The Financial Risks of Climate Change: Examining the Financial Implications of Climate Change Using Climate Models and Insurance Catastrophe Risk Models", ABI Research Paper No. 19.

Association of British Insurers, 2015, "Industry Data Downloads", https: //www. abi. org. uk/Insurance – and – savings/Industry – data/Industry – data – downloads.

Avoid, 2015, "Avoid 2 – Can We Avoid Dangerous Climate Change?", www. avoid. uk. net.

Axa, 2015, "Climate Change: It's No Longer About Whether, It's About When", www. axa. com/en/news/2015/climate_insurance. aspx.

Bank of England, 2014, "The PRA's Approach to Insurance Supervision", www. bankofengland. co. uk/pra/Pages/supervision/approach/default. aspx.

Bank of England, 2015, "One Bank Research Agenda", www. bankofengland. co. uk/research/Pages/onebank/agenda. aspx.

Barker, S., 2013, "Directors' Duties in the Anthropocene: Liability for Corporate Harm Due to Inaction on Climate Change", Working Paper, http: //responsible – investmentbanking. com/wp – content/uploads/2014/11/Directors – Duties – in – the – Anthropocene – December – 2013. pdf.

Bloomberg, 2015, "Fossil Fuels Just Lost the Race Against Renewables", www. bloomberg. com/news/articles/2015 – 04 – 14/fossil – fuels – just – lost – the – race – against – renewables .

Bloomberg New Energy Finance, 2015a, "Global Trends in Clean Energy Investment——Clean Energy Factpack", http: //about. bnef. com/content/uploads/sites/4/2015/04/BNEF_clean_energy_factpack_q1_2015. pdf.

Bloomberg New Energy Finance, 2015b, "Bloomberg New Energy Finance Summit 2015", http: //about. bnef. com/content/uploads/sites/4/2015/

04/BNEF_2014 - 04 - 08 - ML - Summit - Keynote_Final. pdf.

Business Green, 2015, "Renewables Meet Record-breaking 78 per Cent of German Electricity Demand", www. businessgreen. com/bg/news/2419722/renewables - meet - record - breaking - 78 - per - cent - of - german - electricity - demand.

Cai, W., Borlace, S., Lengaigne, M., van Rensch, P., Collins, M, Vecchi, G., Timmermann, A., Santoso, A., McPhaden, M., Wu, L., England, M., Wang, G., Guilyardi, E. and Jin, F., 2014, "Increasing Frequency of Extreme El Niño Events Due to Greenhouse Warming", *Nature Climate Change*, Vol. 4, No. 2, pages 111 - 116.

Caldecott, B and McDaniels, J., 2014a, "Financial Dynamics of the Environment: Risks, Impacts and Barriers to Resilience", Working Paper for the UNEP Inquiry into the Design of a Sustainable Financial System, Smith School of Enterprise and the Environment, University of Oxford Oxford, UK.

Caldecott, B. and McDaniels, J., 2014b, "Stranded Generation Assets: Implications for European Capacity Mechanisms, Energy Markets and Climate Policy", Working Paper, Smith School of Enterprise and the Environment, University of Oxford Oxford, UK.

Caldecott, B., Dericks, G. and Mitchell, J., 2015, "Stranded Assets and Subcritical Coal: The Risk to Companies and Investors", March, smithschool. ox. ac. uk/research - programmes/stranded - assets/publications. php.

Cambridge Institute of Sustainability Leadership (CISL), "Unhedgeable Risk: Stress Testing Eentiment in a Changing Climate, Cambridge", UK, Forthcoming.

Carbon Tracker, 2013, "Unburnable Carbon 2013: Wasted Capital and Stranded Assets", www. carbontracker. org/report/wasted - capital - and - stranded - assets/.

Carroll, C., Evans, R., Patton, L. and Zimolzak, J., 2014, "Climate Change and Insurance", American Bar Association.

Christidis, N., Jones, G. and Stott, P., 2014, "Dramatically Increasing

Chance of Extremely Hot Summers since the 2003 European Heatwave", *Nature Climate Change*, Vol. 5, No. 1, pages 46 –50.

Citi GPS, 2015, "Energy Darwinism II: Why a Low Carbon Future Doesn't Have to Cost the Earth", https://www.citivelocity.com/citigps/ReportSeries.action? recordId =41&src = Home.

ClimateWise and Cambridge Institute for Sustainability Leadership, 2012, "Why Should Insurers Consider Climate Risk?", http://financehub.cisl.cam.ac.uk/resource/why – should – insurers – consider – climate – risk – srex – summary –0.

ClimateWise and Cambridge Institute for Sustainability Leadership, 2015, "Has Enough Attention been Paid to Collective Financial Exposure to Climate Risk?", www.cisl.cam.ac.uk/business – action/sustainable – finance/climatewise/news/has – enough – attention – been – paid – to – collective – financial – exposure – to – climate – risk.

Commons Select Committee, 2014, "IPCC Processes and Conclusions Robust——MPs Report", www.parliament.uk/business/committees/committees – a – z/commons – select/energy – and – climate – change – committee/news/report – ipcc –5 – assessment – review/.

Commonwealth of the Bahamas, 2001, "First National Communication on Climate Change", http://unfccc.int/resource/docs/natc/bahnc1.pdf.

Debbage, S. and Dickson, S., 2013, "The Rationale for the Prudential Regulation and Supervision of Insurers", *Bank of England Quarterly Bulletin*, Vol. 53, No. 3, pages 216 –222.

Ekins, P. and McGlade, C., 2014, "Climate Science: Unburnable Fossil-fuel Reserves", *Nature*, Vol. 517, No. 7533 pages 150 –152.

Environment Agency, 2007, "Review of 2007 Summer Floods", https://www.gov.uk/government/uploads/system/uploads/attachment_data/file/292924/geho1107bnmi – e – e.pdf.

Environment Leader, 2015, "France First to Introduce Mandatory Carbon Reporting for Investors", www.environmentalleader.com/2015/06/01/france

– first – to – introduce – mandatory – carbon – reporting – for – investors/.

Eurosif, 2014, "European SRI Study", www. eurosif. org/wp – content/uploads/2014/09/Eurosif – SRI – Study – 20142. pdf.

Ferro, S., 2015, "Home Battery Systems Will Be an Energy Revolution —But Maybe Not for Tesla", http://uk. businessinsider. com/tesla – home – battery – revolution – 2015 – 5? r = US&IR = T#ixzz3kbNcdKTa.

Financial Times, 2015a, "Axa Pledges to Sell 500m of Coal Assets by End of Year", www. ft. com/intl/cms/s/0/f349dbb0 – 0072 – 11e5 – b91e – 00144feabdc0. html#axzz3hle4DUa6.

Financial Times, 2015b, "Aviva Orders Coal Companies to Clean Up", www. ft. com/intl/cms/s/0/fc4de232 – 321e – 11e5 – 91ac – a5e17d9b4cff. html#axzz3hle4DUa6.

Financial Times, 2015c, "Hague Court Orders Cuts in Dutch Carbon Emissions", www. ft. com/cms/s/0/09cc780e – 1a84 – 11e5 – a130 – 2e7db721f996. html#axzz3lQyl5QO0.

Financial Times, 2015d, "Renewables Take Top Spot in Germany Power Supply Stakes", www. ft. com/cms/s/0/cc90455a – 9654 – 11e4 – a40b – 0144feabdc0. html? siteedition = uk#axzz3mZXCxtrq.

Friedlingstein, P., Andrew, R. M., Rogelj, J., Peters, G. P., Canadell, J. G., Knutti, R., Luderer, G., Raupach, M. R., Schaeffer, M., van Vuuren, D. P. and Le Quéré, C., 2014, "Persistent Growth of CO2 Emissions and Implications for Reaching Climate Targets", *Nature Geoscience*, Vol. 7, No. 10, pages 709 – 715.

Hon, W., 2013, "5th Circuit Reverses Itself on Hurricane Katrina Liability Lawsuit", www. columbiaenvironmentallaw. org/assets/Hon – MACRO – final – 4222013__POST_. pdf.

Houser, T., Hsiang, S., Kopp, R. and Larsen, K., 2015, "Economic Risks of Climate Change", Rhodium Group, http://climateprospectus. org/.

HSBC, 2013, "Oil and Coal Revisited: Value at Risk from 'Unburnable' Reserves", https://stateinnovation.org/catalog/1499/fossil-fuel-divestment/oil-carbon-revisited-value-at-risk-from-unburnable-reserves.

Insurance Information Institute, 2012, "Hurricane Andrew and Insurance: The Enduring Impact of an Historic Storm", www.iii.org/sites/default/files/paper_HurricaneAndrew_final.pdf.

International Association of Insurance Supervisors (IAIS), 2011, "Insurance and Financial Stability", http://iaisweb.org/index.cfm?event=getPage&nodeId=25255.

International Cooperative and Mutual Insurance Federation, 2015, "Insurance Industry to Double Its Climate-smart Investment by End of 2015", https://www.icmif.org/insurance-industry-double-its-climate-smart-investment-end-2015.

International Energy Agency (IEA), 2013, "World Energy Outlook", www.worldenergyoutlook.org/publications/weo-2013/.

International Energy Agency, 2014, "Five Key Actions to Achieve a Low-carbon Energy Sector", www.iea.org/newsroomandevents/pressreleases/2014/november/five-key-actions-to-achieve-a-low-carbon-energy-sector.html.

International Finance Corporation, 2015, "Sustainability Banking Network", www.ifc.org/wps/wcm/connect/Topics_Ext_Content/IFC_External_Corporate_Site/IFC+Sustainability/Partnerships/Sustainable+Banking+Network/.

IPCC, 2012, "Summary for Policymakers", In: *Managing the Risks of Extreme Events and Disasters to Advance Climate Change Adaptation*, [Field, C. B., Barros, V., Stocker, T. F., Qin, D., Dokken, D. J., Ebi, K. L., Mastrandrea, M. D., Mach, K. J., Plattner, G.-K., Allen, S. K., Tignor, M. and Midgley, P. M. (eds.)], A Special Report of Working Groups I and II of the Intergovernmental Panel on Climate Change. Cambridge University Press, Cambridge, UK, and New York, NY, USA.

IPCC, 2013, "Working Group I – Climate Change 2013: The Physical Science Basis", www. climatechange2013. org/.

IPCC, 2014a, *Climate Change 2014: SynthesisReport. Contribution of Working Groups I, II and III to the Fifth Assessment Report of the Intergovernmental Panel on Climate Change*, [Core Writing Team, R. K. Pachauri and L. A. Meyer (eds.)]. IPCC, Geneva, Switzerland.

IPCC, 2014b, "Summary for Policymakers", In: *Climate Change 2014: Mitigation of Climate Change. Contribution of Working Group III to the Fifth Assessment Report of the Intergovernmental Panel on Climate Change*, [EdeGnhofer, O., Pichs – Madruga, R., Sokona, Y., Farahani, E., Kadner, S., Seyboth, K., Adler, A., Baum, I., Brunner, S., Eickemeier, P., Kriemann, B., Savolainen, J., Schlömer, S., von Stechow, S., Zwickel, T. and Minx, J. C. (eds.)]. Cambridge University Press, Cambridge, United Kingdom and New York, NY, USA.

Jenkins, G. J., Murphy, J. M., Sexton, D. M. H., Lowe, J. A., Jones, P. and Kilsby, C. G., 2010, *UK Climate Projections: Briefing Report*, Version 2, Met Office Hadley Centre, Exeter, UK.

Jenkins, K., Hall, J., Mechler, R., Lorant, A., Haer, T., Botzen, W., Aerts, J., Kohler, M., Pulido – Velazquez, M. and Lopez – Nicolas, A., 2015, "Deliverable 5. 2: Key Economic Instruments for Risk Reduction and Management for the Case Studies", Report for the ENHANCE Consortium, UOXF; IIASA; IVM; PCC and UPVLC.

JUSTIA US Supreme Court, 2011, American Elec. Power Co., et al. v Connecticut, et al. 564 U. S., https: //supreme. justia. com/cases/federal/us/564/10 – 174/.

King, D., Schrag, D., Dadi, Z., Ye, Q. and Ghosh, A., 2015, "Climate Change——A Risk Assessment", www. csap. cam. ac. uk/projects/climate – change – risk – assessment/.

Krause, F., Bach, W. and Koomey, J., 1989, "Energy Policy in the Greenhouse: Final Report", *International Project for Sustainable Energy*

Paths, Vol. 1.

Law 360, 2014, "Farmers Insurance Drops High-profile Climate Change Suits", www. law360. com/articles/544691/farmers – insurance – drops – high – profile – climate – change – suits.

Leggett, J. , 1993, "Climate Change and the Insurance Industry; Solidarity Among the Risk Community", www. greenpeace. org/international/Global/international/planet –2/report/2006/3/leggett – insurance – climate. pdf.

Lloyd's of London, 2012, "Learning from the Thai Floods", https: //www. lloyds. com/news – and – insight/news – and – features/environment/environment –2012/learning – from – the – thai – floods.

Lloyd's of London, 2013, "Feast or Famine: Business and Insurance Implications of Food Safety and Security", https: //www. lloyds. com/ ~/media/lloyds/reports/emerging%20risk%20reports/food%20report. pdf.

Lloyd's of London, 2014a, "Annual Report 2014", www. lloyds. com/AnnualReport2014/.

Lloyd's of London, 2014b, "Setting the Agenda on Climate Change", https: //www. lloyds. com/news – and – insight/news – and – features/environment/environment –2014/setting – the – agenda – on – climate – change.

Lloyd's of London, 2014c, "Catastrophe Modelling and Climate Change", https: //www. lloyds. com/ ~/media/lloyds/reports/emerging% 20risk%20reports/cc%20and%20modelling%20template%20v6. pdf.

Met Office Hadley Centre, 2014, "Climate Risk-an Update on the Science", www. metoffice. gov. uk/climate – guide/science/uk/expert – advice/COP/COP20.

Met Office Hadley Centre, 2015, "State of the UK Climate 2014", www. metoffice. gov. uk/climate/uk/about/state – of – climate.

Mills, E. , 2009, "Risk to Opportunity: Insurer Responses to Climate Change".

Montreal Carbon Pledge, 2015, http: //montrealpledge. org/.

Munich Re, 2010, "Liability for Climate Change? Experts' Views on a Potential Emerging Risk", www. dacbeachcroft. com/publications/publications/liability_for_climate_change_ - _munich_re.

National Association of Insurance Commissioners, 2015, "Climate Change and Risk Disclosure", www. naic. org/cipr_topics/topic_climate_risk_disclosure. htm.

National Hurricane Centre, 2015, " Hurricane Katrina 2005 ", www. nhc. noaa. gov/outreach/history/#katrina.

National Institute for Health and Care Excellence, 2015, " Excess Winter Deaths and Morbidity and the Health Risks Associated with Cold Homes", www. nice. org. uk/guidance/ng6/resources/excess - winter - deaths - and - morbidity - and - the - health - risks - associated - with - cold - homes - 51043484869.

National Research Council, 2015a, *Climate Intervention: Reflecting Sunlight to Cool Earth*, The National Academies Press, www. nap. edu/catalog/18988/ climate - intervention - reflecting - sunlight - to - cool - earth.

National Research Council, 2015b, *Climate Intervention: Carbon Dioxide Removal and Reliable Sequestration*, The National Academies Press, www. nap. edu/catalog/18805/climate - intervention - carbon - dioxide - removal - and - reliable - sequestration.

Otto, F. E. L. , Frame, D. J. , Otto, A. and Allen, M. R. , 2015, "Embracing Uncertainty in Climate Change Policy, Nature Climate Change", www. nature. com/nclimate/journal/vaop/ncurrent/full/nclimate2716. html.

Peara, A. and Mills, E. , 1999, "Global Climate Change and Its Implications for Life Insurance and Health Organizations", http: //evanmills. lbl. gov/ pubs/pdf/cc - and - life - health. pdf.

Péloffy, K. , 2013, "Kivalina v. Exxonmobil: A Comparative Case Comment", https: //www. mcgill. ca/jsdlp/files/jsdlp/peloffy_9 - 1. pdf.

Pricewaterhouse Coopers, 2014, "Two Degrees of Separation: Ambition and Reality, Low Carbon Economy Index 2014", www. pwc. co. uk/assets/pdf/low - carbon - economy - index - 2014. pdf.

Pricewaterhouse Coopers, 2015, "18th Annual Global CEO Survey", www. pwc. com/gx/en/ceo - survey/2015/assets/pwc - 18th - annual - global -

ceo - survey - jan - 2015. pdf.

Ranger, N. and Surminski, S. , 2013, "A Preliminary Assessment of the Impact of Climate Change on Non-life Insurance Demand in the BRICS Economies", *International Journal of Disaster Risk Reduction*, Vol. 3.

RSA, 2015, "Flooding in Thailand", https: //news. rsagroup. com/assets/view/1385.

Sabin Centre for Climate Change Law, 2015, Columbia Law School Official Webpage, http: //web. law. columbia. edu/climate - change.

Securities and Exchange Commission, 2010, "Commission Guidance Regarding Disclosure Related to Climate Change", https: //www. sec. gov/rules/interp/2010/33 - 9106. pdf.

Standard and Poor's, 2014, "Climate Change Could Sting Reinsurers that Underestimate Its Impact", https: //www. globalcreditportal. com/ratingsdirect/renderArticle. do? articleId = 1356905&SctArtId = 260148&from = CM&nsl_code = LIME&sourceObjectId = 8706036&sourceRevId = 1&fee_ind = N&exp_date = 20240902 - 15: 44: 53&sf4482828 = 1.

Standard & Poor's Rating Services and Carbon Tracker Initiative, 2013, "What a Carbon-constrained Future Could Mean for Oil Companies", www. carbontracker. org/in - the - media/sp - and - cti - oil - sector - analysis - press - release - 2/.

Stern, 2005, "Stern Review: The Economics of Climate Change", http: //webarchive. nationalarchives. gov. uk/20100407172811/http: //www. hm - treasury. gov. uk/stern_review_report. htm.

Supreme Court of the United States, 2007, Massachusetts et al. v Environmental Protection Agency et al. , www. supremecourt. gov/opinions/06pdf/05 - 1120. pdf.

Surminski, S. , Dupuy, P. and Vinuales, J. , 2013, "The Role of Insurance Risk Transfer in Encouraging Climate Investment in Developing Countries", http: //eprints. lse. ac. uk/55858/1/__lse. ac. uk_storage_LIBRARY_Secondary_libfile_shared_repository_Content_Surminski, %20S_Surminski_role_ insurance_%20risk_2013_Surminski_role_insurance_%20risk_2013. pdf.

Surminski, S. et al., "Evaluation of Multi-sectoral Partnerships: Flood Risk Management and Climate Change in London", Report for the Enhance Consortium, Forthcoming.

Swain, R. and Swallow, D., 2015, "The Prudential Regulation of Insurers Under Solvency II", *Bank of England Quarterly Bulletin*, Vol. 55, No. 2.

Swiss Re, 2009, "The Globalisation of Collective Redress: Consequences for the Insurance Industry", http://media. swissre. com/documents/Globalisation_of_Collective_Redress_en. pdf.

Swiss Re, 2012, "The Essential Guide to Reinsurance", www. swissre. com/rethinking/The_essential_guide_to_reinsurance. html.

The Chartered Insurance Institute, 2009, "Climate Change Research Report", www. cii. co. uk/media/4043837/ch10_liability. pdf.

The Economist Intelligence Unit, 2015, "The Cost of Inaction", www. economistinsights. com/financial – services/analysis/cost – inaction.

The Geneva Association, 2009, "The Insurance Industry and Climate Change——Contribution to the Global Debate", (Liedtke, P. M. Ed), The Geneva Reports Risks and Insurance Research.

The Guardian, 2015, "Hague Climate Change Verdict: Not Just a Legal Process but a Process of Hope", www. theguardian. com/global – development – professionals – network/2015/jun/25/hague – climate – change – verdict – marjan – minnesma.

The Lancet, 2015, "Health and Climate Change: Policy Responses to Protect Public Health", www. thelancet. com/commissions/climate – change.

The Wall Street Journal, 2015, "Big Oil's Disruptive Climate Change", www. wsj. com/articles/big – oils – disruptive – climate – change – 1430934533.

Trucost, 2013, "Natural Capital at Risk: The Top 100 Externalities of Business", www. trucost. com/news – 2013/175/teeb – for – business – coalition – study – shows – multi – trillion – dollar – natural – capital – risk – underlying – urgency – of – green – economy – transition.

UK Climate Projections Website, 2015, UKCP09, http://ukclimateprojections. metoffice. gov. uk/.

United Nations, 2011, "Secretary-General's Remarks to the Security Council on the Impact of Climate Change on International Peace and Security", www. un. org/sg/STATEMENTS/index. asp? nid = 5424.

United Nations, 2014, "Resilience——Integrating Risks into the Financial System: The 1 - in - 100 Initiative ——Action Statement", www. un. org/climatechange/summit/wp - content/uploads/sites/2/2014/09/RESILIENCE - 1 - in - 100 - initiative. pdf.

United Nations Environment Programme, 2015, The Coming Financial Climate: Aligning the Financial System with Sustainable Development.

United Nations Framework Convention on Climate Change, 2015, "The Structured Expert Dialogue——The 2013 - 2015 Review", http://unfccc. int/science/workstreams/the_2013 - 2015_review/items/7521. php.

United States Census Bureau, 2012, Table 1103, Motor Vehicle Accidents——Number and Deaths: 1990 to 2009, (Statistical Abstract), www. census. gov/compendia/statab/2012/tables/12s1103. pdf.

United States Environmental Protection Agency, 2012, Love Canal, Niagara Falls, NY, www. epa. gov/region02/superfund/npl/lovecanal/.

University of Cambridge, 2013, "Climate Change: Actions, Trends and Implications for Business", Briefing from the IPCC's Fifth Assessment Report, Working Group 1, www. cisl. cam. ac. uk/business - action/low - carbon - transformation/ipcc - briefings/climate - science.

Willis Re, 2011, "RMS Version 11 Europe Windstorm Model Change", www. willisresearchnetwork. com/assets/templates/wrn/files/RMS% 20v11% 20Europe%20Windstorm%20Model%20Review%20 (23 - 08 - 2011) . pdf.

World Energy Council, 2013, "World Energy Perspective: Cost of Energy Technologies", www. worldenergy. org/wp - content/uploads/2013/09/WEC_J1143_CostofTECHNOLOGIES_021013_WEB_Final. pdf.

第二章

联合国环境规划署的观点*

本章分析保险可持续性面临的挑战。

当前，人们普遍认为，可持续性的关键因素对保险业的成功、安全及稳定发展具有重要的潜在影响，这也促使监管者做出应对。作为风险的管理者、承担者和投资者，全球保险业在管理可持续性风险和机遇方面发挥着基石性作用。保险的风险转移功能和长期资金配置功能与17个可持续发展目标（Sustainable Development Goals，SDGs）中的多个目标以及《巴黎气候变化协定》设定的目标都密切相关。在可持续发展一系列相互关联的挑战中，有3个问题尤为关键：自然灾害，只有30%的损失被保险覆盖，该数字在中低收入国家仅为2%；气候变化，会加剧物理风险和投资脱碳；可及性及可负担性，保险是抵御环境危害和冲击、增强整体经济韧性的一个关键因素。

实现向可持续发展转型给我们带来了物质资本配置、运营和管理金融体系等方面的战略挑战，这与保险业尤其相关。在个人、家庭、企业、

---

* 编译者注：本章来自联合国环境规划署（United Nations Environment Programme）于2017年8月发布和拥有产权的报告《"可持续保险"——监管的新议程》（*Sustainable Insurance the Emerging Agenda for Supervisors and Regulators*）的一部分。本章的作者为Jeremy McDaniels（来自联合国环境调查项目，The UN Environment Inquiry）、Nick Robins（来自联合国环境调查项目，The UN Environment Inquiry）、Butch Bacani（来自"可持续保险原则"项目，Principles for Sustainable Insurance）。作者感谢2016年12月在美国旧金山举办的可持续保险论坛的所有参与者和2017年7月在英国伦敦温莎举办的可持续保险论坛年中会议的所有参与者。本章使用的名称和资料的表示方式并不代表联合国环境规划署对任何国家、领土、城市或地区或其当局的法律地位，或对其边疆或边界的划定及与之相关的任何观点的意见。此外，本章所表达的意见不代表联合国环境规划署的决定或既定政策，引用的商品名称或商业流程也不表示对其的认可。

公共当局管理与可持续性方面的风险和机遇方面，全球保险业作为风险的管理者、承担者和投资者，发挥着基石性作用。以下 4 个方面是关键。

第一，风险管理和风险保护。保险业帮助社区了解、预防和降低可持续性风险。通过对风险的定价、分散和承担，保险业已经成为应对多项相互关联的可持续发展挑战的一个有效工具。通常，这些挑战（包括自然灾害和气候变化的影响）都有联合变化的性质。

第二，资本配置。保险公司需要产生与承保责任相匹配的长期稳定回报。这一资本基础可以用于支持应对可持续发展挑战的投资，如对气候变化具有韧性的基础设施。

第三，宏观经济韧性。保险的可及性和可负担性是实现经济活动和可持续增长目标的重要因素。此外，在家庭和企业层面，保险提供的金融韧性既保护了资产，也促进了投资。

第四，与金融体系的联系。保险业为不动产和金融资产提供风险保障，在维护金融体系韧性方面起到了重要作用。通过风险定价，保险业提供了影响其他机构资本配置的风险信号。

一 可持续发展重点

目前，人们已经认识到，关键的可持续性因素对保险业的成功、安全及稳定具有潜在的重要意义（参见本章附录 1）。2015 年通过的《2030 年可持续发展议程》为应对全球范围内的可持续挑战制定了全球路线图，并提出将在 2030 年前实现 17 项可持续发展目标。可持续发展目标既是一个战略风险管理的挑战，又是一个重大的投资机遇。据估计，2015—2030 年，这一数字将接近 90 万亿美元。[①] 诸如空气污染、自然资本和可耕地退化、水的供应和质量、营养、健康和教育等重大挑战正在促使各国政府推动金融业行动，包括越来越重视保险的作用。[②] 如下 3 个重点领域尤为突出。

---

① New Climate Economy, 2014, "Better Growth, Better Climate", http://2014.newclimateeconomy.report/wp-content/uploads/2014/08/NCE_ExecutiveSummary.pdf.

② UN Environment Inquiry, 2016, "The Financial System We Need: From Momentum to Transformation", http://unepinquiry.org/publication/the-financial-system-we-need-from-momentum-to-transformation/.

第一，自然灾害。1995—2015 年，90% 以上的灾害与天气有关，每年造成的经济损失平均为 2500 亿—3000 亿美元[①]。灾害变得更加频繁和严重，对发展中国家和新兴市场经济体中的脆弱和贫困人群的影响更大。保险业在应对自然灾害上可以发挥关键的缓释作用，从灾害预防和韧性投资，到风险承保和转移，再到灾后恢复，这在全球范围的《仙台减灾风险框架》中得到了认可。

第二，气候变化。气候变化已经对环境系统产生了重大影响，预计洪水和风暴等极端天气事件的频率和强度均会增加[②]。随着《巴黎气候变化协定》的签署，多国政府根据 2℃温控目标，采取措施调整了金融体系的重心，使其能够应对气候挑战[③]。在保险业，气候变化对保险产品的需求、资产的可保性以及保费流的相关变化都有重要影响。脱碳也给保险业投资资产的配置带来了一系列的机遇和挑战。尽管“个别”的保险公司和再保险公司在投资组合脱碳方面处于领先地位，但是大多数保险公司对低碳资产的配置仍然很少。

第三，可及性及可负担性。确保获得充分且可负担的保险是全球公认的优先事项，特别是在保险普及率较低的发展中和新兴市场经济体。随着许多国家开始实施小额保险监管框架，获得保险已经被视为更广泛的普惠金融工作的一个关键优先事项[④]。当前和未来的气候变化也正在改变发达国家关于“可及性”的辩论——在这些国家，脆弱地区风险状况的加剧可能导致资产（如沿海的房地产）无法投保。

二 市场行为

保险业正通过承保和投资两个方面的战略行动应对可持续性挑战。

---

① https：//www. unisdr. org/2015/docs/climatechange/COP21 _ WeatherDisastersReport _ 2015 _ FINAL. pdf.

② IPCC（2014）：《第一工作组第 5 次评估报告（AR5 WG Ⅰ）》，第 11 章和第 12 章，http：//www. climatechange2013. org/。

③ United Nations Framework Convention on Climate Change，2016，《巴黎气候变化协定》，第 2 条（c），http：//unfccc. int/paris_agreement/items/9485. php。

④ https：//a2ii. org/sites/default/files/field/uploads/lessons_from_a_decade_of _microinsurance_regulation_a2ii_nov_2016. pdf.

可持续性保险是一项战略措施，旨在确保保险价值链中的所有活动都以负责任和前瞻的方式进行，这体现在联合国支持的《可持续保险原则》中。该原则通过识别、评估、管理和监控与环境、社会和治理（Environment，Social and Governance，ESG）问题相关的风险和机遇，开发新的解决方案，改善经营绩效（见专栏2—1）。

专栏2—1 可持续保险的原则

（1）我们将把保险业务相关的ESG问题纳入决策。

（2）我们将与客户和业务伙伴合作，提升对ESG问题的认识，管理风险并制定解决方案。

（3）我们将与各国政府、监管者和其他主要利益相关者共同努力，推动全社会在ESG问题上采取广泛行动。

（4）我们将定期披露我们在执行这些原则上取得的进展，以增强责任感和透明度。

承保的可持续性挑战正从灾害风险演变为一系列相互联系的自然、经济和社会问题。全球多家重要的保险和再保险公司已经实施了可持续性保险框架，跨业务线整合环境、社会和治理方面的风险和机遇，包括拒绝化石燃料。保险人正在与产业外的利益相关者共同努力，分享专业知识，包括通过与政府和民间力量直接合作，加强风险韧性和规划。保险人将不断创新产品设计和交付机制，以满足日益增长的环境保险需求①。目前，人们的注意力正转向保障低碳转型中的新投资，如在可再生能源资产、能源效率和零排放汽车领域。

作为重要的机构投资者，保险业在全球的资产管理规模超过31万亿美元，作用显著，而且许多大型保险公司在可持续和负责任的投资方面处于全球领先地位。投资组合脱碳已经成为一个重要的优先事项，多家

① https：//wfis. wellsfargo. com/insights/clientadvisories/Documents/WCS - 1780103 - WFI - 2016 - PC - Mkt - Outlook - WIP - FNLPG - NoCrops. pdf；http：//www. willis. com/documents%5Cpublications%5CMarketplace_Realities%5CMarketplace_Realities_2016%20 - %20v1. pdf.

大型公司承诺撤回在化石燃料行业的投资，并将投资配置到绿色资产——包括迅速扩张的绿色债券等工具的市场。然而，这些战略并不普遍：美国环境责任经济联盟（Coalition for Environmentally Responsible Economics，CEREs）最近研究发现，许多领先的保险集团仍在化石燃料领域大举投资，美国前40家保险集团的投资总额达到了4590亿美元。在一项针对机构投资者应对气候变化风险行动的调查中，资产所有人碳信息披露项目[①]发现，尽管近60%的保险人承认气候变化风险是一个问题，但是仍有40%的保险人尚未采取行动保护其投资组合。

大公司显然在可持续保险方面处于领先地位。这些大公司占据了全球保险市场相当大的份额，涵盖了大部分业务——包括人寿和健康保险、汽车保险以及少量环境风险敞口的小企业保险，并已经采取了一些措施来应对可持续性挑战。但是，目前仍存在着一系列的重要障碍，包括不同业务线对环境风险的暴露程度不同、市场激励措施错位、时间期限短和能力限制等。

三　政策和监管行为

2015年以来，全球可持续金融的发展势头显著增强（见图2—1）[②]。保险领域的专门措施有所增加，但是只占总数的10%。而侧重于其他资产类别（包括投资和资本市场）转型的政策措施也常常与保险业密切相关，例如支持绿色金融资产和工具市场（如绿色债券标准）的发展。

2016—2017年，可持续金融在全球政策领域——特别是在G20和金融稳定理事会内部——的重要性上升了。这些是通过独立的流程联系在一起的，就环境和气候因素对金融体系的重要性达成共识，并制定与保险业直接相关的新的自愿标准和政策意见。

第一，G20：2016年，中国在担任G20轮值主席国期间倡导成立了

① http：//aodproject. net/wp－content/uploads/2016/07/AODP－GCI－2016_INSURANCE－SECTOR－ANALYSIS_FINAL_VIEW. pdf.

② UN Environment Inquiry，2015，"The Financial System We Need：Aligning the Financial System with Sustainable Development"，http：//unepinquiry. org/publication/inquiry－global－report－the－financial－system－we－need/.

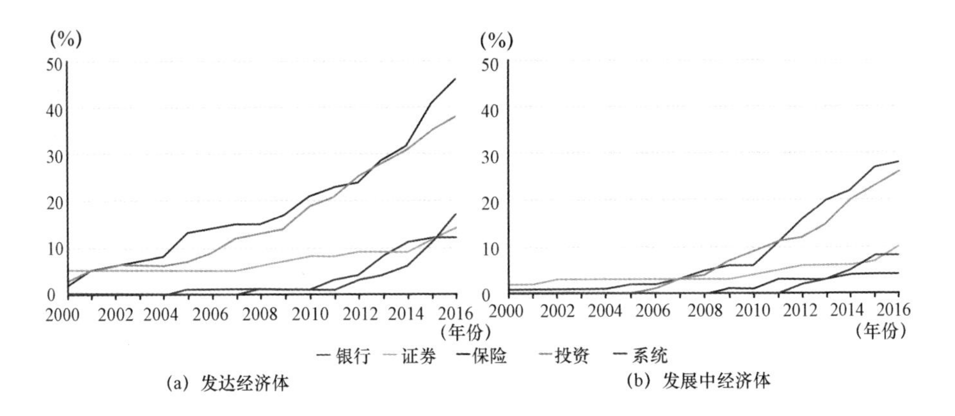

图 2—1 可持续金融政策和监管措施的演变

资料来源：联合国环境调查项目，2016 年。

绿色金融研究工作组，研究如何提升金融体系动员民间资本参与绿色投资的能力。在 2016 年的杭州峰会上，G20 成员国领导人首次认识到“扩大绿色金融”的必要性，并就实现这一目标的一系列方案达成了共识。绿色金融研究工作组的综合报告强调了保险业在评估和降低家庭、公司和金融机构风险方面的重要性。

第二，金融稳定理事会：金融稳定理事会于 2015 年 12 月成立了气候相关财务信息披露工作组，该工作组是金融稳定理事会发起的一项由市场导向的倡议，旨在建立一个自愿的、一致的气候方面的金融风险信息披露机制，供企业提供给投资者、贷款人、保险人和其他利益相关者①。2017 年 6 月，气候相关财务信息披露工作组发布了最终建议，为气候变化的风险和机遇的信息披露制定一个一致的框架，并为作为承保人和资产所有人的保险公司提供了具体指引。与此同时，气候相关财务信息披露工作组的建议开辟了一个新领域，强调了前瞻性披露（以及使用情景分析）的重要性，而这种披露在报告过去业绩时为投资者提供了有用的信息②。

① Financial Stability Board，2015，“Task Force on Climate-Related Financial Disclosures”，https：//www. fsb – tcfd. org.

② https：//www. fsb – tcfd. org/publications/final – technical – supplement/.

四　企业和监管者面临的挑战

综上所述，企业和监管者面临的挑战是，如何利用保险的潜力，实现向有韧性、公平和低碳的未来（见图 2—2）的稳步转型。可持续保险系统是指，企业的承保和投资行为在降低风险和风险敞口的同时增强韧性。监管者的关键作用是，确保公司的安全及稳定，保护保单持有人，并在其向可持续发展转型过程中维持市场的有效性。

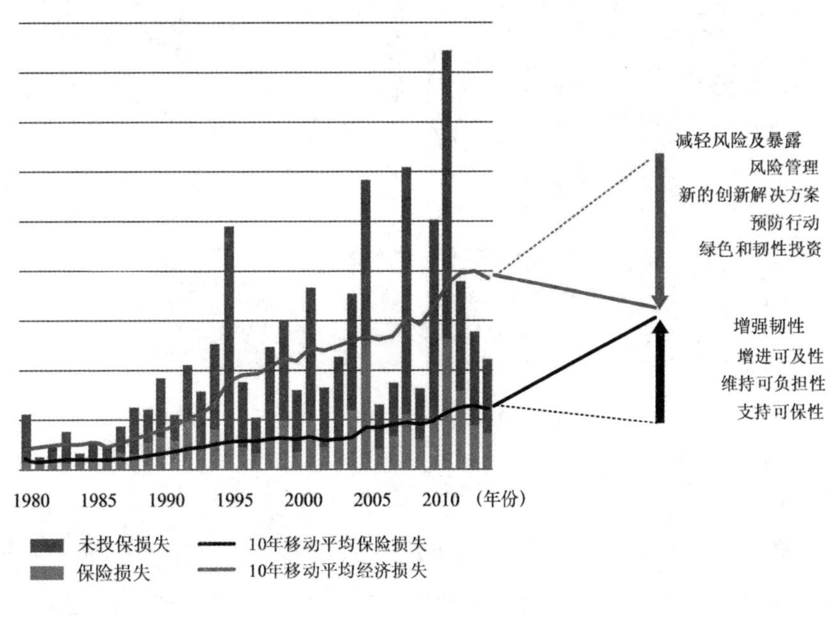

图 2—2　可持续保险的挑战

资料来源：联合国环境规划署基于瑞士再保险公司的数据。

五　保险业可持续性挑战的具体内容

人们已经认识到，关键的可持续性因素对保险业的成功及健康发展具有重要意义。《2030 年可持续发展议程》提出了应对全球可持续性挑战的全球路线图，涉及 17 个领域，这些领域可以大致分为核心社会类和环境类（见图 2—3）。这一议程概括了今天正在造成重要影响的多种问题。例如，各种指标都显示出环境压力正在增加：在 140 个国家中，有 116 个国家的自然资本有所下降；① 能源系统带来的空气污染每年造成650 万人过早死亡；② 全球最大的37 个含水层中，有21 个已经超过可持续性临界点；③ 全球1/3 的可耕地受到土地退化的危害，每年造成6.3 万亿—10.6 万亿美元的经济损失。④

图2—3 可持续发展目标概述

资料来源：联合国（2015 年）。

诸如空气污染、自然资本和可耕地退化、水的供应和质量、营养、健康和教育等方面的关键挑战促使各国政府通过发展实体经济和金融体

① UNU - IHDP/UN Environment, 2014, "The Inclusive Wealth Report 2014", Cambridge University Press.

② International Energy Agency, 2016, "World Energy Outlook Special Report on Energy and Air Pollution", http: //www. iea. org/publications/freepublications/publication/weo - 2016 - special - report - energy - and - air - pollution. html.

③ Alexander, R. , Ehrlich, P. , Barnosky, A. , Garcia, A. , Pringle, R. and Palmer, T. , 2015, "Quantifying Renewable Groundwater Stress", *World Resources Research*, Volume 51, Issue 7.

④ ELD Initiative, 2015, "The Value of Land: Prosperous Lands and Positive Rewards through Sustainable land Management ", http: //www. unccd. int/Lists/SiteDocumentLibrary/Publications/2015_The%20Value%20of%20Land%20 - %20ELD%20Initiative%20 (2015) . pdf.

系来应对，其中包括日益强调保险的作用[①]。“可持续保险原则”项目和联合国环境调查项目首次就保险政策和监管如何更好地支持可持续发展进行了全球磋商。2015年5月，与瑞士再保险组织召开的利益相关者全球圆桌会议之后，“可持续保险原则”项目和联合国环境调查项目发布了题为“2030年保险：利用保险促进可持续发展”的报告，确定了与保险公司的业务、战略和运营相关的社会环境和经济可持续性问题的范围[②]。有3个相互关联的关键挑战较为突出——自然灾害、气候变化、可及性和可负担性。

1. 自然灾害

灾害正变得越来越频繁和严重。风险敞口的增加、人口增长、城市化和气候变化等预计将在未来几十年中加剧自然灾害造成的损失。这种影响是显而易见的：2005—2015年，灾害造成70多万人死亡，140多万人受伤，约2300万人无家可归，影响了超过15亿人[③]；2008年以来，平均每年有2640万人因自然灾害流离失所，相当于每秒钟1人[④]；近十年自然灾害造成的经济损失总额超过1.3万亿美元，到目前为止，直接损失总额为2.5万亿美元[⑤]；自然灾害造成的损失中只有30%得到了保险赔偿，而在中低收入国家中，这一比例仅为2%[⑥]。

至关重要的是，自然灾害对发展中国家和新兴市场经济体中的脆弱和贫困人群会造成更大的影响。灾害成本评估通常侧重于建筑物或基础

---

① UN Environment Inquiry, 2016, “The Financial System We Need: From Momentum to Transformation”, http://unepinquiry.org/publication/the-financial-system-we-need-from-momentum-to-transformation/.

② UN Environment Inquiry and PSI, 2015, “Insurance 2030: Harnessing Insurance for Sustainable Development”, http://unepinquiry.org/wp-content/uploads/2015/06/Insurance_2030.pdf.

③ UN World Conference on Disaster Risk Reduction, 2015, “Sendai Framework for Disaster Risk Reduction 2015-2030”, http://www.wcdrr.org/uploads/Sendai_Framework_for_Disaster_Risk_Reduction_2015-2030.pdf.

④ IDMC, 2015, “Global Estimates 2015: People Displaced by Disasters”, http://www.internal-displacement.org/publications/2015/global-estimates-2015-people-displaced-by-disasters/.

⑤ UN Environment Inquiry, 2014, “Aligning the Financial System with Sustainable Development: An invitation and Background Briefing”.

⑥ http://www.un.org/esa/desa/papers/2009/wp85_2009.pdf.

设施受损造成的经济损失，通常不考虑对低收入社区的影响，这些社区虽然几乎或根本没有什么物质财富积累，但是，这些社区比富裕社区所承受的痛苦要大得多。世界银行的分析表明，极端天气对贫困的影响比以往所了解的更严重，会每年造成5200亿美元的损失，致使2600万人陷入贫困①。

投资于减灾可以减少经济、社会和环境的损失，并有助于建设更安全和更具韧性的社区和经济，最终减少用于救灾和恢复的公共和私人资金。最近的研究表明，被充分承保了的自然灾害事件对经济产出的影响不大，经济受挫后能更快复苏，而未投保的损失则可能造成重大的长期影响②。

2015年商定的《仙台减灾风险框架》提出了预防和减灾投资能够减少经济、社会和环境的损失及灾害风险的全球政策议程，并特别强调了保险在减少风险敞口、加强备灾和建设韧性方面的作用③。该框架第31（C）条呼吁：金融机构和监管者推动将灾害风险管理纳入业务模式中；积极增进了解，参与培训；支持研究和创新；积极支持关于灾害风险管理最佳做法的知识共享。

2. 气候变化

气候变化对保险资产的短期和长期的物理影响日益严重，因此，气候变化已成为全球保险人共同关注的一个重大问题。在过去十年里，80%的自然灾害与气候相关④，因此，预计气候变化将增加极端天气事件（如洪水和暴风雨）发生的频率和强度⑤。世界气象组织于2017年1月确

---

① http：//www. worldbank. org/en/news/feature/2016/11/14/breaking – the – link – between – extreme – weather – and – extremepoverty.

② Von Peter，G.，Von Dahlen，S. and Saxena，S.，2012，“Unmitigated Disasters? New Evidence on the Macroeconomic Costs of Natural Catastrophes”，BIS Working Paper No. 394.

③ UN，2015，“Sendai Framework for Disaster Risk Reduction”，http：//www. preventionweb. net/les/43291_sendaiframework – fordrren. pdf.

④ WMO，2014，“Atlas of Mortality and Economic Losses from Weather，Climate，and Water Extremes（1970 – 2012）”，WMO No. 1123.

⑤ IPCC，2014，《第一工作组第5次评估报告（AR5 WGⅠ）》，第11章和第12章，http：//www. climatechange2013. org/。

认，2016 年是有记录以来最热的一年，全球温度比工业化前高出了约 1.1℃[①]。

随着《巴黎气候变化协定》的达成，各国政府共同设定了 2℃温控目标，理想的目标是温度只比工业化前高 1.5℃。这意味着，应当在 21 世纪末之前将化石燃料的净排放量降低到零[②]。在一个净零排放的世界里，每排放 1 吨二氧化碳，就需要永久地从大气中清除 1 吨二氧化碳。因此，脱碳被认为是一个主流的趋势，它将重塑全球资本市场，降低预测能源体系未来的传统模型的可信度。然而，当前的承诺将使得排放量在 2030 年前削减不超过所要求水平的 1/3，从而导致全球变暖达 3.4℃[③]。

《巴黎气候变化协定》还规定了重新调整金融体系重点的步骤，以应对气候变化日益严重的影响，特别是在发展中国家。部分发展中国家的财政部长于 2015 年 10 月共同成立了"脆弱 20 国集团"（Vulnerable 20 group，V20），该组织由菲律宾担任主席国，将阿富汗、肯尼亚、圣卢西亚、图瓦卢等国家聚集在一起。他们都缺乏经验：气候冲击已经超出国家的应对能力，每年因气候变化而造成的损失至少占其国内生产总值的 2.5%。自 2010 年以来，财政损失每年约为 450 亿美元——根据非洲和加勒比现有的区域倡议，预计到 2030 年[④]，这个数字将增加到近 10 倍，接近 4000 亿美元。这种将保险业的专业知识与公共目标相结合的做法最终反映在《巴黎气候变化协定》中[⑤]。该协定还要求所有主要的国家和国际金融机构报告其所采取的气候保护措施的情况[⑥]。

《巴黎气候变化协定》第 2（C）条特别规定了一个目标，即"使资

---

① https://public.wmo.int/en/media/press-release/wmo-confirms-2016-hottest-year-record-about-11%C2%B0c-above-preindustrial-era.

② 全球二氧化碳净排放量需要降到零才能稳定全球温度。参见 Oxford Martin School, "Working Principles for Investment in Fossil Fuels", 2015, http://www.oxfordmartin.ox.ac.uk/publications/view/2073。

③ http://web.unep.org/emissionsgap/.

④ 脆弱 20 国集团（V20）公告，2015 年 10 月，http://www.v-20.org/v20-communique/。

⑤《巴黎气候变化协定》第 8 条。

⑥ 缔约方第 21 次会议决定的第 43 条。

金流动与削减温室气体排放和适应气候变化的路径相一致”[①]。对于保险业，气候变化对保险需求、资产可保性以及保费收入具有重要影响。脱碳也给保险业的资产配置带来了一系列机遇和挑战。虽然主要的保险人和再保险人在投资组合脱碳方面处于领先地位，但是保险人对低碳资产的资本配置仍然很少。

为利用保险业的专门知识来应对气候挑战，包括联合国秘书长的A2R气候韧性倡议（“预期、吸收和重塑”）在内的若干新举措已经推出了。《联合国气候变化框架公约》正在其损失和损害机制下推进新的保险和风险转移“清算所”[②]。此外，《联合国气候变化框架公约》资金常设委员会更注重保险和风险转移工具，如保险、灾难和韧性债券、应急资金、基于预测的融资和社会保护机制[③]。

3. 可及性和可负担性

确保获得充足和可负担的保险是全球公认的优先事项，尤其是在保险普及率低、很多保险产品不适合客户需求的发展中国家。

在许多国家，对自然灾害风险的强制性保险要求由来已久，这些国家都已经建立了国有基金和再保险实体[④]。作为应对环境污染给广大公众带来的风险的一种方式，中国[⑤]和韩国[⑥]等国家采取了强制性保险机制。发展高风险地区的自然灾害保险面临着承保和融资方面的挑战。

在发展中和新兴市场经济体，保险可及性是发展更广泛的金融普惠的一个重要优先事项。自2005年印度制定第一个小额保险条例以来，十年中，至少有18家保险监管者通过了小额保险的具体政策框架，另有23个国家（包括尼日利亚、巴基斯坦、南非和非洲保险市场会议组织的成

---

① http：//unfccc. int/paris_agreement/items/9485. php.

② http：//unfccc. int/adaptation/workstreams/loss_and_damage/items/8134. php.

③ http：//unfccc. int/cooperation_and_support/financial_mechanism/standing_committee/items/9410. php.

④ UN Environment Inquiry and PSI，2015，“Insurance 2030：Harnessing Insurance for Sustainable Development”，http：//unepinquiry. org/wp – content/uploads/2015/06/Insurance_2030. pdf.

⑤ MEP/CIRC，2013，“Guidance on Pilots of Compulsory Environmental Pollution Liability Insurance”.

⑥ http：//eng. me. go. kr/eng/web/index. do？ menuId = 445.

员国）正在制定类似的政策，以增进保险可及性[①]。近年来，小额保险作为社区韧性和基本生活的重要保障机制，在重大灾害面前发挥了重要作用。强制提供保险产品的政策（包括客户配额）是为了促进被服务不足人群获得保险。保险可及性倡议组织（A2ii）成立于2009年，是国际保险监督官协会（IAIS）下属的一个专门机构，对制定这一议程做出了贡献[②]。保险可及性倡议组织的工作表明，向低收入者提供基本的保险产品可以带来广泛的共同利益[③]。

在公司层面，保险可及性在经营中的作用至关重要。承保交易对手风险是项目融资交易、贸易流动和基础设施发展的一个关键因素。保险的可及性和可负担性对各行业的投资决策具有重要影响，可能会影响可持续发展的成果。以能源行业为例，政策变化——包括根据《巴黎气候变化协定》而采取行动，可能影响高碳型资产保单的可负担性。

新的可持续性风险所产生的定价和可及性的问题表明，因为相互冲突的政策议程（如土地使用规划和建筑准则）可能导致资产无法被承保，所以有必要进行协调。在金融体系内，保险人、银行和其他金融机构之间的联结创造了一个可以“传染”环境风险的渠道，导致潜在的系统性风险问题。

---

① https：//a2ii. org/sites/default/files/field/uploads/lessons_from_a_decade_of microinsurance_regulation_a2ii_nov_2016. pdf.

② https：//a2ii. org/en/about – initiative/history – initiative.

③ Access to Insurance Initiative，2014，“Regulatory Approaches to Inclusive Insurance Market Development：Cross – country Synthesis Paper 2”，https：//a2ii. org/sites/default/files/reports/2014_03_10_annex_9_a2ii_cross – country _synthesis_doc_2_for_consultation. pdf.

第三章

国际保险监督官协会的观点*

第一节　引言

气候变化——包括大气、海洋和陆地表面的温度上升——正在全球发生。气候变化对人类、环境和经济系统都会产生影响，例如，自然灾害发生的频率越来越高，危害也越来越大，极端气候会造成各种事故等，因此，各国政府、私营部门和民间组织都将气候变化视为全球顶级的威胁。国际社会对气候变化的应对——如政策出台、市场演进、技术创新和社会变革等，将对全球经济的结构和功能产生深远影响。

近年来，全球范围内越来越多的人认识到，气候变化也会影响金融体系，包括其中的保险人。

2015 年，在《联合国气候变化框架公约》（*United Nations Framework Convention on Climate Change*，UNFCCC）缔约方第 21 次大会上，与会各方政府签订了《巴黎气候变化协定》（*Paris Agreement on Climate Change*），确定了温室气体减排的路径，目标是到 21 世纪末时将全球平均的升温幅度控制在 2℃以内。《巴黎气候变化协定》的第 2.1（c）条还专门提到“要使资金流向支持温室气体减排和气候恢复”[①]。自 2015 年以来，世界多国已经启动了一系列举措，利用保险业的专长来应对气候变化。

---

* 编译者注：本章来自国际保险监督官协会（IAIS）联合可持续保险论坛（SIF）于 2018 年 7 月发布的一篇探讨型论文《气候变化风险对保险业的影响》（*Issue Pape Issues Paper on Climate Change Risks to the Insurance Sector*）。

① http：//unfccc. int/paris_agreement/items/9485. php.

2015 年，根据 G20 成员国财政部长的要求，金融稳定理事会（FSB）成立了一个面向行业的气候相关财务信息披露工作组（Task Force on Climate-related Financial Disclosures，TCFD）。2017 年 6 月，该工作组提出了最终倡议，即制定一个统一的框架，以识别、评估、管理和披露跨行业的气候变化的风险和机遇，其中有特别指引专门适用于金融机构，包括充当承保人和资产所有人的保险人。

2016 年，在 G20 轮值主席国的任期内，中国建立了绿色金融研究工作组（Green Finance Study Group，GFSG），重点利用金融体系动员民间资本来推进绿色投资①。在 2016 年的杭州峰会上，G20 成员国领导人首次认为有必要“扩大绿色金融”，并签署了一系列方案来实现该目标。产品标准是方案中的一个信息要素，它是促进绿色资产（如绿色债券）市场发展框架的核心内容之一。

2017 年，德国担任 G20 轮值主席国期间，绿色金融研究工作组加快了研究工作的推进，重点关注了环境风险评估（Environmental Risk Assessment）和数据（Data）这两个研究方向。

2018 年 3 月，欧盟委员会发布了“可持续金融行动计划”（Action Plan on Sustainable Finance）②，强调金融业在应对气候变化中的重要性，特别是欧洲监管者（欧洲保险与职业养老金管理局，European Insurance and Occupational Pensions Authority，EIOPA）和各国监管者在后续行动中的重要性。

本章概述了气候变化对保险业已有的影响以及未来可能造成的影响，为当前的承保及投资活动提供了风险及其影响的真实案例，并呈现了这两者与行业监管之间的潜在关系。

第二节 气候风险格局

气候系统的变暖趋势毋庸置疑，近年来，气候变化对人类和自然系

① http：//unepinquiry. org/g20greenfinancerepositoryeng/.

② https：//ec. europa. eu/clima/news/sustainable – finance – commissions – action – plan – greener – and – cleaner – economy_en.

统产生了广泛影响①。碳排放增加和温度上升之间的科学联系是明确的②。政府间气候变化专门委员会已声明，人类活动对气候系统的影响是明确和显而易见的。此外，近年来，人为排放的温室气体已将大气中二氧化碳的浓度推至人类历史上的最高水平③：从工业化前期以来，二氧化碳浓度至少增加了40%，从当时的约280ppm增加到400ppm以上，其间，全球年平均温度上升约1℃④；过去十年中的温室气体排放主要来自能源、工业和交通行业，而农业与土地利用也是重要的排放来源⑤；尽管部分证据表明，自2014年以来，全球碳排放增长已趋平稳，但是2016年的大气中二氧化碳浓度首次全年保持在400ppm以上⑥。

自1850年以来的所有“十年”中，过去3个十年的地球表面温度是最高的（见图3—1）。全球变暖主要发生在过去35年中，其中有记录以来最热的17个年份均出现在2001年之后⑦。2017年是自1880年以来第二个最暖的年份，也是未发生厄尔尼诺现象的最暖年份⑧。

下文分析几个气候影响的实例。

气候变化正广泛影响着环境系统。它对经济社会赖以生存的自然资本的存量和流量造成了越来越大的不利影响。

第一，自然灾害与极端天气事件：正如政府间气候变化专门委员会所记录的，有强有力的科学证据表明，气候变化正影响着自然灾害和极端天气事件发生的频率、严重程度和分布。近些年来，一些著名的研究已经对此问题进行了详细的探究。世界气象组织（World Meteorological

---

① http：//unepinquiry. org/wp - content/uploads/2017/07/SIF _ TCFD _ Statement _ July _ 2017. pdf.

② https：//www. ipcc. ch/pdf/assessment - report/ar5/syr/AR5_SYR_FINAL_SPM. pdf.

③ https：//www. ipcc. ch/pdf/assessment - report/ar5/syr/AR5_SYR_FINAL_SPM. pdf.

④ https：//climate. nasa. gov/.

⑤ https：//www. earth - syst - sci - data. net/8/605/2016/.

⑥ https：//www. carbonbrief. org/what - global - co2 - emissions - 2016 - mean - climate - change；https：//climate. nasa. gov/.

⑦ https：//www. nasa. gov/press - release/nasa - noaa - data - show - 2016 - warmest - year - on - record - globally.

⑧ https：//www. giss. nasa. gov/research/news/20180118/.

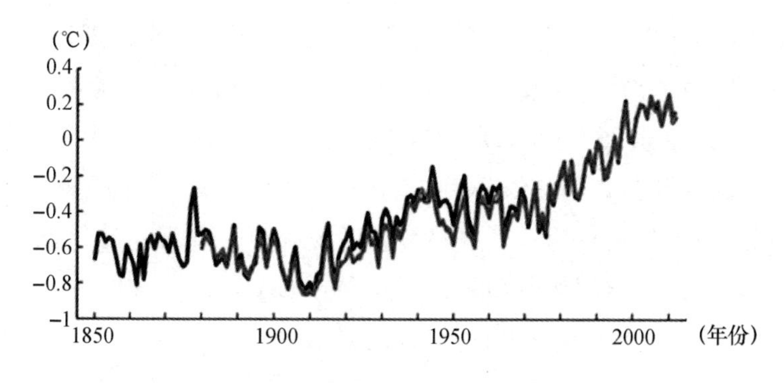

图3—1　全球变暖轨迹（1850—2014年）

资料来源：政府间气候变化专门委员会第5份评估报告的决策者摘要（IPCC AR5 SPM），2014年。

Organization）开展的研究表明，2005—2015年80%的自然灾害与气候相关[①]。最近对2016—2017年发表在英文科学期刊上的59项研究进行的一项元分析（meta-analysis）发现，70%的研究结论认为，气候变化增加了发生高温、干旱、暴雨、野火、风暴等极端事件的风险[②]。慕尼黑再保险公司的分析表明，全球范围内自然灾害数量呈长期增长趋势，其主要原因可归结为风暴和洪水等天气事件[③]。因为地震、海啸、火山喷发等地球物理事件并没有相应增加，所以人们有理由认为，大气变化（尤其是全球变暖）起到了一定的作用。

科学界内部仍然存在争论，目前还不能准确地将某些自然灾害事件归因于气候变化。政府间气候变化专门委员会证实，极端高温、洪水、野火等特定类型事件与温度上升之间存在更显著的关联[④]。一些证据表明，热带气旋等影响通常很大的事件的发生概率与温度上升密切相关，其中，最近的一项研究表明，4级和5级飓风的发生概率与全球变暖程度呈正比：全球温度每上升1℃，4级和5级飓风的发生概率便会增加约25%—30%[⑤]。与之类似的证据表明，由于气候变化的影响，主要气旋正

① https：//www. wmo. int/pages/prog/drr/transfer/2014. 06. 12 – WMO1123_Atlas_120614. pdf.
② https：//eciu. net/assets/Reports/ECIU_Climate_Attribution – report – Dec – 2017. pdf.
③ https：//www. sciencedirect. com/science/article/pii/S2212094715300347#f0010.
④ https：//www. ipcc. ch/pdf/special – reports/srex/SREX – Chap3_FINAL. pdf.
⑤ https：//link. springer. com/article/10. 1007/S00382 – 013 – 1713 – 0.

向“极地方向”迁移，进入人口更密集的地区（如纽约市）[①]。然而，气候变化对特定地理区域内的某些自然灾害的当前和未来影响仍存在高度的不确定性。尽管分析自然灾害对气候变化影响程度的科学且持久的方法正日益精准[②]，但是依旧存在着诸多方法和数据上的问题[③]。虽然如此，科研人员仍普遍认为，气候趋势总体上很可能导致更频繁的自然灾害，而国际货币基金组织（International Monetary Fund，IMF）等主要机构已将自然灾害视作经济增长的严重威胁[④]。

第二，海平面上升：预计海平面的升幅从最近的0.2米升至2100年的2.0米。[⑤] 当前，北极海冰正以每十年13.3%的速度锐减。对于北极海冰在9月的冰区范围，过去十年是1979年以来最小的十年[⑥]。虽然全球仅有2%的土地海拔等于或低于海平面10米，但是这些区域居住了全球10%的人口。这意味着，6.3亿多人口正直接面临海平面上升的威胁[⑦]。这一影响已初现端倪：自20世纪50年代开始，海平面已经上升了大约20厘米。仅在纽约一地，海平面上升便导致飓风“桑迪”引发的风暴潮造成的损失飙升了30%，造成了数百亿美元的损失[⑧]。

第三，生物多样性：气候变化加剧了陆地和海洋生物多样性的下降趋势。按照目前的趋势，气候变化可能对多达1/6的物种构成灭绝威胁[⑨]。生物多样性可以支持旅游业等经济活动，而在旅游资源丰富的地区，濒危物种问题尤其严重。最近开展的一项研究估计，2043年后，气

---

① https：//www. ssec. wisc. edu/ ~ kossin/articles/nature13278. pdf.

② http：//m. pnas. org/content/114/19/4881.

③ https：//onlinelibrary. wiley. com/doi/epdf/10. 1002/wcc. 380.

④ https：//www. imf. org/ ~ /media/Files/Publications/WEO/2017/October/pdf/analytical - chapters/c3. ashx.

⑤ https：//sealevel. nasa. gov/understanding - sea - level/projections/empirical - projections.

⑥ https：//climate. nasa. gov/vital - signs/arctic - sea - ice/.

⑦ http：//www. conservation. org/publications/Documents/CI_Five - Effects - of - Climate - Change - on - the - Ocean. pdf.

⑧ https：//www. lloyds. com/news - and - insight/risk - insight/library/natural - environment/catastrophe - modelling - and - climate - change.

⑨ http：//science. sciencemag. org/content/348/6234/571； https：//www. carbonbrief. org/climate - change - threatens - one - in - six - species - with - extinction - study - finds.

候变化将导致全球99%的珊瑚礁的年度白化程度加剧①。

第四，迁移：自2008年开始，全球每年平均有2640万人因自然灾害而流离失所——相当于每秒1人②。2016年由于自然灾害（主要是风暴和极端天气事件等）而流离失所的人口又增加了2420万③。

第五，传染病：温度每上升（与当前的碳排放速度相关）2℃—3℃，易患疟疾的人数将增加5%，即数亿人口④。

长此以往，即使人们采取缓释措施并做出适应努力，到21世纪末，气候变化也会累积起巨大的人力和环境成本。至关重要的是，人类面临的气候变化风险主要取决于个体和集体的社会选择，而这些选择正将人类和资产置于危险的境地。澳大利亚监管者的分析认为，在不考虑其他因素的情况下，"几乎确定"的是，高风险地区的人口增长和城市

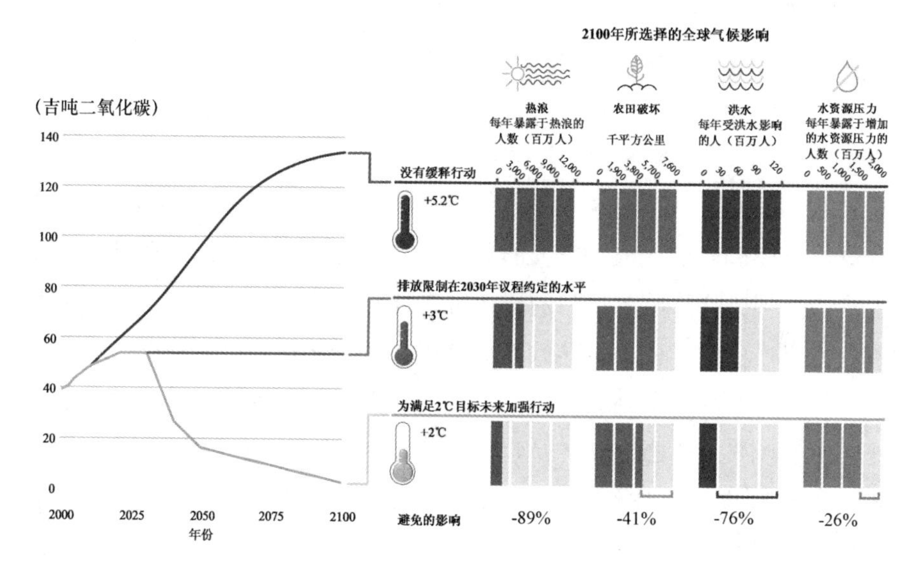

图3—2　温室气体排放的影响（2100年）

① https：//www. nature. com/articles/srep39666.

② http：//www. internal – displacement. org/assets/library/Media/201507 – globalEstimates – 2015/20150713 – global – estimates – 2015 – en – v1. pdf.

③ http：//www. internal – displacement. org/global – report/grid2017/.

④ http：//www. rollbackmalaria. org/files/files/about/SDGs/RBM _ Climate _ Change _ Fact%20Sheet_170915. pdf.

发展趋势必定会增加与气候相关的自然灾害事件及其相关索赔的成本[①]。

第三节 气候变化将如何影响保险业

一 理解气候变化风险

影响保险人的气候变化风险包括如下两大类。第一，物理风险，与气候变化趋势（如天气模式变化、海平面上升）和事件（如自然灾害、极端天气）相关的物理现象造成的破坏和损失。应当认识到，保险人可能善于了解此类极端事件的动态趋势，并通过对年度合同进行重新定价来调整风险敞口。然而，物理风险的程度会发生非线性变化。比如，之前毫无关联的事件一起发生会造成始料未及的高昂赔付负担。2017 年，气候相关的自然灾害的保险赔付达到了创纪录的水平（见专栏 3—1）。除气候破坏导致的保险赔付之外，气候变化和冲击也会带来经济波动，影响到保险人、经济和更广泛的金融体系。与气候相关的损失造成的保险“保障缺口”仍然非常显著，约有 70% 的损失未被保险覆盖，这给家庭、企业和政府造成了巨大的负担。在宏观经济层面，物理风险造成的未投保损失会影响各部门的资源可得性和经济生产力，以及企业资产和个人资产的盈利能力，导致供应链中断，最终影响保险需求。物理风险引发的未投保损失还会给包括投资公司和银行在内的整个金融体系带来连锁影响[②]。与之类似，保险可用性（或物理风险过大导致的风险不可保性）会对整体经济的信贷和投资绩效（如抵押贷款）产生巨大的影响[③]。

---

① http：//www. apra. gov. au/Speeches/Documents/CPD%20Speech%2029Nov2017. pdf.

② http：//www. bankofengland. co. uk/research/Documents/workingpapers/2016/swp603. pdf. 39

③ http：//www. climateinstitute. org. au/verve/_resources/TCI – There – goes – the – neighbourhood – FINAL – 300516. pdf.

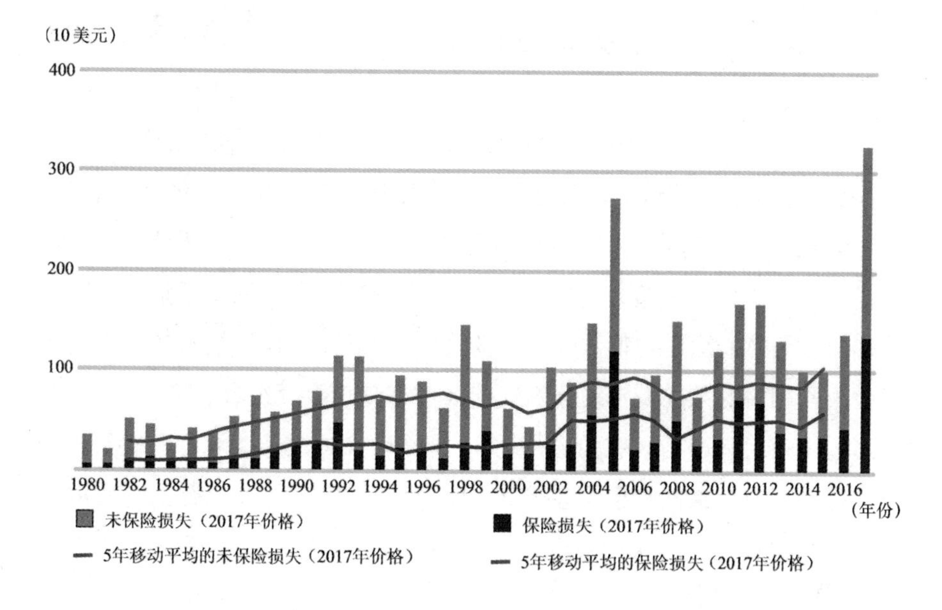

图3—3　天气相关损失的保障缺口

资料来源：慕尼黑再保险的巨灾研究平台（NatCatSERVICE）。

专栏3—1　自然灾害的代价

2005—2015年，自然灾害造成的全球经济损失总额超过1.3万亿美元；自2000年以来，自然灾害造成的直接经济损失总额在2.5万亿美元左右。2017年发生的一系列重大飓风及其他自然灾害使得该年的保险赔付金额达1380亿美元，成为有史以来最高的年份①。2017，自然灾害造成的经济损失总额达3400亿美元，为有史以来第二高，其中，83%的损失位于北美，约50%的损失位于美国②。根据怡安奔福（Aon Benfield）的数据，2017年飓风导致的经济损失几乎是前16年的年均损失的5倍，而野火造成的损失额为这一水平的4倍；其他强风暴造成的损失则比这一水平高出60%③。在美国加利福尼亚州，野火导致的保险赔付达到130

① https：//www. munichre. com/topics – online/en/2018/topics – geo/topics – geo – 2017.

② Ibid. .

③ http：//thoughtleadership. aonbenfield. com/Documents/20180124 – ab – if – annual – report – weather – climate – 2017. pdf.

亿美元①，导致2.1万间住房和2800家企业受损②。

第二，转型风险，向低碳经济转型过程的中断和调整所造成的风险，会影响企业的资产价值和/或经营成本。由于政策变化、市场动态调整、技术创新、声誉等因素，转型风险可能增加。一些政府当局和中央银行已经认识到了转型风险，包括能源、交通、工业等高碳型行业的政策变化和监管改革。除影响整体资本市场之外③，政策和监管措施还会影响与保险投资相关的某些类别的金融资产（如房地产投资组合）。如果不实施恰当的风险缓释策略（和沟通行动），那么旨在促进从煤炭行业撤资和停止向煤炭行业承保的社会运动和民间行动将损害公司的声誉。转型因素还可能影响到企业所需保险产品服务的类型，其中所含的新技术、新产品、新服务可能破坏传统的产业组织、业务模式、附属的风险保障范围需求等。例如，在某些市场上，某些可再生能源技术（如太阳能）的价格已低于传统能源的生产技术；国际可再生能源署（International Renewable Energy Agency，IRENA）最近开展的一项分析表明，2020年后，可再生能源的价格将持续低于化石燃料④。虽然这些变化会给保险人创造机会，但也会带来风险，尤其是政策的突然变化会影响投保资产的风险状况，或严重制约市场成长。

除上述两种主要风险之外，一些保险人、政府当局、其他利益相关者认为，气候变化还会引发责任风险。

责任风险包括责任险保单中与气候相关的索赔，以及因未能管控气候变化风险而对保险人提出的直接索赔。联合国环境规划署的研究发现，全球范围内与气候相关的诉讼已经显著增加了，其中包括与气候适应努

① https：//www.munichre.com/topics-online/en/2018/topics-geo/topics-geo-2017.

② https：//www.insurancejournal.com/news/west/2017/12/06/473364.htm.

③ 见本节第二小节的“（二）投资活动”。

④ https：//www.irena.org/-/media/Files/IRENA/Agency/Publication/2018/Jan/IRENA_2017_Power_Costs_2018.pdf.

力有关的不当作为（或不作为）[①]。保险人的管理层和董事会未充分考虑或积极应对气候变化的影响，或者通过损害赔偿和侵权诉讼等途径不当地披露了当前和未来的风险。此类事项可能需要董事及高管人员责任险、职业责任险、第三方环境责任险等保险提供保障。关于这一领域法律判例的辩论仍在持续，也将长期存在，而在近两年里，针对气候变化提起的重大诉讼数量明显增加，这可能对保险人承保的责任风险造成重大影响。最近的一次诉讼发生在 2018 年 1 月。美国纽约市宣布对 5 家主要石油公司提起诉讼，要求他们筹集数十亿美元以资助纽约市关于应对气候变化的工作[②]。法律组织（地球正义组织）报告称，对于与美国加利福尼亚州气候诉讼有关的商业普通责任保单中约定的长尾赔案，数家再保险人已经在寻求法律咨询[③]。

重要的是，这几种类型的风险与保险人的承保和投资活动有关（见表 3—1）。

表 3—1　承保和投资活动中蕴含的物理风险、转型风险和责任风险

	承保	投资
物理风险	投保资产和财产（非寿险）风险状况变化、死亡率状况变化、人口趋势（生命和健康）引发的定价风险； 因极端事件（如 4 级或 5 级飓风）的碰巧同时发生而引发的赔付风险； 因市场动态变化引发的战略/市场风险（如财产的不可保性）	气候事件及其趋势对资产、企业和行业的影响而引发的物理风险，影响到企业盈利能力和经营成本，从而对企业的金融资产和投资组合（债权、权益等）产生影响

① http：//columbiaclimatelaw. com/files/2017/05/Burger - Gundlach - 2017 - 05 - UN - Envt - CC - Litigation. pdf.

② 纽约市诉英国石油公司 City of New York v. BP（S. D. N. Y.，Docket No. 1：18 - cv - 00182）。

③ 来自公众对本报告草案的意见。

续表

	承保	投资
转型风险	某些行业（如煤炭、石油和航海）的市场需求收缩导致的战略/市场风险； 由市场趋势、技术创新和气候方面的政策变化（如碳定价和能效规定）引发的战略/市场风险，影响到消费者对产品服务的需求	市场、政策、技术和社会变化引发的风险，影响到企业和行业（如能源、工业、运输和农业）的盈利能力和经营成本，从而对企业的金融资产和投资组合（债权、权益等）产生影响
责任风险	承保活动所带来的责任风险（如侵权赔偿或疏忽赔偿）； 董事及高管人员责任险保单引发的责任风险	与在投资决策过程中考虑气候变化相关的诉讼（如集体诉讼）或气候变化风险的披露不充分而引发的风险

二 影响保险经营多个方面的气候变化风险的例子

物理风险和转型风险会给经营承保业务和投资业务的保险人带来战略、经营和声誉风险。尽管一些与气候相关的风险因素在本质上具有长期性，但是其中一部分已经造成了重大影响。

第一，承保风险：如前几节所述，气候变化已影响到世界各地严重自然灾害的发生频率和集中度，致使与气候相关的保险赔付增加。例如，劳合社发布的市场报告显示，该社已经为重大索赔案件支付了58亿美元，其中大部分与气候有关[①]。2017年的巨额赔付给非寿险保险人造成了重大的财务影响，该行业的权益收益率（ROE）从2016年的11%降至2017年的-4%[②]。

第二，市场风险：从定价风险角度来看，如果基于风险的定价超出需求弹性和客户的支付意愿，那么投保财产和资产的物理风险便会增加，保险人的承保能力将受到限制。有证据表明，由于面临野火、风暴、海平面上升等物理风险，高风险地区的住宅房产正在变得不可保。美国的

① 来自公众对本报告草案的意见。

② http：//institute. swissre. com/research/library/Global_insurance_review_2017. html.

国家洪水保险计划（National Flood Insurance Programme）为距离海岸一英里范围内价值6000亿美元的财产提供担保，如果缺乏大量的适应性投资，那么其中大部分在未来几十年内都将失去可行性。物理风险引发的市场收缩很可能进一步加大消费者获得保险的障碍。转型风险会显著改变保险人预期的产品服务，而由于无法针对不断变化的需求设计出合理产品将显著降低保险人的市场份额（并且给整体的商业可行性带来战略风险）。

第三，投资风险：如果保险人投资于受物理或转型风险影响的某些行业或资产，那么其投资组合的盈利能力便会受到影响。这些行业或资产将限制保险人未来在极端情况下的赔付能力。显然，投资组合层面上的气候变化风险将受到特定企业或行业的持股集中度、分散化经营和对冲战略、积极管控和监测风险敞口努力的影响。尽管保险人可能因其投资行为而减轻气候因素所造成的影响，但是只有少数公司正在探究其投资组合在现在和未来将如何应对气候变化。

第四，战略风险：与物理风险或转型风险相关的气候事件、趋势、情景会给保险人带来战略上的挑战，从而抑制或阻止保险人实现其战略目标。这些实例包括在物理风险缓解举措方面的不当战略所造成的竞争力下降、未来计划管理不善和无法应对影响行业格局的转型因素等。

第五，操作风险：物理风险的影响将波及保险人的自有资产（包括财产、设备、信息技术系统和人力资源），致使经营成本增加、索赔管理能力受限甚至经营中断。

第六，声誉风险：近年来，保险人对那些造成气候变化的行业的承保和投资已经成为一项公众性议题了。例如，一些社会运动正呼吁保险业从化石燃料行业中撤资、停止为依赖动力煤电力的基础设施承保[①]。

人们正逐步达成这样的共识：气候变化将对企业部门产生广泛影响，气候变化风险因素将对保险人等金融机构的经营能力产生重要影响。这一共识最明显的例子体现在主要评级机构发布的关于气候变化风险的声

① https：//gofossilfree. org/；https：//unfriendcoal. com/.

明之中[①]。穆迪最近认为，气候变化对财产保险业和再保险业的信用等级造成的净影响是负面的[②]。

尽管人们很难可靠地评估气候变化对保险市场的总体影响（这部分归因于持续疲软的市场环境以及一些保单持有人的高盈余状况）[③]，但是，保险人越来越认识到，气候变化会对本行业产生重大影响。安盛集团首席执行官曾表示："21 世纪温度上升超过 4℃便会让世界失去可保性。"[④]

然而，气候变化风险给保险人造成的影响取决于其核心承保业务领域、投资配置策略、规模、专业、地理范围和居所。从长期来看，气候变化会对风险管理、风险转移、投资渠道、广泛的宏观经济产生显著影响，进而影响各种类型的保险人（见专栏 3—2）。

专栏 3—2　澳大利亚的经验：天气变暖的新奇影响

在某些国家或地区，气候因素开始对各行各业产生新的影响，包括增加高风险行为。澳大利亚的一家大型保险人在研究气候变化对自身业务的影响时，偶然发现了一个有趣的现象。这家保险人准确地指出了悉尼西部的热浪与酒类消费量增加之间的关系——酒类消费量的增加导致这一时期的入室盗窃活动激增，最终致使更多户主提出保险索赔。

（一）承保活动

气候变化风险在不同保险业务线中的表现方式不同。

第一，非寿险人。根据承保责任，他们最有可能承担物理风险，因此，他们在此类风险的识别、定价和管理方面更有经验。只要风险仍具

① https://www.spratings.com/documents/20184/1634005/How + Environ + And + Climate + Risks + and + Opps + Factor + Into_FINALv2/309db7c5 - 6b4e - 4aa6 - bd22 - 004cb47f5877.

② https://www.moodys.com/research/Moodys - Climate - change - heightens - key - risks - for - PC - insurance - reinsurance - - PR_380898.

③ https://www.iaisweb.org/file/72345/iais - global - insurance - market - report; http://www.oecd.org/daf/fin/insurance/Global - Insurance - Market - Trends - 2017.pdf.

④ 安盛集团首席执行官 Thomas Buberl 于 2017 年 12 月 12 日在巴黎"同一个地球"峰会上的讲话。

有可保性，那么增加气候相关的自然灾害和极端天气（如住宅洪水险）的承保范围，便会在短期内带来更多的保费收入，但是也可能导致与气候相关的赔付大幅增加。由于保单的年度重新定价、地理分散化、再保险能力可用性等原因，大型保险人可能不受此类叠加风险的影响。但是，未来的气候影响可能呈非线性，并且与“百年一遇”事件频发相关。在巨灾模型中，气候趋势方面的知识缺陷和不确定性会造成重大的灾难性事件（或多个事件同时发生），而这些（同时发生的）重大灾难性事件在确定费率和准备金时没有得到恰当的考虑。对于商业模式的可行性，非寿险产品服务的需求面临着物理风险和转型风险的特殊组合。此类变化可能会依赖于承保航运等特定经济活动的专业供应商所带来的随处可见的风险。2016 年，全球海上贸易的 30% 是石油和天然气[①]。在加速向低碳转型的背景下，这一市场可能大幅萎缩。

第二，人寿和健康保险人。他们通常刚刚开始探索气候因素对其承保组合的影响。精算师协会正在探讨保险、年金和养老金计划方面的重大问题，而气候变化对死亡率的潜在影响正成为其重点关注的内容[②]。特别是，过高的温度会加剧健康状况不佳或脆弱（特别是对于老年人），与高温或极端天气事件有关的健康问题便显得尤为重要。

第三，农业保险人。尽管农业保险人善于应对极端天气，但是他们仍会受到意料之外的气候变化风险的非线性影响。例如，位于某些地理气候带的企业可能无法种植习惯的作物，而海洋温度上升可能显著影响渔业的生产力。

第四，再保险人。他们通常深谙气候变化等复杂的系统性风险的管理之道。因为再保险人是在全球层面上考虑风险的，他们更可能受益于地理分散化，且对气候因素具有与生俱来的韧性。然而，随着重大自然灾害的严重程度和发生频率的增加，对某些市场上一些规模较小的保险人而言，天气相关风险的再保险的可及性将越来越差，价格也将越来越

---

① http：//unctad. org/en/PublicationsLibrary/rmt2017_en. pdf.

② http：//www. actuaries. org/CTTEES _ ENVIRO/Papers/REWG _ CCandMortality _ final _ Nov2017. pdf；https：//www. actuaries. org. uk/documents/mortality – report.

高，进而造成再保险缺口。加拿大环境风险再保险的经验参见专栏 3—3。

专栏 3—3 加拿大的经验：环境风险再保险

加拿大的非寿险市场包含许多小型保险人。他们严重依赖国际再保险市场为几种自然巨灾提供风险保障。在过去 10 年里，加拿大每年与天气有关的赔付总额一直徘徊在 10 亿加元左右。然而，2017 年，麦克莫瑞堡（Fort McMurray）森林大火将加拿大的年度赔付总额推高至 45 亿加元左右，其中相当一部分赔付分出给了国际再保险人。加拿大的赔付责任对大型再保险人而言本来不是太大的问题，但是由于 2017 年加勒比地区发生了重大赔付事件，这些国际再保险人就面临了巨额索赔。

加拿大的监管者明白，如果成本大幅上升，或者再保险人停止或限制向其中部分自然灾害提供再保险，那么与天气相关的损失便会出现再保险缺口。金融机构监管办公室（The Office of the Superintendent of Financial Institutions，OSFI）建议，直接保险人认真考虑其再保险业务是否集中在这些领域；如果是，那么他们就得考虑这些业务是否有可能获得再保险支持。如果存在此类风险，那么，金融机构监督办公室希望直接保险人寻找替代性方案，以确保其有能力承担对保单持有人的责任。金融机构监管办公室正在对再保险监管框架开展广泛审查，确保其处于最新且恰当的状态。

（二）投资活动

保险人的投资活动可能同时受气候变化引发的物理风险和转型风险的影响，这种双重风险将对金融资产的估值产生深远影响。如果各部门没有充分考虑到这一双重风险，那么气候变化风险对金融市场的扰动将影响保险人的准备金决策和责任履行能力，并最终影响保险人的偿付能力。迄今为止，人们在投资领域中重点关注的气候变化问题一直以转型风险为切入点，其中包括可能导致高碳型行业（如石油、天然气和煤炭等化石燃料的上下游以及火力发电行业）资产“搁浅”的政策变化和技术创新。研究表明，到 2040 年，实施 2℃温控目标的转型路径将使得全球上游化石燃料行业的收入累计减少 33 万亿美元[①]，而且可能对某些国家的宏观经济产生深远影响[②]。多家中央银行、政府和金融行业协会正试图从评估不同资产类别的总体资本风险入手，更深入地了解气候变化风险对投资组合的影响。2017 年，在考察了多项已经或可能发生的案例的基础上，劳合社发布了一份报告，说明应对气候变化的社会和技术措施所造成的“搁浅资产”将如何影响保险和再保险业的资产和负债[③]。

一些保险人会向长期债务合约配置资金，因此，他们在资本市场上可能较少受到气候相关风险的影响。穆迪公司的结论是，由于低杠杆和高分散化的经营方式，财产保险和再保险的投资组合面临的气候变化风险通常较小[④]。有证据表明，低风险证券的价格和稳定性可能受到气候因素的影响。

第一，主权债务。越来越多的证据表明，极端天气等物理风险因素会给基础设施造成直接损失，扰乱经济活动，进而影响主权信用评级。标准普尔预测，热带气旋可能导致脆弱国家的主权评级下降两级[⑤]。近年来，多家主要评级机构均已确定环境因素在信用评级下调中起到的作用。穆迪在一份报告中详细阐述了评估气候变化给主权评级带来的物理风险的方法，并且断定气候变化已经对最脆弱的主权信用评级产生了“一定影响”，但短期影响较为有限[⑥]。评级机构刚刚开始探讨转型风险对主权债务的影响——这一风险可能对发展中经济体产生比发达经济体更深远的影响。

第二，市政债务。评级机构也强调了气候变化会以潜在方式影响市

---

① http：//www. bloomberg. com/news/articles/2016 – 07 – 11/fossil – fuel – industry – risks – losing – 33 – trillion – to – climate – change.

② https：//www. nature. com/articles/s41558 – 018 – 0182 – 1.

③ https：//www. lloyds. com/news – and – risk – insight/risk – reports/library/society – and – security/stranded – assets.

④ https：//www. moodys. com/research/Moodys – Climate – change – heightens – key – risks – for – PC – insurance – reinsurance – PR_380898.

⑤ http：//unepfi. org/pdc/wp – content/uploads/StormAlert. pdf.

⑥ https：//www. moodys. com/research/Moodys – sets – out – approach – to – assessing – the – credit – impact – of – – PR _ 357629？ WT. mc _ id = AM ~ RmluYW56ZW4ubmV0X1JTQl9SYXRpbmdzX05ld3NfTm9fVHJhbnNsYXRpb25z ~ 20161107_PR_357629.

政债券的信用状况，因为它会“对发行人的基础设施、经济、收入基础和环境造成直接且明显的影响”[①]。

第三，不动产。与建筑存量的环境性能有关的政策措施和监管要求（包括能效规定）会影响不动产投资组合的价值。到 2023 年，荷兰所有商业房产应当至少具有 C 级的能源标签，否则将遭到淘汰。荷兰中央银行（De Nederlandsche Bank，DNB）的分析发现，荷兰保险人与商业不动产相关的投资中有 19% 的抵押品涉及低级能源产品（从“D－普通”级到“G－不良”级）。如果能效没有提高，或者资产无法清偿，那么这些抵押品就可能面临重大金融风险[②]。如果房地产坐落于高风险区域，那么不动产投资组合的价值也会受到物理风险的影响。

---

① http：//www. businessinsurance. com/article/20171129/NEWS06/912317523/Public － sector － climate－risks－growing－Moodys.

② https：//www. dnb. nl/en/binaries/Waterproof_tcm47 －363851. pdf? 2017110615.

中　篇

保险业适应气候变化

第四章

英格兰银行的观点*

第一节 引言

这份监管声明关系到英国的两类主体。第一，所有经营保险、再保险业务的企业和集团，涵盖被“偿付能力Ⅱ”监管的组织，其中包括劳合社和管理代理人（“偿付能力 Ⅱ”下的企业）以及不被“偿付能力Ⅱ”监管的企业。将他们统称为“保险人”。第二，银行、建房互助协会和审慎监管局指定的投资企业。将他们统称为“银行”。本章中的“企业”包括保险人和银行。

气候变化及其引发的社会应对增加了与审慎监管局目标相关的金融风险。气候变化引发的金融风险不仅会在很长一段时间内充分显现出来，而且会越来越明显。

审慎监管局对当前银行业①和保险业②实践的审查强调，尽管企业正

---

* 编译者注：本章第一节、第二节和第三节来自英格兰银行审慎监管局于 2019 年 4 月发布的监管声明（SS3/19）《加强银行和保险人管理气候变化金融风险的方法》（*Enhancing Banks' and Insurers' Approaches to Managing the Financial Risks from Climate Change*）。本章第四节来自英格兰银行于 2019 年 4 月发布的对《非寿险人和人寿保险人实施压力测试》（2019）的“征求意见稿”中关注气候变化风险的部分。

① 《思维转型：气候变化对英国银行业的影响》，2018 年，www. bankofengland. co. uk/prudential – regulation/publication/2018/transition – in – thinking – the – impact – of – climate – change – on – the – uk – banking – sector。

② 《气候变化对英国保险业的影响》，2015 年，www. bankofengland. co. uk/prudential – regulation/publication/2015/transition – in – thinking – the – impact – of – climate – change – on – the – uk – banking – sector。

在改进其管控气候变化引发的金融风险的方法，但是，很少有企业采取战略性方法并分析当前的措施会如何影响未来的金融风险。

本章第二节阐述了气候变化引发金融风险的两个风险因素以及特殊的构成因素（在综合考虑后），后者构成了特殊的挑战，所以需要战略性方法。

本章第三节阐明了审慎监管局对这一战略方法的期待，其中包括企业如何：在治理安排中考虑气候变化引发的金融风险；将气候变化引发的金融风险纳入现有金融风险管理实践；使用（长期）情景分析为战略制定、风险评估和识别提供信息；制定一项披露气候变化引发的金融风险的方法。

本监管声明应当与表4—1 所含材料一并阅读。

表4—1　　与本章（监管声明 SS3/19）一并阅读的材料

银行	保险人
审慎监管局对银行的监管方法	审慎监管局对保险的监管方法
《审慎监管局规则手册》的基本规则 5 和规则 6	《审慎监管局规则手册》的基本规则 5 和规则 6
治理和风险管理	
《审慎监管局规则手册》的常规组织规定、内部资本充足率评估、风控、责任分配、市场风险 2. 1、集团风险系统 2. 1	《审慎监管局规则手册》“偿付能力 Ⅱ”企业的环境治理业务、投资、保险——责任分配、保险——行为准则、保险——高级保险管理职能部分
监管声明 SS5/16《公司治理：董事会责任》	“偿付能力 Ⅱ”欧盟授权监管的第 258 至第 262 条和第 269 条
监管声明 SS21/15《内部治理》	监管声明 SS4/18《保险人财务管理和规划》
	监管声明 SS5/16《公司治理：董事会责任》

续表

银行	保险人
情境分析	
《审慎监管局规则手册》内部资本充足率评估部分	《审慎监管局规则手册》的环境治理业务
监管声明 SS31/15《内部资本充足率评估过程（The Internal Capital Adequacy Assessment Process，ICAAP）和监管审查和评估过程（Supervisory Review and Evaluation Process，SREP)》	监管声明 SS19/16《偿付能力 II：风险和偿付能力自评估》
信息披露	
《资本要求条例》第 431 条和第 435 条	“偿付能力 Ⅱ”欧盟授权监管的第 295 条
根据条例（欧盟）第 8 部分有关信息披露要求的《欧洲银行管理局（European Banking Authority，EBA）指导方针》	

资料来源：登录审慎监管局网站，获取针对银行和保险的英格兰银行审慎监管局办法文件；http：//www. prarulebook. co. uk/；https：//www. bankofengland. co. uk/prudential – regulation/publication/2016/corporate – governance – board – responsibilities – ss；https：//eur – lex. europa. eu/legal – content/EN/TXT/PDF/？uri = CELEX：32015R0035&from = EN；https：//www. bankofengland. co. uk/prudential – regulation/publication/2015/internal – governance – ss；https：//www. bankofengland. co. uk/prudential – regulation/publication/2018/financial – management – and – planning – by – insurers – ss；https：//www. bankofengland. co. uk/prudential – regulation/publication/2013/the – internal – capital – adequacy – assessment – process – and – supervisory – review – ss；http：//www. bankofengland. co. uk/prudential – regulation/publication/2016/solvency2 – orsa；http：//www. eba. europa. eu/regulation – and – policy/single – rulebook/interactive – single – rulebook/ – /interactive – single – rulebook/toc/504；https：//www. eba. europa. eu/documents/10180/1918833/Guidelines + on + disclosure + requirements + under + Part + Eight + of + Re gulation + 575 + 2013 + %28EBA – GL – 2016 – 11% 29 _ EN. pdf/8daeb580 – 5f64 – 418e – bf10 – 6786cb57424dhttps：//eur – lex. europa. eu/legal – content/EN/TXT/？uri = OJ：L：2015：012：TOC。

第二节　气候变化引发的金融风险

气候变化主要通过两个渠道（或“风险因素”）引发金融风险——物

理风险和转型风险。这些风险表现为企业的承保风险、准备金风险、信用风险、市场风险等风险的增加。

本书第一章提到了第3个风险因素——责任风险。这一风险由遭受了物理风险和转型风险损失的各类主体试图向责任人追回损失所致。考虑到气候相关责任带来的法律风险可以通过董事及高管人员职业责任保险来进行转移，因此，这些产品的法律风险对保险人而言尤为重要。这些法律风险源于物理风险因素和转型风险因素以及下面谈到的特殊因素。

1. 物理风险

气候变化引发的物理风险源于许多因素，并与某些天气事件（如热浪、洪水、野火和风暴）和气候的长期变化（如降水变化、极端天气变化、海平面上升和平均温度上升）有关。如下是物理风险的具体实例。一是财产和意外险所承保的极端天气事件的发生频率、严重程度和波动性增加。二是洪水的频率和严重程度增加，致使银行持有的金融资产或抵押品（如家庭和商业房产）的价值遭受重大损害。这会致使信用风险尤其是银行的信用风险增加，此外，如果这种物理损害导致的经济损失引发法律索赔，便会致使责任保险的承保风险增加。

2. 转型风险

向低碳经济转型可能引发转型风险，这一个过程中起作用的因素有很多，包括气候方面的政策和监管的变化、破坏性技术或业务模式的出现、情绪和社会偏好的变化、证据、框架和司法解释的演变。部分实例如下：提高住宅和商业建筑的能效标准会影响银行的“购房出租”（buy-to-let lending）贷款组合的风险；电动汽车、可再生能源等技术的快速发展会影响汽车和能源部门的金融资产价值；如果企业在更广泛的经济领域中未能减轻、适应或披露由气候变化带来的金融风险，那么其市场价值可能受损，或面临更高的责任险索赔。

3. 气候变化引发的金融风险的特殊因素

气候变化引发的金融风险有一些特征，这些特征带来了特殊的挑战，需要采取战略方法进行管理。这些因素如下。第一，在广度和量级上产生深远影响：物理风险因素和转型风险因素引发的金融风险关系到多条业务线、行业和地理区位。因此，它们对金融体系的全面影响可能大于其他类型的风险，而且会呈现出非线性、交织性、不可逆性等特点。第二，不确定且扩展的时间范围：人们无法确定金融风险可能出现的时间范围，其总体影响可能超出当前许多商业规划的范围。使用既往的数据可能无法很好地预测未来的风险。第三，可预见性：尽管无法确定确切的结果，但是可以肯定的是，某些物理风险因素和转型风险因素的组合将造成金融风险。第四，对短期措施的依赖：未来受到的影响程度将至少部分上取决于当前采取的措施，包括政府、企业和一系列其他参与者采取的措施。

气候相关因素引发的金融风险程度取决于未来的情况，而这些情景至少在部分程度上取决于当前采取的措施。在“太小太晚”的情况下，即使业界采取了重大措施，也无法实现气候目标，从而致使银行业和保险业出现最严重的金融风险。如果市场有序转型至低碳世界，那么气候变化引发的金融风险将会降至最低，但是有序转型的窗口期非常短，并且正在关闭。

第三节 管控气候变化引发的金融风险的战略方法

审慎监管局希望企业对气候变化引发的金融风险做出与自身业务性质、规模和复杂性相称的应对。随着企业专业技能的发展，审慎监管局希望企业管理气候变化引发的金融风险的方法能够与时俱进，更加成熟。审慎监管局有意将这些预期中的测量和监测手段纳入其现有的监管框架中。

一 治理

审慎监管局希望企业的董事会理解并评估气候变化给企业带来的金融风险，并有能力在企业整体商业战略和风险偏好范围内处理并监管这些风险。这种方法应当显示出，企业对致使气候变化引发金融风险的特殊因素的理解，以及对标准业务规划视野范围之外可能出现的金融风险的充分且长远的考虑。

审慎监管局将根据企业的风险偏好声明，鼓励企业采取具体措施，监控并管理气候变化带来的金融风险。风险偏好声明应当包括企业愿意承担的风险敞口的限制和阈值，并且考虑如下因素：该企业的长期金融利益，以及当前的决策影响未来金融风险的具体方式；适用于较短和较长时间跨度的情景分析和压力测试的结果；气候变化引发金融风险的时间和渠道上的不确定性；资产负债表对风险的关键成因和外部环境的变化的敏感性。

审慎监管局希望企业在管理气候变化引发的金融风险方面发挥作用，并对董事会及其相关下属委员会承担明确的责任。特别是，为了识别并管理关系到企业的组织结构和风险状况中与现有高级管理职能（Senior Management Function，SMF）最相关的、由气候变化引发的金融风险，董事会和最高层的管理人员应当明确并分配责任，并且确保这些责任包含在高级管理职能的职责声明中。审慎监管局期待看到，董事会及其下属委员会有效监控风险管理及内部控制的证据。此外，审慎监管局希望董事会能确保其拥有充分的资源、技能和专业知识来管理气候变化引发的金融风险。

二 风险管理

审慎监管局希望企业认识到，风险本质上需要采取战略性方法，并通过经董事会批准的风险偏好的现有风险管理框架来应对气候变化引发的金融风险。企业应当以与其业务相称的方式来识别、衡量、监测、管理和报告此类风险。企业应当有能力在其承保业务的风险管理政策、管理信息和董事会风险报告中明确这一点，包括酌情更新既有风险管理策略。

（一）识别和衡量风险

审慎监管局希望企业理解气候变化引发的金融风险，以及此类风险是如何影响其业务模式的。企业应当使用情景分析和压力测试来提供风险识别所需要的信息，并且理解气候变化给其业务模式带来的短期和长期的金融风险。审慎监管局还希望企业不要局限于用历史数据来提供风险评估信息，例如，企业可以通过考虑未来灾害模型的发展趋势来实现这一目的。审慎监管局希望此类情景会随着企业相互借鉴经验而与时俱进、不断成熟。

企业内部资本充足度评估（Internal Capital Adequacy Assessment Process，ICAAP）或风险和偿付能力自评估（ORSA）中应当至少包含以下内容：与气候变化引发的金融风险有关的所有重要风险敞口；评估企业如何确定其业务范围内的重要风险敞口。

（二）风险监测

审慎监管局希望企业考虑通过一系列的定量和定性工具和指标来监测气候变化带来的金融风险。例如，这些指标可以用来监测因企业投资或贷款组合集中度变化导致的气候方面的风险敞口，或者监测物理风险因素对外包安排和供应链的潜在影响。审慎监管局希望，随着企业不断取得相关经验，这些指标和工具将逐渐发展并成熟。

企业还应当用这些指标来监测其整体业务策略和风险偏好的进展。这些指标应当定期更新，以支持企业的董事会和/或下属委员会的决策。有些情景会触发对企业应对气候变化金融风险战略的审查，企业应当列示出此类情景。

（三）管理和缓释风险

如果评估结果（如通过情景分析）认为气候变化引发的金融风险有潜在的重大影响，那么审慎监管局希望企业能够证明自己将如何缓释此类金融风险，以及如何采取可信的计划或政策来管理此类风险。这包括企业为降低此类风险的集中度而采取的措施。因为计划反映了气候变化引发的金融风险的特殊因素，所以可能有别于其他风险。

对于“偿付能力 Ⅱ”监管的保险人，根据审慎人原则（Prudent Person Principle，PPP），企业只能够投资于能够识别、测量、检测、管理、控制和报告其风险的资产[①]。审慎人原则的关键要求是，在承担投资风险时，保险人应当通过分散资产来避免投资组合的风险过度积累。因此，被“偿付能力 Ⅱ”监管的保险人应当考虑投资组合中是否过度累积了气

---

① “偿付能力 Ⅱ”指令第 132（1）-（2）条，参见 http://www.prarulebook.co.uk/rulebook/Content/Chapter/212928/07-08-2018。

候变化引发的金融风险（尤其是那些可能因转型风险因素导致的风险），然后在此情况下考虑缓释措施。

为了提供自身的风险评估和管理信息，企业应当了解物理风险因素和转型风险因素对客户、交易对手、（企业已经投资或可能投资的）组织产生的当前和未来的影响。如果企业没有必要的信息，那么企业应当与客户和交易对手接触；在这种情况下，这些信息对企业自身的风险至关重要。企业还可以考虑使用公共部门的数据，或者与外部专家合作收集（资产层面上的）数据。

（四）风险报告和管理信息

例如，审慎监管局希望企业基于情景分析、缓解措施及其拟采取的相关时间框架，向董事会及其下属委员会提供管理信息，以了解其面临的气候变化引发的金融风险。管理信息应当有助于董事会讨论、质疑并做出涉及企业管理气候变化引发金融风险的决策。

三 情境分析

审慎监管局希望企业酌情开展情景分析，为其战略规划提供信息，确定气候变化引发的金融风险对其总体风险状况和商业战略的影响。情景分析还可用于探讨企业的业务模式对一系列冲击的韧性和脆弱性。审慎监管局希望情景分析方法能够与时俱进、逐渐成熟。

审慎监管局希望企业的情景分析可以涵盖向低碳经济转型的不同路径以及不转型的路径。情景分析应当酌情包含如下内容。一是短期评估，列出企业在其既有业务规划范围内所面临的气候变化引发的金融风险，包括此类风险的适当的量化信息。二是根据企业当前的业务模式，对其面临的一系列气候相关情景进行长期评估。例如，基于全球平均温度至少上升2℃的情景，以及以有序方式向低碳经济转型的情景。审慎监管局希望，此项长期评估的时间跨度以数十年计。与其他类型的情景分析一样，这并不是一种精准的预测，而是一项为战略规划和决策提供信息的定性分析。

审慎监管局希望企业利用这些情景来理解气候变化引发的金融风险给其偿付能力和流动性，以及对保险人、对保险持有人的偿付能力的影响。如果企业依赖管理措施来缓释特定情景下的金融风险，那么该企业应当考虑这些措施是否现实及可信、是否符合监管预期、是否可以实现等问题。例如，企业不应当假设存在一个可以随时出售自己所持有的风险资产的流动性市场。企业还应当考虑，是否应当预先采取一些明确的预防性措施，或者这些措施是否只在出现此类情景时才具有相关性或可取性。

审慎监管局认为，保险人的风险和偿付能力自评估（ORSA）和银行的内部资本充足率评估是考虑气候变化引发的金融风险的有用框架。对于保险人，“偿付能力Ⅱ”表明，“考虑长远”对于保险人评估其持续经营能力很重要。对于银行，关于内部资本充足率评估过程①的监管声明表明，应当使用情景分析来探讨长期商业计划中的敏感性问题。情景分析是审慎监管局希望企业在评估中使用的一个关键工具。

四　信息披露

现有规定要求银行和保险人在“支柱 Ⅲ”范围内披露重要风险信息[根据《资本要求条例》（575/2013）（CRR）和“偿付能力 Ⅱ”的规定]，以及披露事关其战略报告的主要风险和不确定性的信息（根据《英国公司法》的规定）。

除满足这些既有的信息披露规定之外，企业还应当考虑是否有必要根据监管声明的期望披露更多信息，以提高其管理气候变化引发的金融风险方法的透明度。特别是，所有在此监管声明范围内的企业均应当考虑披露其是如何将气候相关的金融风险纳入治理和风险管理过程的，包括企业将这些风险评估为重大风险或主要风险的过程。

审慎监管局希望企业制定并采用适当的信息披露方式，以反映气候变化引发的金融风险的特殊元素。企业应当寻求改进他们的信息披露，让披露的信息尽可能具有深度，尤其应当确保这些信息能反映企业对气

① SS31/15《内部资本充足率评估过程（ICAAP）以及监管审查和评估过程（SREP）》，2018 年，https：//www.bankofengland.co.uk/prudential-regulation/publication/2013/the-internal-capital-adequacy-assessment-process-and-supervisory-review-ss。

候变化引发的金融风险的理解。企业应当认识到，越来越多的国家或地区将采取强制性信息披露要求，从而做好相应的准备工作。

审慎监管局预计，考虑到企业之间采取类似信息披露的好处，企业在气候相关的财务信息披露方面将采取更多的举措。这方面已经有了许多举措。例如，2017 年 6 月，气候相关财务信息披露工作组发布的建议①以及其他举措为披露气候相关的金融信息的组织提供了多项工具和研究案例。

此外，企业将从更广发的经济领域的信息披露中获益。企业也将通过对金融资产的持有行为来鼓励信息披露。

第四节 保险业对气候变化的情景分析

本节并不是压力测试。本节旨在获取相关信息，帮助企业了解如何评估和管理气候变化风险这样高难度的风险。我们希望所获得的市场反馈能够推动该领域的发展，提升董事会的风险认知，丰富监管者在企业全面治理和企业文化方面的知识。这些调查结果将支持英格兰银行的气候中心（Climate Hub）促进“绿色金融网络”（Network for Greening the Financial System，NGFS）的活动。

审慎监管局要求企业考虑 3 种假设的温室气体排放情景的影响，选择不同的业务模式和资产估价指标。这些情景是通过它们的气候和财务影响呈现的。每个情景的一系列假设仅做为解释性说明，以确保每家企业在相同的基础上做出回复，但并不作为未来国内或国际演习的预设。下文的假设既不是审慎监管局的预测，也不是审慎监管局从未来碳排放价格视角建立的“自下而上”的情景。

我们还要求企业提供所有已开发的气候情景的定性和定量信息。

（一）气候变化情景

气候变化对企业财务状况的潜在影响是显而易见的。此外，审慎监

---

① https：//www. fsb - tcfd. org/publications/final - recommendations - report/.

管局最近的监管说明草案[①]阐明了企业利用情景分析方法评估气候变化产生的金融风险对其经营战略影响的重要性。然而，气候相关财务信息披露工作组（TCFD）2018 年 9 月的报告表明，虽然企业开始考虑气候变化对其战略韧性的影响，但是很少有企业能够系统地使用情景分析方法。

这项调查的目的是给这一领域的企业提供进一步的市场动力。它还将为国内和国际组织（如绿化金融网络体系）提供数据，从而促进英格兰银行持续开发和提供有效的方法来推进以气候为重点的情景分析。尽管这项尝试显示了英格兰银行的未来工作方向，但是其本质是调查性的。这些假设和分析方法是在此基础上设计的，所以不应当作为未来国内或国际演习的先例。

本节包括如下两部分内容：第 1 部分包含 3 组数据驱动的假设性描述，旨在帮助企业思考各种未来状况将如何影响中长期的业务模式。我们提供了一系列以说明为目的的假设，设计简单的指标来量化影响，这关注的是如何让业务模式和资产负债表适应，而不是评估当前的金融韧性。我们已经尽可能地通过公开的调查研究获得每个叙述的基本假设。不过，关于如何将气候情景转化为财务影响的可用研究成果还很有限，因此，我们做出了很多假设，以简化这项工作，并使不同企业之间的结果具有可比性。这些假设将在下文中介绍。第 2 部分要求企业提供其已经开发的气候情景的定性和定量信息。我们要求企业尽最大努力完成本项工作。如果企业无法回答某个问题，应当给出理由——例如，由于企业在该领域不够成熟，或者该问题与管理气候相关风险的做法无关。

1. 情景分析的结构

情景分析包括两部分：定量数据驱动的情景分析和定性信息收集。

第一，定量数据驱动的情景分析。我们提供了一系列假设的温室气

---

① Enhancing Banks' and Insurers' Approaches to Managing the Financial Risks from Climate Change, CP23/18, https://www.bankofengland.co.uk/prudential-regulation/publication/2018/enhancing-banks-and-insurers-approaches-to-managing-the-financial-risks-from-climate-change.

体排放情景，要求企业进行情景分析，主要反映企业受到的气候和财务影响。这些分析既不是审慎监管局的预测，也不是审慎监管局基于潜在的未来气候政策（如碳排放费）而建立的“自下而上”的情景——它们应当是未来的工作。该情景是尝试性设计的，不应当被理解为英格兰银行将要采用的情景。该情景是基于对一组极端但基本合理的、公开可用信息的假设，而这些假设通过专家的判断进行汇总，用于测试企业应对这些假定的气候状况的能力。随后，我们假设 3 种会引发气候和财务影响的温室气体排放情景，据此要求企业努力量化这些情景的影响。

情景分析有两个目标：在特定的气候变化假设下，收集一组关于财务影响的量化信息；允许审慎监管局对目前保险企业能用于评价气候变化的物理风险的财务影响的系统、工具和数据的价值进行评估。如果企业对气候情况的财务影响的量化分析是基于不同于审慎监管局的假设，那么企业应当在下文的第 2 部分呈现评估结果。

第二，定性信息收集。对于那些在开发气候情景上已取得很大成绩的企业，请他们简要概括气候情景中考虑的一组定性假设。此项定性信息收集工作的目的是，让审慎监管局了解保险人在评估气候变化风险的财务影响时所考虑的假设范围和参数。本部分的情景分析侧重于理解企业用于将气候情景转化为自己所受实际影响的主要假设（和挑战）。如果企业考虑了多个压力测试情景，那么只需要详细报告其中的两个。如果企业还未制定一套情景假设，那么需要他们通过以下方式完成情景分析部分：表述他们预期的临时假设；描述开发这些情景时遇到的所有障碍。

2. 特定社会经济和气候条件下的潜在影响程度

假设企业的有效保险责任及短期投资状况不变，要求企业考虑情景假设对其资产、负债和经营模式的影响。实质上，我们要求企业进行 3 个气候情景下的敏感性分析。

解释这 3 个假设情景的背景：《巴黎气候变化协定》设定了 2100 年的气候目标。为了实现这些目标，在未来几年和几十年中经济结构应当进行重大变革。为了考虑这些风险对企业短期和长期的财务影响，我们设计了3个情景：第1个情景是为了评估企业对明斯基时刻（Minsky Moment）的韧性，是对中期业务规划期的金融市场前景的大规模再评估；设计的第2个和第3个情景是为了引导企业关注气候相关风险对不同未来结果的长期财务影响。

为了与《巴黎气候变化协定》保持一致，我们明确了2100年的温控目标，而温度上升在短期和长期中的影响是不同的，所以我们要求企业报告较短时期情景的分析结果。这项工作并不是要求企业对预计的气候情形设计出符合自然规律的、宏观和微观的经济影响；相反，该情景分析提供了关于风险的明确假设，并确保企业在相同基准上分析财务影响，从而最大限度地降低此项实践的难度。因此，下文重点说明的3个情景仅是出于说明性目的，主要是为了促使企业理解审慎监管局对物理风险和转型风险所做假设的基准。

情景A。从中期的业务规划视角来看，一个突然的转型情景会导致2100年的最高温度上升2℃（相对于工业化前的状况），但是紧跟其后的是无序转型。这个情景最大化了转型风险。假设2022年出现明斯基时刻，请企业进行情景分析。该情景分析基于Furman等[①]强调的无序转型。

情景B。在很大程度上，长期有序转型情景是与《巴黎气候变化协定》一致的。这里包括到2100年温度最多上升2℃（相对于工业化前的状况），到2050年，即在未来30年经济实现了向温室气体中性的转型。该情景的基本假设是基于政府间气候变化专门委员会的第5份评估报告（IPCC AR5）[②] 中引用的2℃情景。

情景C。假设到2100年，按照政府间气候变化专门委员会的IPCC RCP 8.5的排放模式（即没有进行转型），气候变化的物理风险将被最大

① Furman, J., Shadbegian, R., Stock, J., 2015, "The Cost of Delaying Action to Stem Climate Change: A Meta-Analysis", https://voxeu.org/article/cost-delaying-action-stem-climate-change-meta-analysis.

② IPCC, 2014, "Climate Change 2014: Synthesis Report", *Contribution of Working Groups Ⅰ, Ⅱ and Ⅲ to the Fifth Assessment Report of the Intergovernmental Panel on Climate Change*, Core Writing Team, R. K. Pachauri and L. A. Meyer (eds.), IPCC, Geneva, Switzerland, p. 151.

化，“温室”情景的最高温度将达到2℃（相对于工业化前的状况）。我们要求企业考虑2100年之前的物理风险。

要求企业考虑的气候变化对其业务模式和资产估值的某些指标的影响。一是物理风险。基于本次调查的目的，假设物理风险仅影响非寿险人。具体表现为由于水文气象事件引起的风险，如干旱、洪水、风暴和海平面上升。为了尽量降低情景分析的开展难度，这里只考虑由于自然气候变化导致的风险。在本次尝试中，只检验企业应对美国飓风和英国洪水、霜冻以及地陷风险的能力。二是转型风险。考虑金融体系在向低碳经济转型（包括政策、消费者行为和技术的转型）过程中发生的金融风险。

此类情景分析本质上是调查性的，因此，在3个情景下，不可能非常详细地设计一套气候和财务影响的假设。审慎监管局也认识到，对于不同的投资组合，自然灾害的影响因其实质性差异而有所不同。我们提供了一套假设值作为参考。各家企业往往都倾向于提供不同情景下的气候影响评估，我们鼓励他们贡献自己的智慧。本节第二小节中列出的资源可能有助于解释下文的情景分析。

审慎监管局承认，用来衡量气候变化的财务影响的指标具体取决于气候变化研究的重点。由于气候变化，该情景分析并不是为了获得反映有财务影响的全部相关指标。基于目前的讨论，我们选择了以下测试指标：一是对负债的影响：年均损失（Annual Average Loss，AAL）和“百年一遇”损失的年发生概率（1 in 100 Annual Exceedance Probability，AEP）；二是对资产的影响：投资组合市场价值的变化，具体表示为货币价值的变化和1%的在险价值（Value at Risk，VaR）的变化，对股票和债券分别计算。

（1）物理风险——对负债的影响

下文详细介绍了一组假设，旨在让企业在相同的基准上进行回复。这组假设仅是说明性的。

表4—2详述的物理风险假设允许企业评估气候变化对其现有负债的财务影响。审慎监管局认为，寿险的负债以及寿险和非寿险的资产都会受到气候变化风险的影响，不过，考虑到现有工具、数据和系统的成熟程度，我们降低了这项分析工作的复杂性。

表 4—2　　物理风险对负债的影响的情景设定

风险	假设	情景 A：2022	情景 B：2050	情景 C：2100
美国特色：飓风	大型飓风发生频率的增加幅度（%）		10	20
	大型飓风风速均匀的增加幅度（%）			5
	热带气旋引发的降水导致地表径流的增加幅度（%）		5	10
	美国得克萨斯州和北卡罗来纳州之间的大陆海岸线的平均海平面上升（厘米）		5	10
英国特色：洪水、冻结和沉降	降水增加导致地表径流的增加幅度（%）		6	10
	海平面平均上升（厘米）		4	10
	因沉降造成的财产赔付增加幅度，以 1990 年以来的最坏年份为基准（%）		10	25
	因霜冻造成的财产赔付增加幅度，以 1990 年以来的最坏年份为基准（%）		10	25

注：①对于非寿险人负债受到影响，建议企业使用现有的工具，参见 A Framework for Assessing Financial Impacts of Physical Climate Change Risk for the General Insurance Sector：A Practitioner's Aide。②对于企业资产受到的影响，预计为负向；但是，如果企业开发出的工具确实发现企业资产受到了正向影响，那么应当在第二部分提供所用的潜在假设。③有关上述假设的进一步背景材料，参见本节第二小节，这些假设仅是探索性的。

（2）转型风险——对资产的影响

下文详细介绍了一组假设，旨在让企业在相同的基准上进行回复。这组假设仅是说明性的。

表 4—3 提供的转型风险假设允许企业评估其对资产的财务影响。审慎监管局认识到，在评估气候变化对企业财务的影响时，需要考虑气候与整体经济之间的反馈回路；不过，考虑到现有工具、数据和系统的成熟程度，我们降低了此项分析工作的复杂性。

表 4—3 提供了转型风险对权益的影响的情景设定。对于公司债券的影响，我们采用对权益的影响乘以 15% 的固定因子（即对公司债券的影响 =0. 15 × 对权益的影响）。

表4—3 转型风险对权益的影响的情景设定

行业	以下行业的投资组合百分比（%）	假设	情景A：2022	情景B：2050	情景C：2100
能源	电力生产者/天然气/盘管线圈/原油/其他油/可再生能源	投资组合部分的权益价值变动，包括以下的能源部门的重大风险：			
		煤	-40	-15	
		油	-28	-10	
		天然气	+13	+7	
		可再生能源	+20	+10	
运输	汽车（电动汽车和非电动汽车）、航空（货运和客运）、海上（货运和客运）和其他运输设备的制造	投资组合部分的权益价值变动，包括以下运输部门的重大风险：	-30	-10	
		非电动汽车	-30	-10	
		电动汽车	+5		
		非汽车（如海上和航空）	-20	-5	
材料/金属/采矿	焦炭和精炼石油产品、化学品、水、铁和相关合金加工的制造和一级加工	投资组合部分的权益价值变动，包括材料/金属/采矿业的重大风险如下：			
		依赖于运输/提取/加工-25%到10%的化石燃料或严重依赖化石燃料能源的投资组合占比	-25	-10	
水、农业和食品安全	农业、林业、渔业、奶牛、自来水公司、食品物流和零售业	投资组合部分的权益价值变动，包括以下使用水的（包括公用事业）农业和食品安全行业：			
		收入严重依赖于运输/贸易/水产品/食品/农产品的投资组合的比重（如连锁超市、公用事业等）	-15	-10	

续表

行业	以下行业的投资组合百分比（%）	假设	情景 A：2022	情景 B：2050	情景 C：2100
房地产资产（包括商业房产和基础设施）	房地产活动	财产价值受气候变化的物理风险的影响，抵押贷款估值受价格下降的影响	-30	-10	
		财产价值不受气候变化的物理风险的影响，抵押贷款估值受价格下降的影响	+10	+7	
投资/利率		主权债券信用评级下降，缘于国家强调其资产负债表需要资金来支持适应战略（降级是由于国家对气候变化的脆弱性——参见本节第二小节）	-30 到 -5 个基点	-50 到 -10 个基点	

注：①情景分析主要是调查性质的，下文概述的资产类别只考虑直接影响。可以联合使用有指示性的欧盟行业分类体系（European Classification of Economic Activities，NACE）、全球行业分类标准（Global Industry Classification Standard，GICS）和汤森路透（Thomson Reuters）、彭博终端（Bloomberg Terminal）等工具。②其他资源。以下列举的工具和数据提供者可以帮助企业进行情景分析，但这些所列举的产品服务具有不确定性，仅供本次调查活动参考。气候相关财务信息披露工作组知识中心（TCFD Knowledge Hub）：为气候相关情景分析提供资源。《巴黎气候变化协定》资本转型评估（Paris Agreement Capital Transition Assessment，PACTA）工具：帮助将上市的债务和股权分配给特定的行业，如能源、运输和材料。转型路径倡议：评估部分大型全球性企业对转型风险的战略韧性。气候影响实验室：直到21世纪末，物理影响的颗粒级地图。圣母大学全球适应倡议（Notre Dame Global Adaptation Initiative）的国家脆弱性排名（Country Vulnerability Ranking）或穆迪投资者服务（Moody's Investors Service）的气候变化和主权信用风险（Climate Change & Sovereign Credit Risk）提供了各国气候风险敏感性的排名。

3. 情景假设

本部分用于支持审慎监管局开发压力测试中的气候变化情景。在气候变化情景开发中取得进展的企业应当提供所使用的假设和参数。情景分析部分的重点是，了解企业如何将广泛的气候变化情景具体化为详细的假设，并评估对其业务的实际影响。

企业需要提供两个主要气候变化情景的所有重要假设的详细情况（如果有）。设计气候变化情景时应当表明，气候变化相关的物理风险和转型风险是如何反映在其关键业务决策中的。我们希望重要假设包括以下内容。

第一，气候情景假设。假设温室气体水平和全球升温幅度；假设全球升温的时间范围和路径；其他重要方面的假设，如国际倡议/政策行动的影响、技术方面（如碳捕集）、消费者情绪等。如果企业能够解释如何对未来碳价格做出假设，特别是如何计算的，那么可能对我们的工作有很大帮助。

第二，将气候情景转化为商业影响的假设。①对资产估值的影响（当影响较大时，按类别——权益、公司债券、主权、房地产、基础设施、公用事业、石油和天然气、汽车等），应当予以区分：物理风险，即气候变化带来的物理风险，包括与气候或天气有关的事件，如干旱、洪水和风暴以及海平面上升；转型风险，即向低碳经济转型过程中的相关影响/减排成本可能产生的金融风险。②对负债估值的影响：物理风险，特别是发生水文气象自然灾害的频率和严重程度（企业暴露于特定危险的程度），物理风险会影响非寿险和人寿保险（如夏冬极端天气对死亡率的影响）；转型风险，即向低碳经济转型过程中的相关影响/减排成本可能产生的金融风险，例如向低碳经济转型和电动汽车普及可能影响空气污染物水平。

如果企业有其他重大假设，也需要在回复中写明。企业的分析应当明确该假设对机遇（如绿色收入）和风险的影响。

（二）气候变化情景——补充资料

本小节的背景信息旨在帮助企业根据专家判断，假设并创建气候变化情景的分析参数。以下信息并不是研究气候变化情景的具体实例。共享这些信息是为了让基本假设完全透明。作为“保险压力测试 2019 年”工作的一部分，情景分析的目的主要是探索性的，因此，该情景假设的相关信息并不代表最新的研究和认识，这使得保险公司可以建立自己的气候变化情景。在未来，英格兰银行的倡议（如“绿色金融体系网络”）

将提供更进一步的信息，以支持企业建立自己的气候变化情景。

1. 物理风险

对于影响美国的飓风的假设值，其开发工作是基于审慎监管局牵头的工作组所进行的讨论，它促成学界发布了《针对非寿险业的气候物理风险之金融影响的评估框架》[①] 和专门的文献综述。该文献综述由审慎监管局与 AIR、KatRisk、RMS 等灾难模型开发公司一同分析和讨论得出，并经过市场和学术界专家的讨论补充[②]。这一探索性尝试中的假设值不代

---

① 审慎监管局（2019）即将发布。

② Bhatia, K., G. Vecchi, H. Murakami, S. Underwood, and J. Kossin, 2018, "Projected Response of Tropical Cyclone Intensity and Intensification in a Global Climate Model", *J. Climate*, in review; Crompton, R. P., R. A. Pielke Jr., and J. K. McAneney, 2011, "Emergence Time Scales for Detection of Anthropogenic Climate Change in US Tropical Cyclone Loss Data. Environ", *Res. Lett.*, 6, 014003; Donnelly, J. P., A. D. Hawkes, P. Lane, D. MacDonald, B. Shuman, M. R. Toomey, P. van Hengstum, and J. D. Woodruff, 2015, "Climate Forcing of Unprecedented Intense – hurricane Activity in the Last 2000 Years", *Earth Future*, 3: 49 – 65; Emanuel, K., and A. Sobel, 2013, "Response of Tropical Sea Surface Temperature, Precipitation, and Tropical Cyclone-related Variables to Changes in Global and Local Forcing", *J Adv Model Earth Syst*, 5: 447 – 458; Emanuel, K. E., 2017, "Assessing the Present and Future Probability of Hurricane Harvey's Rainfall", *Proc. Natl. Acad. Sci.*, 114, 12 681 – 684; Klotzbach, P. J., G. G. Bowen, R. Pielke Jr., and M., 2018, "Bell. Continental United States Hurricane Landfall Frequency and Associated Damage: Observations and Future Risks", *Bull. Am. Meteorol. Soc*; Knutson, T. R., J. L. McBride, J. Chan, K. Emanuel, G. Holland, C. Landsea, I. Held, J. P. Kossin, A. K. Srivastava, and M. Sugi, 2010, "Tropical Cyclones and Climate Change", *Nat Geosci*, 3: 157 – 163; Knutson, T. R., J. J. Sirutis, M. Zhao, R. E. Tuleya, M. Bender, G. A. Vecchi, G. Villarini, and D. Chavas, 2015, "Global Projections of Intense Tropical Cyclone Activity for the Late 21st Century from Dynamical Downscaling of CMIP5/RCP4. 5 Scenarios", *J Clim*, 28: 7203 – 7224; Kossin, J. P., 2018, "A Global Slowdown of Tropical Cyclone Translation Speed", *Nature*, 558, 104 – 108; Levin, E., and H. Murakami, 2018, "Examining the Sensitivity and Impact of Anthropogenic Climate Change on North Atlantic Major Hurricane Landfall Drought and Activity", Presented at AMS 2018; Murakami, H., and G. A. Vecchi, S. Underwood, T. Delworth, A. T. Wittenberg, W. Anderson, J – H. Chen, R. Gudgel, L. Harris, S – J. Lin, et al., 2015, "Simulation and Prediction of Category 4 and 5 Hurricanes in the High-resolution GFDL HiFLOR Coupled Climate Model", *J Clim.*; Peduzzi, P., B. Chatenoux, H. Dao, A. De Bono, C. Herold, et al. 2012, "Global Trends in Tropical Cyclone Risk", *Nat Clim Change*, 2: 289 – 294; Stott, P. A., N. Christidis, F. E. Otto, Y. Sun, J. Vanderlinden, G. J. van Oldenborgh, R. Vautard, H. von Storch, P. Walton, P. Yiou, and F. W. Zwiers, 2016, "Attribution of Extreme Weather and Climate-related Events", *WIREs Clim Change*, 7: 23 – 41; Walsh, K. J. E., and Coauthors, 2015, "Tropical Cyclones and Climate Change", *Climate Change*, 7, 65 – 89.

表上述机构的观点。

影响英国的洪水的假设值，其开发工作主要以审慎监管局牵头的工作组讨论为基础，促成学界发布了《针对非寿险业的气候物理风险之金融影响的评估框架》，以及由 JBA 风险管理和环境部门（JBA Risk Management and Ambiental）分析并提出且经过与环境机构和 MetOffice 讨论后补充的文献综述。这一探索性尝试中的假设值不代表上述机构的观点。

2. 转型风险

国际能源机构发布的《世界能源展望（2018）》在其能源部分的假设项目中对新政策/当前政策和可持续发展情景给出了解释。

为支持对投资组合的细分，本章以有指示性的欧盟行业分类体系（NACE）和全球行业分类标准（GICS）为示例，说明所涉及的内容（见表4—4）。

为了帮助评估主权信用风险，企业被邀请使用基于公开信息的线性差值法对国家进行评估和排名。例如，使用圣母大学的国家脆弱性排名，在 A 情景下，瑞士会降低 5 个基点，而阿尔巴尼亚则会降低 30 个基点。

在制定转型风险的假设时，与该领域专家进行讨论，并专门审查了相关材料①。

① 2 degrees investing initiative（2016）；Transition Risk Toolbox；CISL（2015）；Unhedgeable risk；CRO Forum（2019）；The Heat is On-insurability and Resilience in a Changing Climate；De Nederlandsche Bank（2018）；An Energy Transition Risk Stress Test for the Financial System of the Netherlands；ESRB（2018）；Adverse Macro-financial Scenario for the 2018 EU-wide Banking Sector Stress test；FED Reserve（2018）；Dodd-Frank Act Stress Test 2018：Supervisory Stress Test Methodology Results；GIZ；UNEP FI；NCFA（2017）Drought Stress Testing——Making Financial Institutions More Resilient toEnvironmental Risks；IRENA（2019）；Renewable Energy Prospects for the European Union；OECD（2015）The Economic Consequences of Climate Change；Ralite，S.，and Thoma，J for the 2O investing initiative（2019）；Storm Ahead：A Proposal for a Climate Stress-test Scenario. Discussion Paper；Standard & Poors（2017）；How Environmental and Climate Risks And Opportunities Factor into Global-Corporate Ratings——An Update；UNEP FI – Acclimatise（2018）；Navigating a New Climate.

表4—4　**行业分类**

行业	根据欧盟行业分类体系（NACE）（%）	根据全球行业分类标准（GICS）
能源	D35 电力生产； D35.11 电力生产，按来源分类：石油、天然气、煤炭和可再生能源（如太阳能、风能、水能、地热能和核能）	55 公用事业，细分为工业水平（电力、燃气、多用途设施、水、独立电力和可再生能源生产商）
	5.1　硬煤开采；5.2 褐煤开采； 6.1　原油的提取；6.2 天然气的提取； 8.92　泥煤的提取； 9.1　石油和天然气开采的支持活动	10 能源； 101020　石油、天然气和不可再生燃料
运输	D34 汽车、拖车和半挂车的制造（由电动汽车的百分比为补充）； D35 制造其他运输设备	2030 运输； 2510 汽车及零部件
	H50.1 海上和沿海客运； H50.2 海上和沿海货物水运； H51.1 航空旅客运输； H51.2 航空货物运输	
材料/金属/采矿	C19　焦炭和精炼石油产品的制造； C20　化学品及化学品制造； C23.51　水泥的制造； C24.1　基础钢铁和铁合金的制造； C24.52　钢的铸造	15 材料； 151010 化学品； 151040 金属和采矿
水、农业和粮食安全	A 农业、林业和渔业； A1.41 饲养奶牛	301010 食品零售
房地产	L 房地产活动	60 房地产

（三）审慎监管局保险压力测试2019表格

审慎监管局的保险业压力测试2019

C1 气候变化

要点
待完成
计算/参考

所有数据均以百万英镑计

公司名称	
集团/单家公司/辛迪加	单家公司
名称	气候变化
说明	在本节中，非寿险人需要回答气候变化将如何影响其面临的自然巨灾风险，而人寿保险人和非寿险人都需要定量回答气候变化如何影响其资产和投资战略

气候变化调查

第1部分：对负债和资产可能的影响程度

物理风险——影响负债

假设你当前拥有的有效风险敞口（总负债）不变，那么对于如下所列特定自然灾害风险，你认为，到2050年（情景B）和2100年（情景C），你的投资组合的年均损失（Annual Average Loss，AAL）和“百年一遇”损失的年发生概率（1 in 100 Annual Exceedance Probability，AEP）将发生什么变化？

		当前		情景 B：2050		情景 C：2100		注：包括得到这些概数涉及的任何问题
		年均损失	“百年一遇”损失的年发生概率	年均损失	“百年一遇”损失的年发生概率	年均损失	“百年一遇”损失的年发生概率	
美国飓风	美国飓风总和（在可能的情况下提供细目）							
	主要飓风发生频率的增长（%）							
	主要飓风风速的均匀增长							
	热带气旋引发的降水增加导致的地表径流增加（%）							
	得克萨斯州和北卡罗来纳州之间的美国大陆海岸线平均海平面升幅（厘米）							
英国与财产有关的损失	英国与财产有关的赔付总额（在可能的情况下提供细目）							
	降水增加导致的地表径流增加（%）							
	海平面平均升幅（厘米）							
	以1990年以来的最坏年份为基准得出的与冻害有关的财产赔付增长							
	以1990年以来的最坏年份为基准得出的与地面沉降有关的财产赔付增长							

转型风险——对资产的影响

假设你当前拥有的有效资产保持不变，请根据如下所列特定资产类别，提供与权益/债券/其他每项资产有关的细目，然后估算影响

	变量	权益	债券	其他	当前		情景A：2022		情景B：2050		注：包括得到这些概数涉及的任何问题
					当前	1%在险价值	总市价（权益+债券+其他）	1%在险价值	总市价（权益+债券+其他）	1%在险价值	
能源	煤炭										
	石油										
	天然气										
	可再生能源										
运输	按（运输）单元计算，包含重大风险敞口的投资组合各部分的变化：										
	非电动汽车										
	电动汽车										
	非汽车（如海上、航空）										
材料/金属/采矿	投资组合中依赖运输/萃取/加工化石燃料或严重依赖化石燃料能源的比重										
水/农业/食品	收入严重依赖运输/贸易/供应基于水/食品/农业的产品的投资组合比重										
房地产	受气候物理风险显著影响的资产的价值变化。分析抵押贷款的估值受价格下跌的影响										

续表

	变量	权益	债券	其他	当前		情景 A：2022		情景 B：2050		注：包括得到这些概数涉及的任何问题
					当前	1%在险价值	总市价（权益+债券+其他）	1%在险价值	总市价（权益+债券+其他）	1%在险价值	
房地产	不受气候物理风险显著影响的资产的价值变化。分析抵押贷款的估值受价格下跌的影响										
投资/利息	因为各国强调其资产负债表需要为适应气候变化战略筹措资金，所以主权债券信用评级下调（由于评级函数考虑了对气候变化的脆弱性，参见附录）										
	总计	0	0	0	0		0		0		

第 2 部分：情景参数和假设（对于前 2 个情景）

以下部分主要针对已开始评估气候变化风险的财务影响的公司。当然，欢迎还未完成评估的公司完成这一部分内容。对于尚未开启评估的公司，只需要填写下文的最后一个表格（表 2D）

若存在既有文档，那么公司可以直接提供这一内容，无须完成第 2 部分（如果是，请提供额外的文件，进行交叉参照）

	情景 1	情景 2
简要的情景说明		
请提供制定此项情景的原因（情景制定背后的商业决策）		
你是否依赖外部专家来帮助制定情景参数和假设？如果是，请问是哪位专家？		

以下部分旨在捕捉你使用的气候情景中的主要假设和参数。此输入模板具有灵活性，它考虑到了公司在评估气候相关风险时可能采取的多种方式。公司可以在以下方框中列出所有假设和参数，此模板可以提供与主要假设和参数相关的参考资料和必要信息

2A. 气候情景假设（请酌情添加额外的假设/参数）		情景 1	情景 2
1.	用到的温室气体排放量预测情景——假定全球温度上升到什么程度才会发生？		
2.	假定这一温度上升发生的时间范围（转型路径）		
3.	国际倡议/政策转变、消费者行为和相关技术创新方面的任何转型		
4.	与未来碳价格相关的假设		
5.			
6.			
7.			
8.			
9.			
10.			

2B. 将此转化为商业影响所需要的参数		情景 1				情景 2			
		对资产估值的影响		对负债的影响		对资产估值的影响		对负债的影响	
		物理	转型	物理	转型	物理	转型	物理	转型
1.	能源								
2.	运输								
3.	材料/金属/采矿								
4.	水（含公用事业）/农业/食品安全								
5.	实物资产								
6.	主权债券								
7.	其他（请明示）								
8.									
9.									
10.									

2C. 如果公司使用其他气候情景，请提供高水平的详情	
1.	
2.	
3.	
4.	
5.	

2D. 如果公司还未开始评估气候变化的财务影响		回答
1.	贵公司未来打算开展哪些气候变化方面的工作？	
2.	请说明贵公司是否会以及打算如何应对气候相关财务信息披露工作组（TFCD）提出的建议？请提供一份详细的合规时间表	
3.	贵公司是否会因气候变化而改变自身投资战略，或是否计划在未来改变自身投资战略？如果是，你是否可以提供详细的时间表？	
4.	贵公司对自身的投资组合在资产端和负债端的气候风险敞口程度有何看法？	
5.	其他评论	

第五章

法国审慎监管局的观点*

第一节 概述

法国保险人如何管理气候变化风险，他们在实施《推动绿色增长的能源转型法》（*Loi sur la transition énergétique pour la croissance verte*，简称《LTE 法》）第 173 条之规定时持有何种立场。

这两个问题对保险业非常重要，原因有二。第一，法国保险人的投资总额达 26280 亿欧元，在能源转型融资方面发挥着重要作用。截至 2017 年年底，保险人已将其 10% 的投资投向了对转型风险非常敏感的行业（主要是电力、天然气等化石能源的生产和消费行业）。保险人在受物理风险影响的地区的投资份额非常有限（如果将荷兰视作风险地区，那么这一份额为 6%，否则便为 1%），这些投资主要集中于欧盟和北美。第二，气候变化风险是非寿险保险人经营活动的核心内容，所以他们在负债端使用已开发多年的风险管理工具来改变定价和再保险保障范围。

为了精确衡量法国保险业取得的进展，法国审慎监管局（Autorité de contrôle prudentiel et de résolution，ACPR）在 2018 年 9 月针对法国保险市

---

* 编译者注：本章来自法国审慎监管局（Autorité de contrôle prudentiel et de résolution，ACPR）于 2019 年 4 月发布《法国保险人面临的气候变化风险》（*French Insurers Facing Climate Change Risk*）。作者为法国审慎监管局研究与风险分析理事会的 Frederic Ahado、Anne-Lise Bontemps-Chanel、Laure Chantrelle 和 Sarah Gandolphe。作者感谢 Camille Lambert-Girault 和 Alice Lemery 做出的贡献。

场参与者开展了一项调查。139 家保险人（占法国保险人投资总额的 80%）做出了回复。本章详细介绍此次调查的主要发现。

尽管各主体对气候变化风险的定义相对一致，但是针对该风险的管理仍有待提升。在保险人已经知晓的风险领域，可以将气候变化风险划分为物理风险、转型风险和责任风险，以便于保险人能够充分利用既有的风险管理工具和程序。尽管如此，气候变化的多面性仍然需要保险人采取新的适应措施。

在资产端，保险人更喜欢根据其投资的商业部门的碳足迹来进行气候变化风险评估；或者，将此类评估视作对这些投资活动的环境、社会和治理（Environment，Social and Governance，ESG）评级的一部分。在负债端，所采用的措施是基于承保人和投保人所在地理区域以及不利情景对这些责任的影响。但是，最难整合到监测工具箱中的仍旧是预测问题，尤其是在投资组合偏差致使温度上升超过 2℃的情况下。

从这个角度看，保险业的两大特点值得一谈。首先，不同于银行或资产经理人，气候变化风险不仅影响资产端，而且还影响保险组织的负债端；极端天气事件的发生频率和代价节节攀升，导致死亡率和热带疾病患病率不断上升；与此相关的风险直接影响保单定价，最终可能使得某些风险丧失可保性，进而影响到公共政策。其次，保险业在气候变化风险管理方面的经验比银行业更先进，这部分归功于保险人开展了严格的压力测试。不过，这些测试的时间跨度通常很短（平均为 5 年），远低于实现转型风险的假设范围（2030—2050 年）。此外，当前的气候变化会让人们对用于校准风险评估模型的历史数据的有效性产生怀疑。

对于专门用于管理气候变化风险的资源，尽管大量员工可以间接参与监测（承保、风险管理、定价等），但是这项工作的专职人员仍然很有限。保险人采取的主要措施是建立气候变化风险的监测指标。除此之外，限制向非绿色行业的投资、提高资产经理人的意识、培训员工、用表决权来影响其作为股东的企业的抉择，是保险人为实现《巴黎气候变化协定》设定的延缓气候变化目标而采取的基础性措施。然而，这些措施主要涉及保险人的资产端；而在负债端，其战略仍旧侧重于制定地理区域政策以及调整定价。最后，随着已开发的气候情景的实施，保险人需要进一步加强气候变化风险管理的前瞻性。

《推动绿色增长的能源转型法》第 173 条规定了保险人的风险管理，以及气候变化方面投资政策的透明度。自 2017 年以来，大部分市场已经发布了必要的报告，但是小型公司的情况却喜忧参半。总之，市场参与者的动员状况差别较大：少数参与者被定位为气候变化风险管理的领导者，但是，许多保险人仍在等候行业标准。因此，许多报告不必非得提供立法者规定的所有资料，或者在关键问题上也采用近似的做法。尽管该法已经实施逾两年，但是，现在还不到明确判断这一不易实施的进程之时。清楚地识别保险人的目标并衡量其年度进展情况仍然很有挑战性。

第二节 关注的问题和资料来源

本节的分析与总结旨在评估法国保险人自《推动绿色增长的能源转型法》生效以来在内部和外部沟通方面采取的措施。法兰西银行应当考虑气候变化相关的风险，在维护金融稳定的同时，促进向平衡且可持续经济的有序转型，这属于其总体战略。气候变化风险是整个金融业日益关注的问题，它改变或放大了保险人熟知的风险——金融风险、自然灾害风险、法律风险、声誉风险等。同时，它也带来了与极端天气事件的发生频率和代价的潜在增长相关的新挑战，这损害了某些风险的可保性和历史数据的可用性。

2015 年 8 月正式通过的《推动绿色增长的能源转型法》确立了法国金融业的气候变化风险监测系统。该法案第 173 条规定，所有的机构投资者均应当公布信息，说明其如何在投资政策中考虑实现 ESG 目标所要求的标准，以及促进能源和生态转型的具体方式（见专栏 5—1）。作为监管任务的一部分，法国审慎监管局负责核实《推动绿色增长的能源转型法》第 173 条的内容是否适用于各家保险人。

专栏5—1　气候变化对法国保险人资产状况的影响

保险人在资产配置上也面临气候变化相关风险的挑战，这类似于银行和资产经理人的情况。他们可以采用类似的方法来分析这种风险。

考虑到化石燃料、电力、天然气、水生产行业（“公用事业”）、能源消费者（“房地产”“能源密集型行业”“交通”）的转型风险，对通过集合资金投资持有的资产实行“穿透法”，最终得出法国保险人投资组合的10%（即26280亿欧元投资总额中的2500亿欧元）将面临转型风险（见图1）。这一金额大致相当于2016年的数据（同比增长0.87%）。但是，考虑到2017年保险人资产的增长，风险敞口的比重都略有下降，无论是对集合资金投资企业应用“穿透法”之前（2016年为7.2%，2017年为6.8%）还是之后（2016年为9.7%，2017年为9.5%）。尽管如此，这些差异不够显著，并不足以仅凭此断定，保险人在能源转型方面的投资战略出现重大变化[①]。

根据标准普尔的定义（2014），保险人对具有中等或较强物理风险的国家的投资会受到限制：该评级机构按照3项标准将各国进行分类：（1）生活在低海拔（低于海拔5米）地区的国民比重；（2）农业占国内生产总值的比重；（3）美国圣母大学编制的一项综合指数——圣母全球适应指数（ND－GAIN），该指数整合了国家对气候变化的风险敞口、敏感度、适应性等指标。

根据标准普尔的评级，法国保险人的资产在大部分情况下仅局限于极少数的脆弱国家。事实上，法国保险人55%的资产位于本国，其余资产的风险敞口主要与发达国家发行的证券有关。此外，一些专家认为，荷兰面临的物理风险并非主要来自海平面以下的国土区域，而是来自内河洪灾，可见，专家们对将荷兰归类为中度脆弱国家有不同意见。

---

①　为了更全面地分析法国保险人面临的转型风险：《法国银行公报》第220号，2018年12月。法国2017年成立的保险人的金融投资中的集合投资工具（Collective Investment Tool，CIV）的比重逐渐增加。参见 https://publications.banque－france.fr/sites/default/files/medias/documents/bdf_220－4_une－part－croissante－des－opc－dans－les－placements－financiers－des－assureurs－etablis－en－france－en－2017.pdf。

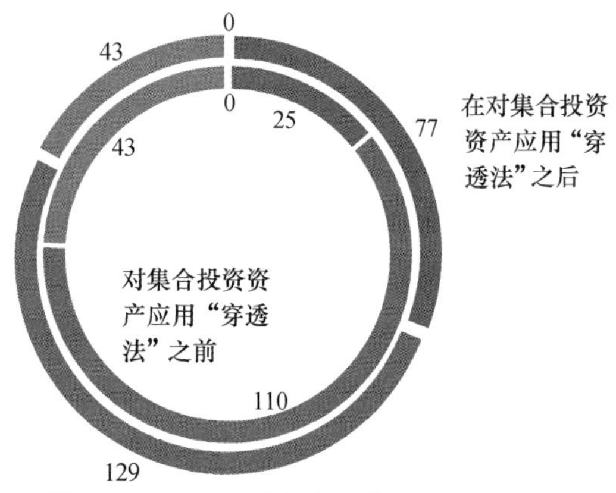

图5—1 法国保险人面临的能源转型风险（单位：10亿欧元、%）

注：脆弱行业的风险敞口（占投资总额的%），在"穿透"前为6.8%，在"穿透"后为9.5%。

资料来源：法国审慎监管局，法兰西银行；"偿付能力Ⅱ"的2017年报。

保险人对中度或重度物理风险国家的投资份额实际上可以忽略不计，此类投资在保险人的投资组合中的占比不足1%（如果标准普尔的中度脆弱性评级包含荷兰的证券，则为6%）。

法国保险人的资产位于法国境内的占比过高，因此，我们计算地理区域风险敞口的占比时剔除了法国境内资产的部分。风险敞口的最大值仅为5%。

在负债端，保险人面临的问题与其他金融企业不同。特别是，非寿险保险人将气候变化纳入他们的财产损失（如个人、职业和农业）、自然灾害、运输、建筑等业务线的风险管理中，以及对环境构成危险或被视作严重污染源的企业提供的责任险中。

保险业也非常关注全球和欧洲在现有风险管理模型中应对气候变化风险的其他举措①。

① 《分析与总结——面临气候变化的法国银行集团》提高了对气候变化问题的意识，从而促进金融稳定。

在全球层面上，金融稳定理事会（与金融业的代表一道）组建的气候相关财务信息披露工作组（Task Force on Climate-related Financial Disclosures，TCFD）在 2017 年 6 月[①]发布了关于气候变化带来的风险和机遇的清晰、可比和一致的信息。特别是，这一举措旨在提升气候变化风险对于投资者的透明度。其目标在于，避免由于骤然性市场调整措施（如宣布转型风险方面雄心勃勃的能源政策）而导致风险溢价的重估。此外，国际保险监督官协会（International Association for Insurance Supervisors，IAIS）和可持续保险论坛于2018 年6 月发布了一篇探讨型论文[②]，综述了他们观察到的实践以及如何把保险核心原则（Insurance Core Principles，ICP）应用于气候变化风险。

在欧洲层面，2018 年 3 月 8 日，欧盟委员会宣布了一项名为“可持续增长的融资”行动计划。该计划提出了 10 项建议，其中第 9 项建议侧重于强化信息披露的规定。这些新规定与 2014/95/欧盟关于披露非财务信息的指令一脉相承，要求包括保险集团在内的大型上市集团发布企业社会责任（Corporate Social Responsibility，CSR）报告。这些报告应当涵盖三大领域——环境、社会和治理（ESG），且不是仅关注气候变化风险。

这些涉及整个金融业的保险举措更具全球性。因此，本章也有助于央行和监管者审慎思考其绿色金融体系网络（见专栏 5—2）。

专栏 5—2　绿色金融体系网络[③]

绿色金融体系网络是法兰西银行于 2017 年 12 月 12 日在巴黎举办的“一个地球”峰会上发起的一项倡议。它旨在推动对整个金融体系的建议以及监管者和央行采取的最佳实践做法。法兰西银行承担此项义务是基于以下两个深刻的原则：气候变化风险是有碍于金融稳定的长期风险，

① https：//www. fsb – tcfd. org/publications/final – recommendations – report/.

② https：//www. iaisweb. org/page/supervisory – material/issues – papers/file/76026/sif – iais – issues – paper – on – climate – changes – risk.

③ https：//www. banque – france. fr/node/50628、https：//www. banque – france. fr/node/50628.

因此，绿色金融体系网络的工作能更好理解这些风险对金融业的影响，进而开发出识别和预防工具；向低碳经济转型是一项挑战，需要调动大规模资本，也是一项对避免“漂绿”（greenwashing）风险的重要挑战。

为了支持那些有负责任的公共能源政策的国家，该网络致力于加强全球对《巴黎气候变化协定》各项目标的反应。因此，促进绿色融资有序健康的发展是各国央行和监管者面临的一项主要挑战。

各机构基于自愿和主动的原则交流经验，分享最佳实践，为金融业的气候和环境风险管理做出贡献，并且调动必要的财政资源，以支持向可持续经济的大规模转型。

绿色金融体系网络任命了荷兰中央银行执行董事会成员 Frank Elderson 为主席。法兰西银行围绕以下 3 个轴心搭建绿色金融体系网络秘书处及其工作组的组织结构：微观审慎监管（由来自中国人民银行的 Ma Jun 主持）；宏观金融情景和影响（由来自英格兰银行的 Sarah Breeden 主持）；中央银行在转型融资过程中的作用（由来自德意志银行的 Joachim Wuermeling 主持）。

绿色金融体系网络的首份报告将于 2019 年 4 月 17 日在巴黎举办的一个国际会议上发布。这份报告将概述该组织一整年的工作情况，并强调在绿色金融体系方面需要推广的最佳实践。

本研究用到的数据主要源自以下两个方面的保险人报表。第一，法国审慎监管局在 2018 年 8 月底至 10 月中旬对法国所有保险人开展的一项调查：44 家集团和 23 家母公司（包含 139 个实体）回复了监管局的在线问卷调查（参见本章附录）。这一样本合计拥有 20.9 亿欧元的资产和 17.58 亿欧元的技术准备金，分别占法国保险人投资总额的 80% 和技术准备金总额的 83%。在参与主体中，非寿险机构占 53%，寿险和综合经营机构占 44%。5 家回复的再保险人所占的份额很小，仅为 4%。还应当注意的是，受《保险法》管理的保险人占大多数（占样本的 79%），而受《相互法》管理的保险人占 12%，受《社会保障法》管理的保险人占 9%。第二，保险人根据《推动绿色增长的能源转型法》第 173 条发布的信息对2017年和2018年市场上的17家[①]主要保险集团发布的报告进行了更广泛的分析。

第三节　气候变化风险：法国保险人已明确识别的风险

一　气候变化风险的共识性定义

法国保险人面临的一项现实挑战是，将气候变化风险纳入考虑范围，因为该风险会影响或放大传统风险的潜在因素。大多数法国保险人似乎已经评估过这一风险的大小。此项调查中有55%的受访者宣称已经建立了针对气候变化风险的内部定义；60%的受访者宣称已经建立了针对全部或部分资产和/或债务的风险分析程序；上述两类机构中有43%同时进行了这两项工作。但是，仍有不到1/3的主体（28%）报告说，他们未曾建立针对气候变化风险的定义，也没有建立与之相关的具体流程。人们主要从应对自然灾害的角度关注这些风险（见图5—2）。

此外，法国业界对气候变化风险的定义已经接近达成共识。例如，几乎所有对这些风险建立了内部定义的保险人均引用了英格兰银行行长Mark Carney于2015年9月在劳合社发表的演讲中阐明的三大类风险[②]（见专栏5—3和图5—3）：93%的受访者引用了物理风险，79%的受访者引用了转型风险，51%的受访者引用了责任风险。业界认为，这些结果与保险人关于物理风险的经营活动有关，而少有提及责任风险的原因可能是一些受访者将其列入了转型风险。

---

① 安盛保险、法国国家人寿保险公司、法国农业信贷银行、法国巴黎保险集团、法国兴业保险股份有限公司、法国忠利保险、法国安联控股保险公司、法国Covea保险公司、法国国民互助信贷银行、法国英杰华保险公司、法国SGAM Ag2r La Mondiale保险公司、安盟保险公司、法国外贸银行保险公司、法国MACIF保险、法国Scor SE再保险公司、法国健康相互保险公司和法国中央再保险公司。

② Carney，2016，"Breaking the Tragedy of the Horizon——Climate Change and Financial Stability"（打破地平线的悲剧：气候变化与金融稳定），在劳合社的演讲。

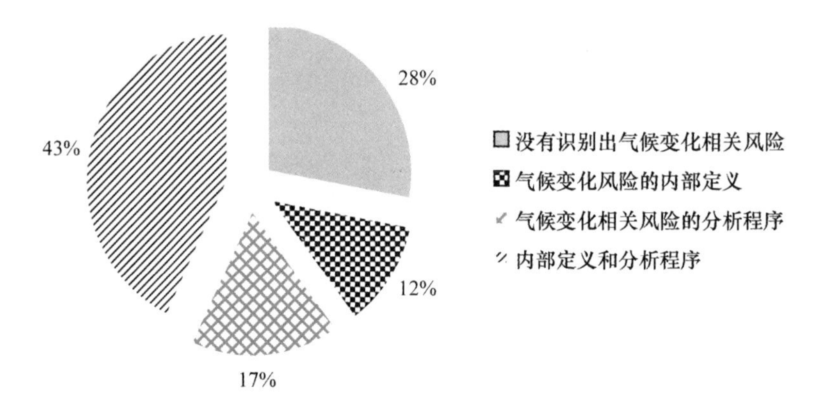

图5—2 识别气候变化风险

资料来源：法国审慎监管局。

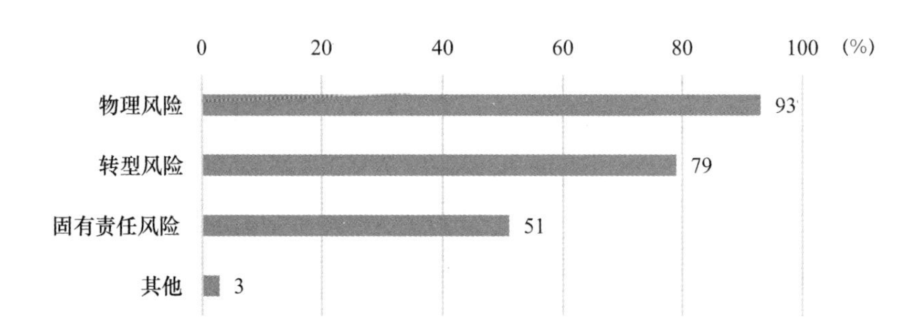

图5—3 识别气候变化风险

资料来源：法国审慎监管局。

专栏5—3 气候变化风险的定义[①]

对于保险业面临的气候变化风险，已经在多个维度上达成了共识。这一风险很可能影响到保险人的资产端或负债端。

第一，物理风险。由天气及气候现象直接造成的破坏，例如，由受此气候事件影响的主体发行且由保险人持有投资的价值受损；保险人处理赔付的频率和成本增加。

---

① Carney, 2016, "Breaking the Tragedy of the Horizon——Climate Change and Financial Stability"（打破地平线的悲剧：气候变化与金融稳定），在劳合社的演讲。

第二，转型风险。特别是预期不足或突然发生的向低碳经济的转型调整。例如，此类风险涉及：由于监管发展而导致的资产贬值，将惩罚甚至禁止温室气体排放过于密集的某些经济活动；终止对温室气体排放多的经营活动的承保所造成的保险合同损失。

第三，固有责任风险。（法律和声誉风险）涉及由气候变化而遭受损失的企业所提出清算请求所产生的财务影响，例如，投资于高污染或温室气体排放量高的工业和经济活动的发展；职业保险、民事责任和基础设施建设。

二　对气候变化风险的监测仍有待强化

监测保险人面临的气候变化风险需要开发专门的技能和公司的全面参与。

1. 通过具体的管理制度进行人事调动

有36%的保险人报告称，没有专职员工来负责气候变化风险管理，但是，也有11%的保险人表示，他们会投入10个全职岗位来监测这项风险（见图5—4）。无论是寿险保险人、综合保险人还是非寿险保险人，被指派管理气候变化风险的员工数目与企业规模无关。

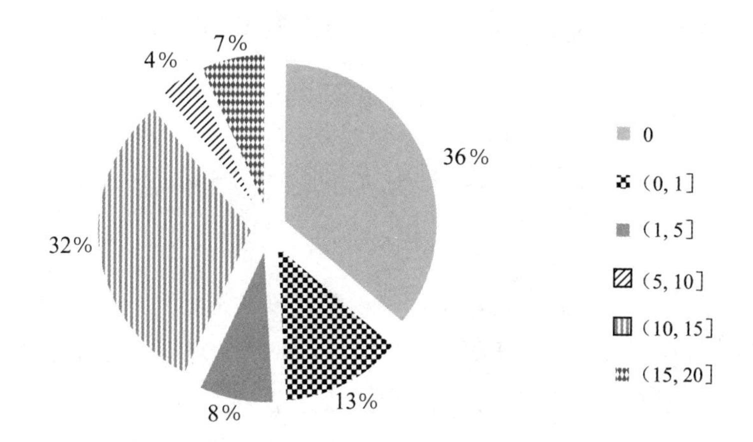

图5—4　从事气候变化风险管理工作的员工

资料来源：法国审慎监管局。

除专门负责监测气候变化风险的工作人员之外，许多其他团队（承保、风险管理、定价等）也会参与这一监测工作，但是并不会对其产生直接影响。因此，此类监控涉及特定的内部组织和不同的行业（特别是那些负责资产管理和承保活动的行业）。保险人已设立了专门从事气候变化风险分析的内部工作组，以便向相关工作组传达信息并推进各理事机构的决策。

2. 开发中的风险管理工具

近一半的保险人报告称，他们已经开发了提升对气候变化风险认识的工具，并将此类工具有效地纳入风险管理框架（见图 5—5）。具体来说，60% 的保险人发布了监测这些风险敞口的内部报告，45% 的保险人建立了内部风险衡量模型，42% 的保险人在风险和偿付能力自评估[①]（ORSA）报告中评估了这些风险。

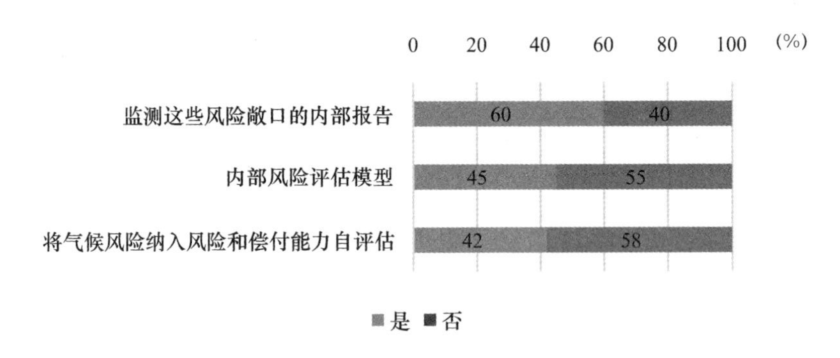

图 5—5 气候变化风险的管理措施

资料来源：法国审慎监管局。

对于建立内部气候变化风险评估模型，以及把针对这些风险的情景整合到风险和偿付能力自评估（ORSA）模型中，（寿险或非寿险的）承保活动似乎不是一个决定性因素。但是，这些情景仍然与自然灾害的极端事件有关，资产端的转型风险被以不太系统性的方式纳入风险和偿付

① 风险和偿付能力自评估（Own Risk and Solvency Assessment，ORSA）是由实体（或集团）开展的内部风险和偿付能力评估流程。

能力自评估（ORSA）。

三　衡量资产端和负债端的气候变化风险

1. 资产端的风险衡量

第一，深入了解资产组合的碳足迹。保险人有必要衡量其资产组合的碳足迹，这是分析气候变化风险时需要考虑的一个主要因素。衡量碳足迹有助于确定碳排放量最大的公司和行业。事实上，94%的受访者表示他们知道自己全部或部分资产组合（在企业维度、主权维度、法国各地区维度等）的碳足迹。而那些不了解自己资产组合碳足迹的主体主要是一些规模较小的非寿险公司（总资产不足3.5亿欧元）。

第二，投资风险识别和评估在行业层面最为常见。总的来说，超过80%的保险人报告称，他们能够识别和衡量自己在资产端的气候变化风险敞口。评估这一风险敞口的主要标准是根据证券发行者所在的“行业”，而“地理区域”被提及的次数仅占一半（见图5—6）。

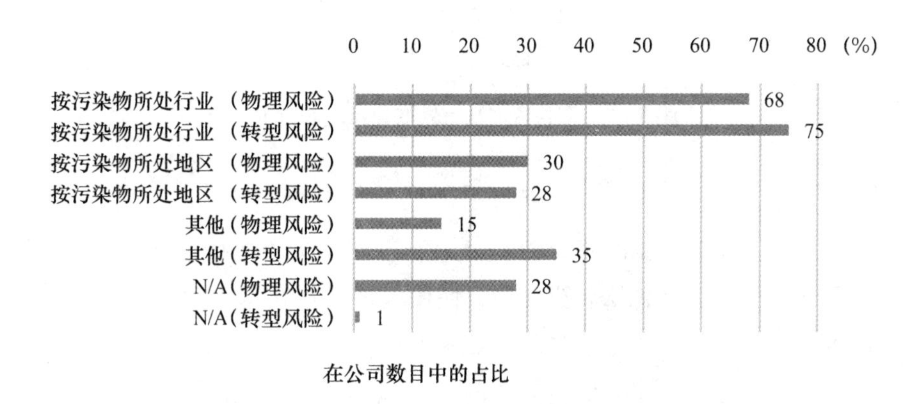

图5—6　资产的气候变化风险的细粒度

资料来源：法国审慎监管局。

第三，衡量这些气候变化风险重要性的主要工具包括ESG评级、分析识别、资产碳强度评估等。

尽管这些评级包含了气候变化相关风险以外的其他风险，但是，从资产占比角度看（见图5—7），在最常见的工具中：97%的保险人使用ESG评级，85%的保险人通过分析和识别来确认最容易受到气候变化风险影响的部门或地理区域，81%的保险人则通过评估投资组合的碳强度，即与营业额或企业价值相比的资产碳足迹。一些主体的报告修正了资产配置效应的碳强度值，其方法为，将股票投资组合中的碳排放量除以同期所有投资活动的碳排放量。因此，最常用的工具是以碳消耗量的历史数据为基础，而法国保险人很少采用前瞻性分析，所以较少的主体（在资产总额中占比不到50%）会采用工具将其资产组合与“2℃情景”匹配。

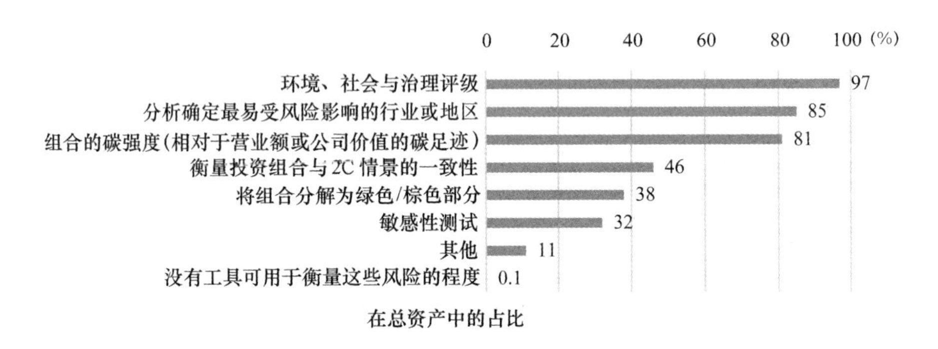

图5—7 衡量资产端气候变化风险程度的工具

资料来源：法国审慎监管局。

第四，在缺乏欧洲层面的“分类法”的情况下，将投资组合分解为绿色/棕色[①]部分的做法较少使用：使用这种工具（基于“内部分类法”）的主体在样本中的占比略超30%。

第五，接受调查的保险人还制定了气候变化情景的具体指标，或购买评估投资组合物理风险的模型。尽管这些工具应当能够确定未来的情景，但是，目前它们主要是基于历史数据，无法进行前瞻性分析。

为评估气候变化风险的重要性，大多数保险人使用2—5种指标，而

① 鉴于每家保险人均使用自己独有的可能更宽泛的定义，所以调查问卷明确了可以被视作棕色的资产类别。

大型保险公司一般会采用更多工具。那些报告称没有具体工具可以用于衡量其资产组合的气候变化风险的机构大多是小型非寿险公司。

2. 负债端的风险衡量

（1）衡量负债端的气候变化风险直接决定于非寿险保险人的核心业务

所有从受气候变化风险影响的业务类别①中获得保费收入的保险人都会对其负债组合的气候变化风险进行测量和评估。为了实现这一点，他们报告了除碳足迹之外的识别和测量气候变化风险的方法。除非另行说明，否则，本部分剩余内容所列数字均只包含这些公司的回复，从技术准备金上看，他们几乎代表了样本中所有的非寿险保险人。

将近83%的保险人报告称，他们主要通过投保企业和个人所处的地理区域来识别并衡量负债端的气候变化风险。几乎所有主体（98%）都使用这一方法（见图5—8）。非寿险保险人已经在使用地理位置信息来评估其承担的保险责任。因此，他们可以依靠现有经验来分析自己面临的物理风险。此外，尽管2/3的保险人依靠不同标准来识别和测量其负债面临的气候变化风险，但是，地理位置仍然被视作绝大部分（90%）受气候变化风险影响的负债的主要评估标准。最后，保险人还会报告其他风险指标，比如每份合同的投保金额、房地产的建造年份等。

此类负债有9成与气候变化相关。占技术准备金41%的承保责任在地理区域上的细粒度非常高，一般能达到城镇级（或更小的区域）的层面。

（2）气候情景是衡量负债端气候变化风险严重性的首选工具

绝大多数保险人（合计占气候变化风险责任的92%）基于气候情景来衡量负债端风险的大小。气候情景基于能源转型过程，模拟了未来5年到10年的气候变化。针对最易受风险影响行业的分析和识别的做法并不常用；受访者报告称，他们在受气候变化风险影响的行业中的占比不到50%（见图5—9）。

① 受气候变化风险影响的4个业务类别为财产损失、自然灾害、交通和建筑。

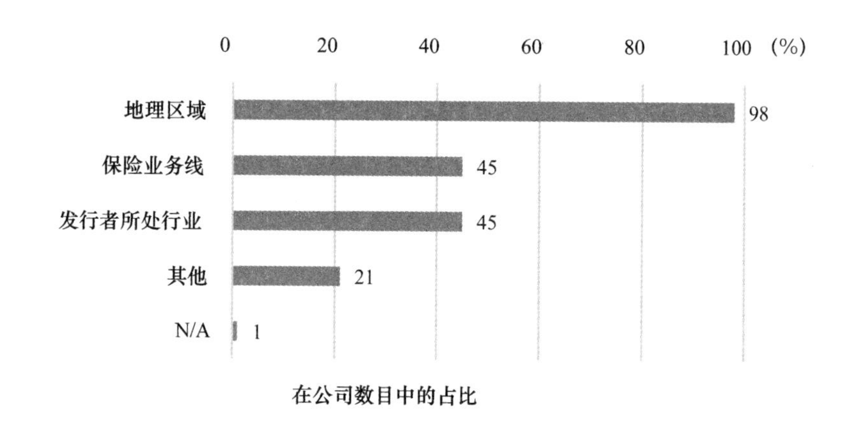

图 5—8 衡量负债端的气候变化风险的细粒度

资料来源：法国审慎监管局。

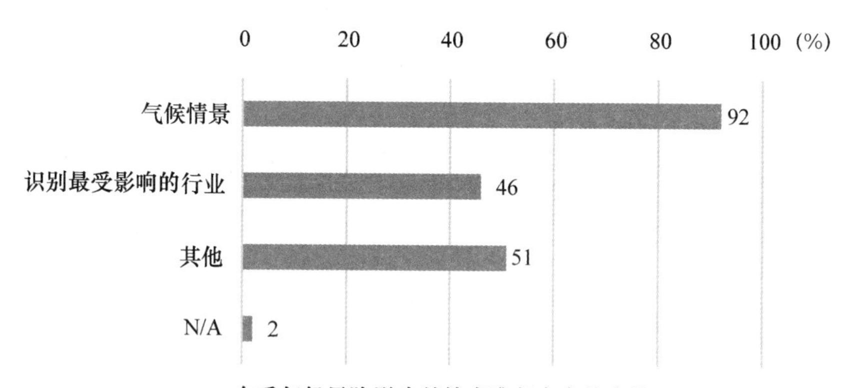

图 5—9 衡量资产端气候变化风险严重性的工具

资料来源：法国审慎监管局。

四 为缓解气候变化风险所采取的措施

（1）在资产端采取的措施：限制对非绿色行业的投资，同时提高资产经理人的意识

识别出风险后，保险人应当有能力限制它。在投资方面，保险人优先考虑根据自身分类标准，制定具体的监测措施（占样本总资产的 80%）

和旨在限制保险人对非绿色行业的投资的行业政策（占样本总资产的63%）。其中，许多保险人（占样本总资产40%—50%）还提到，在投资和运营团队中建立关于气候问题的认知政策，以及鼓励公司参与能源转型、减少碳足迹、投资绿色领域的具体政策。

投资组合“脱碳”是较少被提及（30%）的目标，气候衍生品对冲策略亦是如此（见图5—10）。法国保险人和再保险人持有的衍生品的名义价值为5.44亿欧元，仅占法国保险人总的名义价值[①]的0.1%。

在尚未采取措施来限制资产端已查明的气候变化风险的主体中，2/3的主体有意在今后两年内采取此类措施，其中大部分主体将从制定具体的风险监测措施开始。

（2）在负债端采取的措施：地理区域政策、价格调整和高风险保单更新

为了减轻气候变化对负债的影响，受访的保险人采用了一套不限于资产端的措施。在此风险（自然灾害和损失）中，合计占50%以上负债的主体提到了制定地理区域政策和价格调整。

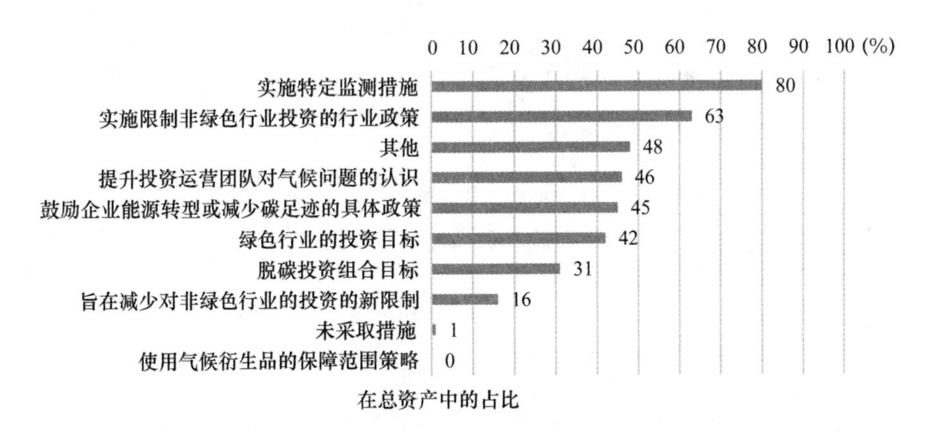

图5—10　为控制已确定的资产端风险所采取的措施

资料来源：法国审慎监管局。

① “Solvency Ⅱ”的数据。

“对客户或风险行业的续保”和“专项监测”措施被合计承担50%负债的保险人采用，而“优化分出给再保险人的风险”被合计承担50%负债的保险人采用（见图5—11）。尽管一些保险人的声明经常在新闻界引发反响，但是，包含排除政策的行业标准却鲜有出台。最后，与保单持有人进行上游接触，以鼓励保险人整合气候约束的措施虽然较少被采用，但是，预计未来将被占超过50%的责任的保险人采用。从通过对冲过高死亡率（考虑所有非正常死亡的原因，如流行病或热浪）风险来实施气候变化风险的方法，到开发产品以提高业界对气候变化风险的认识，保险人采取了种类繁多的措施。

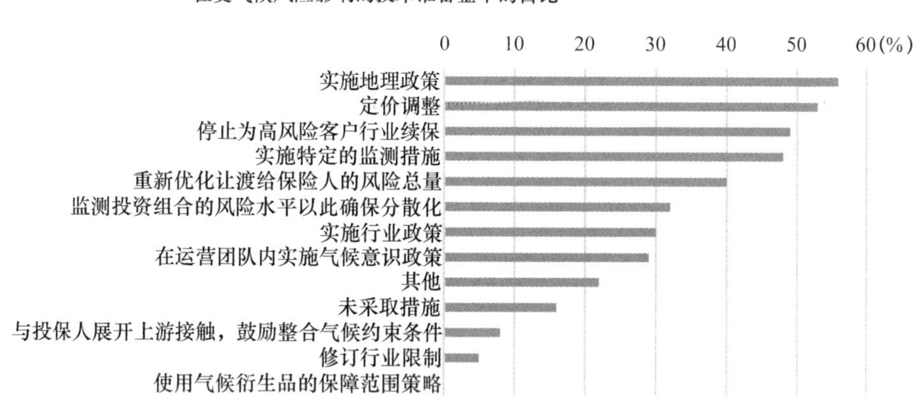

图5—11 为已确定的负债端风险所采取的措施

注：报告的是在受气候变化风险影响的技术准备金中的占比。

资料来源：法国审慎监管局。

请注意，法国境内（2016年的塞纳河洪水、2003年的热浪、1999年的风暴等）和境外（特别是2005年“卡特里娜”飓风）的极端恶劣天气事件似乎推动了保险人开发特定工具。例如，此类事件发生后，业界修改了评估气候变化风险的方法，使得保险人承担了70%的气候相关风险。此外，能够准确计算出这些事件成本的保险人合计承担了80%的气候相关负债。

未在负债端采取具体措施来控制气候变化风险的保险人主要是公积

金机构。他们大多认为，自己在近期内不会发生什么变化，所以无须采取此类措施。其他的参与者设想的第 1 步是监测投资组合的风险水平以确保其分散化，然后重新优化分出给再保险人的风险总量。

五　逐步整合前瞻性气候变化风险分析

1. 集团在开发气候变化风险评估工具方面更具优势

多数主体（占样本资产总额的 85%）报告称，其拥有内部报告机制来监测其面临的气候变化风险，其中半数主体（占样本资产总额的 51%）已开发出了一套内部模型来衡量这些风险（无论是否得到监管者的检验），或者在风险和偿付能力自评估（ORSA）报告中加入了气候变化风险的评估内容。正如所预期的，对于受自然灾害影响的经营主体，风险和偿付能力自评估（ORSA）的气候情景方面的风险水平和保险人报告的风险水平要高于其他主体。

但是，这些工具大部分是在保险集团中实施的。其中少数保险人报告称，他们利用内部报告将内部模型和气候变化风险评估纳入风险和偿付能力自评估（ORSA）。此外，采用内部报告机制似乎并非在风险和偿付能力自评估（ORSA）中实施专用模型或压力测试的先决条件。尤其是，受访者注意到了在此方面所采用的渐进办法。他们报告称，在将所开发的方法和工具拓展至其他资产类别或业务线之前，他们首先聚焦那些特别易受气候变化风险影响的资产或负债上。此外，他们还反复提到了进行跨行业分析的必要性。最后，《推动绿色增长的能源转型法》第 173 条有时被重视，是因为它会促使主体进行反思。

2. 为应对气候变化风险必须改进压力测试情景

在评估气候变化风险的时间段（2030 年、2050 年或更远以后）以及气候变化情景时，受访者开展压力测试的时间范围大多在 10 年以下（占比约为 85%），其中超过半数在 5 年以下（见图 5—12）。专栏 5—4 介绍了关于开发评估气候变化风险的压力测试情景的调查结果。

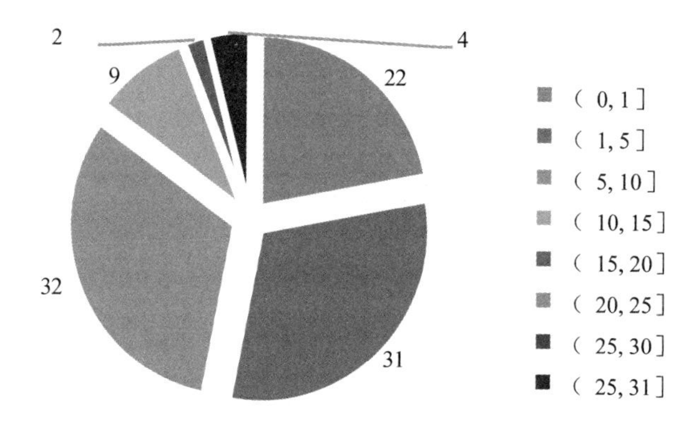

图 5—12 模拟气候变化风险情景的预测时间范围（单位：%）

注：按预测时间范围（按年计）划分的保险人的数目。

资料来源：法国审慎监管局。

专栏 5—4 如何开发一个评估气候变化风险的压力测试情景

“你认为，与你的团队最相关的压力测试情景是什么?”针对这一问题，绝大部分受访者关注了气候风险对负债端的影响，他们合计的技术准备金几乎占所有受访者的 90%。对于投资端，这一比例要低得多，强调这些压力测试重要性的保险人只占样本资产的一半以上（见图 5—13）。

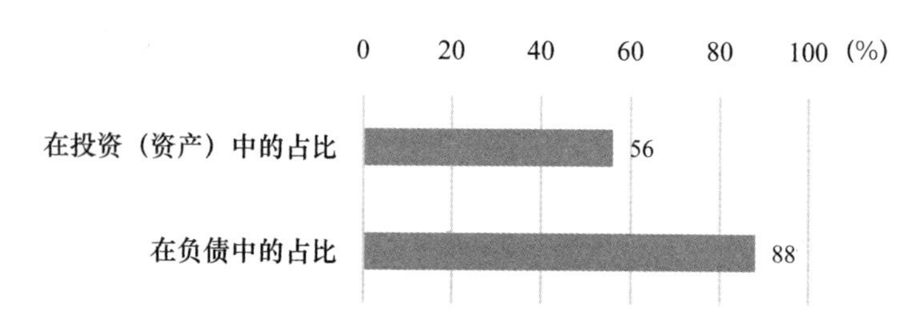

图 5—13 认为最具相关性的压力情景

资料来源：法国审慎监管局。

此外，对于在资产端可能出现的情景，各集团认为不同风险类型受到的影响存在差异。他们认为，对气候变化风险最敏感的是承保和持有股票或公司债券，而房地产风险也经常被提及。保险人较少提到主权资产风险，尤其是涉及交易对手的风险时（见图5—14）。

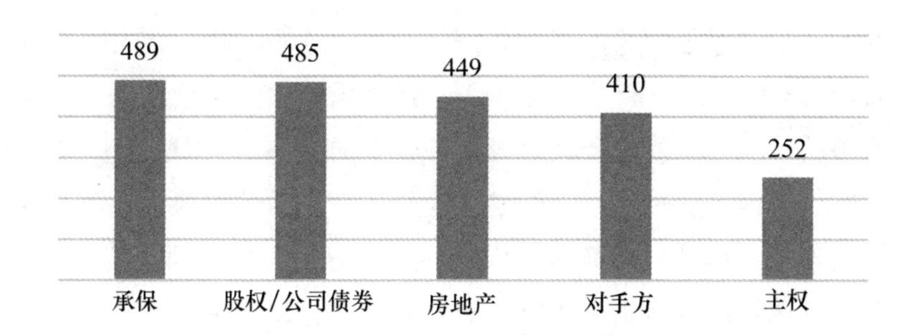

图5—14　不同风险对气候变化冲击的敏感度

注：各保险人的各项风险的总分排列（最不敏感为1分，最敏感为5分）。

资料来源：法国审慎监管局。

第四节　气候变化风险和透明度

一　《推动绿色增长的能源转型法》第173条

《推动绿色增长的能源转型法》第173条内容已经被纳入了《货币和金融法典》（第533—16—1条），它说明了保险人要披露的详细内容。虽然它主要适用于金融投资，但是信息披露义务却不仅限于此，还延伸到了风险管理中。

所有保险人均要提供下列涉及其投资政策及风险管理的信息：说明在投资政策中考虑ESG标准以及适当考虑风险管理的一般性方法；说明保险人考虑ESG标准的具体方式；参考可能需要遵循的规章/守则/倡议，或取得ESG准则的认可标签；ESG标准的识别风险以及对这些风险的敞口制定程序所进行的一般性描述。

资产负债表规模在5亿欧元以上的机构或集团，应当根据要考虑的标准的性质（分为转型风险和物理风险），分析这些标准的信息、使用方法和分析结果，并将分析结果纳入投资政策中，从而加强信息披露。

最后，该法案规定，信息应当发布在机构的网站上，并逐年更新。

根据《法国货币和金融守则》第 L. 612—1 条的监管权力，法国审慎监管局应当核查被监管的公司是否符合《推动绿色增长的能源转型法》第 173 条的规定。这一审查包括：遵守法国保险人的报告义务；已发布报告的内容是否达到法律规定的充分程度。

根据《推动绿色增长的能源转型法》第 173 条的规定，发布报告机构的资产总额占行业资产总额的 94%。没有发布报告的机构主要是可用工具有限的小型主体，或金融投资业务较少的主体，他们主要是非寿险业务。特别值得注意的是：受“偿付能力 Ⅰ”监管的保险人、由《相互法》第 2 册规范的相互保险人以及由《保险法》规范的非寿险保险人。未发布信息披露报告多是出于以下原因：首先，缺乏手段，尤其是相互保险人，其中一些公司没有网站；其次，保险人可能对法国法律存在误解；最后，欧洲的上市公司发布 ESG 报告的义务可能与《推动绿色增长的能源转型法》第 173 条规定的义务融合。

此外，即便这些信息确实已经发布，但是业界通常难以在网上找到这些报告——这是大公司和小公司之间存在的显著差异。

二 《推动绿色增长的能源转型法案》第 173 条的适用性因主体而异

立法者有意避免在《推动绿色增长的能源转型法》第 173 条的实施法令中做出严格规定，以便在一个复杂且不确定的新领域培育创新举措和行业方法。有 17 家法国保险集团[①]联合发布了报告（这些集团的投资总额占全行业的 88%），首次较为正式地定量分析了最重要的市场参与者的实践情况。

首先，样本中所有集团均已发布了 2017 年年报。在形式方面，76% 的样本发布了源于《推动绿色增长的能源转型法》第 173 条规定

① 安盛保险、法国国家人寿保险公司、法国农业信贷银行、法国巴黎保险集团、法国兴业保险股份有限公司、法国忠利保险、法国安联控股保险公司、法国 Covea 保险公司、法国国民互助信贷银行、法国英杰华保险公司、法国 SGAM Ag2r La Mondiale 保险公司、安盟保险公司、法国外贸银行保险公司、法国工商业互助保险公司、法国 Scor SE 再保险公司、法国健康相互保险公司和法国中央再保险公司。

的特定报告。其他的保险人在企业社会责任报告、年度报告或参考文件等业已存在的报告中进行了披露。因为大部分此类主体都在专用网络页面和公共报告中发布了信息，所以信息披露义务得到了较好的履行（见图 5—15）。

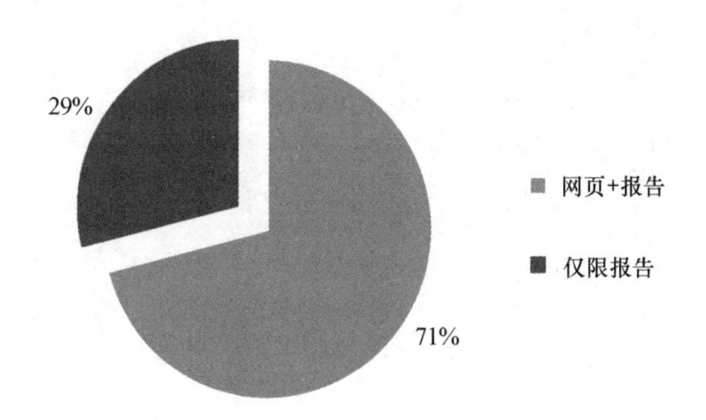

图 5—15 《推动绿色增长的能源转型法案》第 173 条的报告的发布形式

资料来源：法国审慎监管局。

其次，所有集团均说明了他们将 ESG 标准考虑在内的一般性方法。制定的战略涉及对规章或守则的遵守，或在实现 ESG 目标的标准上获得认可标签——规章和标签并不互相排斥。例如，这些报告引证或描述了选定的规章和标签：大多数样本群体提到了他们拥有的建筑环境高质量认证（High Environmental Quality，HQE）和/或建筑研究院环境评估认证（Building Research Establishment Environmental Assessment，BREEAM）以及对联合国负责任投资原则（UN Principles for Responsible Investment，UNPRI）的遵守。

相比之下，作为资产负债规模超过 5 亿欧元的主体，集团被要求提供投资政策方面的信息，以详细说明其在投资中如何考虑 ESG 标准。提供资料的详细程度因集团而异，但是仍旧需要执行《推动绿色增长的能源转型法》第 173 条法令（《货币和金融法》第 D. 533—16—1 节的规定）。

事实上，半数受访者只回答了气候变化风险是否与物理风险或转型风险相对应。与之类似，对于自身措施对延缓全球变暖和实现能源和生态转型的国际目标所做出的贡献，2/3 的受访者表示欣慰，但是也有受访者推迟设定“在 2050 年时将升温幅度控制在 2℃以内”的目标。

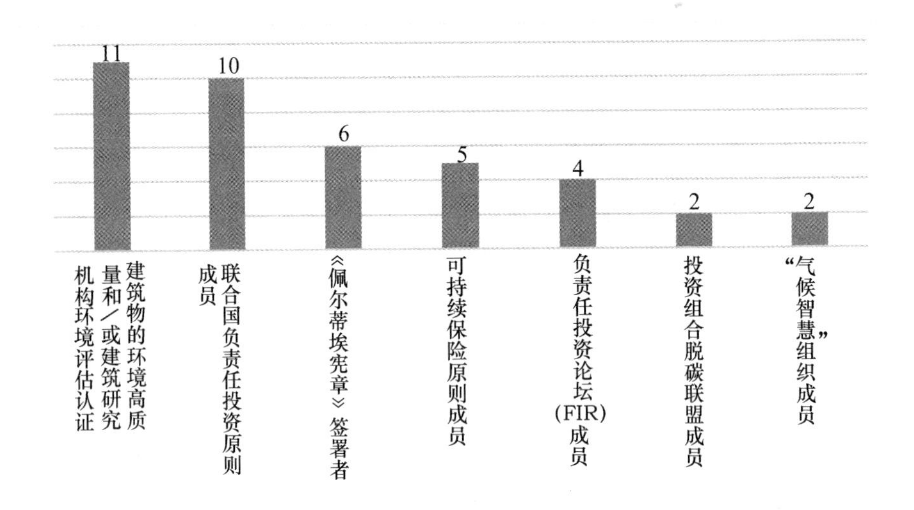

图 5—16 集团在其 ESG 报告中引用的规章或标签

注：一共有 17 家企业。

资料来源：法国审慎监管局。

最后，这些报告应当详细说明所用方法的总体特征、设置的主要假设、对选定方法和范围的相关性解释。尤其是，这些报告预计将涉及所有如下问题：气候变化和天气事件的影响；根据本组织确定的气候和生态目标，在自然资源的供应、价格、开发等方面取得的进展；投资组合涉及的排放者在当前或未来的、直接或间接的温室气体排放措施；对促进能源和生态转型的专项基金未偿还投资额的测算；评估主体面临的所有气候变化风险因素，及其为限制气候变化和实现能源和生态转型的国际目标所做的贡献。报告应当把重点置于某些部分上，但是，并非所有的部分均能够以系统化方式解决。如上所述，这些过程和方法可能非常复杂，需要数年时间来贯彻实施。但是，这些报告可以更精确地反映各集团为实现绿色增长的能源转型目标进行的内部开发工作。

三 聚焦集团投资政策的报告

虽然《货币和金融法》第 D. 533—16—1 条规定，所有被监管的机构均需提交资料，说明“公司在投资政策中考虑 ESG 标准的一般性方法，并酌情考虑风险管理”，但是，受访者回复的信息主要是关于资产配置决策。几乎所有集团都实施了一项主要基于环境标准的政策，对不符合 ESG 标准的公司不予投资或撤资。少数集团列举了所使用的“同类最佳”方法，将公司的企业责任视作主要的遴选标准，从非财务角度来选择评级最高的公司进行投资。

样本中的大部分集团均提供了常规信息，用以分析排放者对 ESG 目标的满意情况。衡量资产的碳强度的指标是投资或撤资决策中最常用的信息。其他信息来源包括内部财务分析、外部信用评级机构、公共机构（经济合作与发展组织、联合国等）。

同样，几乎所有集团都将绿色债券投资政策纳入了自己的资产配置决策中。然而，鲜有关于如何在风险管理中考虑 ESG 标准的信息发布。在治理方面，一些集团报告称，他们用股东权力引导其投资公司做出更负责任的选择，并成立了致力于社会责任投资的团队。最后，仅有几个集团提供了关于“告知保险人的内容、发生频率、方法等信息……在投资政策中考虑的 ESG 目标的标准，以及酌情考虑的风险管理”。

四 未来几年将会改善的报告

在报告起草阶段观察到的实践也因集团而异：有些保险人选择将这项任务外包给专业的咨询公司，而另一些集团则倾向于在集团或子公司层面上培养内部人才。无论选择何种战略，受审查的半数报告在考虑范围、分析涉及资产的精确清单甚至子公司清单上都有不准确之处。

与之类似，各集团也没有以明确且系统化的方式说明其所设定的目标；截止时间也未必能反映集团实现目标要花费的时间。一部分报告列出了实施措施，但是有些措施没有关联到集团的整体政策。总之，2017 年发布的报告和 2018 年发布的报告在内容上大同小异。这些集团普遍没有说明其长期目标的实施情况，或实现这些目标的年度进展情况。

除保险集团就其气候变化风险管理政策做出沟通之外，许多观察员亦就已发布的报告做出了评论，其中最重要的是很多非政府组织。这些信息沟通有助于提高保险人风险管理的透明度，也提升了公众对保险人风险管理活动中的 ESG 准则的认知。尽管监管机构对透明度的要求已经执行了两年，但效果有限，还需要更多的努力。

第五节 促进法国保险人更好地考虑气候变化风险

阅读《推动绿色增长的能源转型法》第 173 条规定下发布的报告，可以发现业界存在的一些有待改善之处，从而促进保险人更好地考虑和管理气候变化风险。

第一，保险机构需要更精确定义其气候变化风险管理战略。这需要适当地定义风险，并将其纳入自身的总体战略。因为与环境有关的部分需要根据气候变化引发的问题做具体规定，所以仅仅制定 ESG 政策不足以证明实施气候变化风险管理政策的合理性。保险机构还应当明确这一风险的发生对其资产和负债的潜在影响。因为资产也可能受到物理风险的影响——物理风险不局限于自然灾害对非寿险保险人的影响，所以保险机构考虑范围不应当局限于所持有资产的转型风险。与之类似，如何将气候变化风险充分纳入资产管理需要进一步说明。最后，同样重要的是，保险人描述的策略很少超出原则声明。制定目标——无论是精确数字，还是国家低碳战略，或是《巴黎气候变化协定》所述目标——将提高措施的可理解性，并增强其有效性。

第二，为了应对气候变化风险，各机构需要就一系列问题调整其治理体系。首先要明确并规范治理主体（尤其是高级管理层）在监测气候变化风险方面的作用和责任。尤其是，要明确规定风险管理、投资管理、企业社会责任管理等职能之间的职责分工。同样，治理规则应当确立监测目标进展以及目标修订的可能的具体方法和流程。最后，即使将部分分析工作外包给服务供应商，保险机构也需要制定并全面整合用于评估气候变化风险的指标。让资产评级方法易于理解，从而服务决策。但是，保险应当监测评级方法，将服务供应商的工作成果准确纳入保险人的整体风险管理流程和资产负债匹配之中。

第三，期待保险人使用指标来刻画气候变化风险，并且开发出真正的前瞻性分析方法。尽管碳足迹是评估资产或负债的风险的一个重要指标，但是，这一指标仍然很原始，所以很难用于评估资产组合对气候变化风险的敞口。与之同理，在负债端，受气候变化风险影响最大的非寿险保险人也无法将赔付率的变动作为单一指标。基于分类法来精确定义"绿色"资产，有助于评估保险人的资产和负债的情况。然而，保险人在开发适用于其投资组合的前瞻性分析方法时，不可避免地要使用情景。例如，此类情景可能依赖于不同的假设：温度上升（至1.5℃、2℃甚至4℃）、公共气候政策上的突破（通过引入具有法定约束力的监管标准）、技术创新（碳捕获）、消费者行为变化等。

第四，立法者呼吁保险人在整合气候变化风险时提高透明度。通过依照《推动绿色增长的能源转型法》第173条的规定发布报告，各保险机构需要在开发专业技术与技术推广之间做出适当平衡，以便确保消费者和投资者更好地理解保险人的战略。他们还需要避免公告对这些措施的影响（尽管这些措施十分受欢迎，但影响有限），并且优先考虑真正具有重大影响的长期目标、实现这些目标的手段以及目标设定后取得的进展。

附录　2019年9月发放给法国保险人的调查问卷

一　识别报告主体

二　识别气候变化风险

1. 贵机构已经进行了（从选项中选择）：

（a）气候变化风险的内部定义：是/否？

（b）适用于整个机构或其局部（资产和/或负债）的气候变化风险的分析程序（环境、社会和治理）：是/否？

2. 贵机构自身的定义中是否对不同类型的风险进行了区分（如果是，

请打√，然后将其单独纳入分析之中)？（从选项中选择）

（a）物理风险：定义为直接暴露于气候变化而遭受的物理后果。实例：与干旱或热浪有关的风险、暴露于海岸线或洪泛地区的风险、与风暴有关的风险、与环境破坏责任有关的风险等。

（b）转型风险：定义为向低碳经济转型中出现的风险。实例：生产商受出口部门的不利商品价格变动的影响，受能源市场演变的影响：尤其是因为能源价格上涨、环境标准加强、不合规、技术风险、与特定经济活动筹资有关的声誉风险等导致的宏观经济、行业或交易对手风险。

（c）责任风险：定义为全球变暖方面的潜在损害投诉、外部（客户）或内部（股东）压力、投资行业名声变坏、品牌形象受损等相关的风险。

（d）其他有待详细说明的风险。

三　测量资产端的风险

3A. 贵机构是否能够识别并测量自己在资产端的风险敞口？

（a）是的，可以测量所有资产端风险

（b）是的，可以测量部分资产端风险

（c）不能

3B. 贵机构针对物理风险分析的细粒度如何？（从选项中选择）

（a）发行者所在的行业层面

（b）地理区域层面

（c）其他有待详细说明的

3C. 贵机构针对转型风险分析的细粒度如何？

（a）发行者所在的行业层面

（b）地理区域层面

（c）其他有待详细说明的

4. 贵机构根据哪些标准来确定易受此类风险影响的敞口？

4A. 为物理风险选定的标准（从选项中选择）。

（a）发行者所在的行业层面

（b）地理区域层面

（c）其他有待详细说明的

4B. 为转型风险选定的标准（从选项中选择）。

（a）发行者所在的行业层面

（b）地理区域层面

（c）其他有待详细说明的

5. 具体而言，贵机构是否知道资产组合（公司层面、主权层面以及法国各地区层面）的碳足迹?

（a）是的，知道所有投资组合的碳足迹

（b）是的，知道部分投资组合的碳足迹

（c）不知道

6. 贵机构从哪里获得用于测量这些风险的（外部或内部）信息?

7. 贵机构使用什么工具来测量这些风险的重要性? 如果已用到，请打√（从选项中选择）。

（a）投资组合的碳强度，如营业额或商业价值的碳足迹

（b）敏感度测试

（c）分析和确定受影响最大的行业或地理区域

（d）采用 ESG 评级

（e）将投资组合分解为绿色/棕色部分——棕色部分对应于化石能源的风险敞口，尤其是对动力煤的风险敞口

（f）使用2℃情景来测量投资组合的一致性

（g）其他有待详细说明的

8A. 在未与我们进行沟通的情况下，贵机构是否能够列出投资的前10个内部（子）业务领域［根据欧盟行业分类体系（NACE）］?

（a）是的，在最具体的水平上（NACE 代码 X. 00. 0. 0）

（b）是的，在总体水平上

（c）不能

8B. 对于这些（子）业务领域，贵机构是否能够详细说明与其相关的风险、它们的重要性以及需要考虑的时间范围?

（a）是的，在最具体的水平上（NACE 代码 X. 00. 0. 0）

（b）是的，在总体水平上

（c）不能

四 测量负债端的风险

9A. 贵机构是否能够识别并测量自己负债端的风险敞口？

（a）是的，可以测量出整体风险敞口

（b）是的，可以测量出部分风险敞口

（c）不能

9B. 如果“是”，那么测量能在哪个细粒度级别上进行？请打√（可多选）。

（a）在保险业务线层面

（b）在行业层面（针对职业责任险的保单持有人）

（c）在地理区域层面

（d）其他有待详细说明的

10. 贵机构从哪里（外部或内部）获得了用于测量这些风险的信息？

11. 测量这些风险敞口的主要标准是什么？

（a）保险业务线

（b）业务区域（针对职业责任险的保单持有人）

（c）在地理区域层面

（d）其他有待详细说明的

12. 贵机构使用什么工具来测量这些风险的重要性？如果已用到，请打√（从选项中选择）。

（a）气候情景

（b）分析和确定受影响最大的部门。

（c）其他有待详细说明的

13. 贵机构是否知道自己承保对象的碳足迹？

（a）是的，整个承保责任组合的碳足迹

（b）是的，部分承保责任组合的碳足迹

（c）不知道

14A. 在未与我们取得沟通的情况下，贵机构是否能够列出贵机构承保的前10个（子）业务领域［根据欧盟行业分类体系（NACE）］？

（a）是的，在最具体的水平上（NACE 代码 X. 00. 0. 0）

（b）是的，在总体水平上

（c）不知道

14B. 对于这些（子）业务，贵机构是否能够详细说明与其相关的风险、它们的重要性以及需要考虑的时间范围？

（a）是的，在最具体的水平上（NACE 代码 X. 00. 0. 0）

（b）是的，在总体水平上

（c）不知道

15. 贵机构在哪个地理细粒度级别上测量自己的物理风险？

（a）大洲　（b）国家　（c）地区

（d）部门　（e）城市　（f）若更精细，请详述

16A. 贵机构是否对自己的保险投资组合进行过压力测试？

（a）是　（b）否

16B. 如果是，测试的期限是：

（a）50 年　（b）100 年

（c）200 年　（d）其他有待详细说明的期限

五　应对已识别的气候变化风险

17. 请在如下建议中勾选贵机构已采取的用于控制资产端已识别风险的措施（几种可能的应对措施）。

（a）实施行业政策，以限制对非绿色领域的投资

（b）修订行业限制，以限制对非绿色领域的投资

（c）实施专门的监测措施

（d）在投资运营团队中实施提升对气候问题认识的政策

（e）对绿色领域的投资目标

（f）投资组合的脱碳目标

（g）引起企业参与能源转型或减少碳足迹的具体参与政策

（h）气候衍生品对冲策略

（i）其他有待详细说明的风险

18. 请在如下建议中勾选出贵机构计划用于控制资产端已识别风险的措施（几种可能的应对措施）。

（a）实施行业政策，以限制针对非绿色领域的投资

（b）修订行业限制，以减少针对非绿色领域的投资

（c）实施特定的监测措施

（d）在投资运营团队中实施提升对气候问题认识的政策

（e）对绿色领域的投资目标

（f）投资组合的脱碳目标

（g）引起企业参与能源转型或减少碳足迹的具体参与政策

（h）气候衍生品对冲策略

（i）其他有待详细说明的风险

19. 请在如下建议中勾选出贵机构采取的，用于控制资产端已识别风险的措施（几种可能的应对措施）。

（a）实施行业政策

（b）实施地区政策

（c）停止为高风险客户/行业续保

（d）修订行业限制条件

（e）实施特定的监测措施

（f）定价调整

（g）与保单持有人进行上游接触，鼓励其整合气候压力

（h）在业务团队中实施气候问题认识的政策

（i）监测投资组合的风险水平，以确保分散化的应对措施

（j）重新优化分出给再保险人的风险总量

20. 请在如下建议中勾选出贵机构采取的，用于控制负债端已识别风险的措施（几种可能的应对措施）。

（a）实施行业政策

（b）实施地区政策

（c）停止为高风险客户/行业续保

（d）修订行业限制条件

（e）实施特定的监测措施

（f）定价调整

（g）与保单持有人进行上游接触，鼓励其整合气候压力

（h）在业务团队中实施气候问题认识的政策

（i）监测投资组合的风险水平，以确保分散化的应对措施

（j）重新优化分出给再保险人的风险总量

（k）气候衍生品对冲策略

（l）其他有待详细说明的

21. 如果未与我们进行沟通，那么，贵机构是否能够准确计算出在法国境内（如2016年的塞纳河洪水、2003年的热浪、1999年的暴雨）以及（如适用）法国境外（如2005年的“卡特里娜”飓风，具体取决于贵机构的位置）遭受重大灾害事件的风险成本？

（a）是　（b）否

22A. 在这些事件发生后，贵机构是否审查过自己评估这些风险的方法？

（a）是的，已完成审查　（b）是的，正在审查　（c）否

22B. 如果是，请详述。

六　监测气候变化风险

23A. 贵机构是否已经确定了负责监测这些风险的人员？

（a）是　（b）否

23B. 如果是，确定了多少名员工来监测这些风险（以全时约当数计）？

24. 详述他们所在的部门。详细说明负责监测这些风险的团队的干预范围，以及他们如何与企业社会责任/可持续发展部门的人员保持沟通。

25. 贵机构是否制定了内部报告机制，以监测自身面临的这些风险敞口？

（a）是　（b）否

26A. 贵机构的内部风险衡量模型中是否考虑了气候变化方面的挑战（无论是否得到了监管者验证）？

（a）是　（b）否

26B. 在适用情况下，如何将其考虑在内，这种考虑的细粒度如何？

27. 贵机构在风险管理框架中采取了哪些措施来提升对这些风险的

认识？

28A. 贵机构的风险和偿付能力自评估（ORSA）报告是否包括针对气候变化风险的评估？

（a）是　（b）否

28B. 如果包括，与风险的相关水平：

（a）低　（b）中　（c）较高　（d）非常高

28C. 如果不包括，那么将该风险从估值中去除的原因是什么？

七　应用压力测试

29. 贵机构认为，与自己所在集团最相关的压力测试情景是什么？（从选项中选择）

（a）关于贵机构的资产

（b）关于贵机构的负责

（c）其他有待详细说明的风险

30. 如果贵机构要对气候变化风险进行敏感度研究，那么需要什么样的经济或金融数据？（从选项中选择）

（a）高温室气体排放行业的证券价格（如化石能源价格）的变化

（b）温度上升程度

（c）公共政策内容（如碳税、二氧化碳排放监管、税收等）

（d）其他有待详细说明的

31. 根据对气候变化冲击的敏感度（“1”表示最不敏感，“5”表示最敏感），对如下风险进行排序：

（a）交易对手　（b）股票或公司债券

（c）主权　（d）房地产　（e）承保

32. 除上述罗列的风险之外，还应当考虑哪些风险？

33. 针对气候变化风险潜在的内部压力测试［如风险和偿付能力自评估（ORSA）］，贵机构的预测时间范围（以年为单位）是多长？

第六章

联合国环境规划署的观点*

第一节　概述

保险业正通过承保和投资两方面的战略行动来应对可持续发展的挑战，包括通过联合国支持的可持续保险原则。各大保险公司在设计承保范围和承保策略、将资金再配置到绿色资产以及将环境、社会和治理（Environment, Social and Governance，ESG）因素纳入资产配置和管理活动时都考虑了环境因素。然而，这种方法并不普遍：签约遵守“可持续保险原则”的保险公司的保费收入之和仅占全球保费收入总额的20%。

政策制定者意识到，金融体系的整体改革有助于有效调动私人资本，应对可持续发展的挑战。归功于国际社会——如金融稳定理事会气候相关财务信息披露工作组（Financial Stability Board's Task Force on Climate-related Financial Disclosures，FSB TCFD）和G20绿色金融研究工作组

---

* 编译者注：本章来自联合国环境规划署（United Nations Environment Programme）于2017年8月发布和拥有产权的报告《“可持续保险”——监管的新议程》（*Sustainable Insurance the Emerging Agenda for Supervisors and Regulators*）的一部分。本章的作者为Jeremy Mc Daniels（来自联合国环境调查项目，The UN Environment Inquiry）、Nick Robins（来自联合国环境调查项目，The UN Environment Inquiry）、Butch Bacani（来自“可持续保险原则”项目，Principles for Sustainable Insurance）。作者感谢2016年12月在美国旧金山举办的可持续保险论坛的所有参与者和2017年7月在英国伦敦温莎举办的可持续保险论坛年中会议的所有参与者。本章使用的名称和资料的表示方式并不代表联合国环境规划署对任何国家、领土、城市或地区或其当局的法律地位，或对其边疆或边界的划定及与之相关的任何观点的意见。此外，本章所表达的意见不代表联合国环境规划署的决定或既定政策，引用的商品名称或商业流程也不表示对其的认可。

（Green Finance Study Group，GFSG）近来的工作，全球可持续金融政策和监管取得了显著进展。

越来越多的保险监管者开始将可持续性纳入到监管决策。过去两年，监管者在处理可持续发展问题上已经出现了明显转变。越来越多的监管者正根据其核心任务（审慎）采取措施着手解决可持续性问题，并将这些措施应用于新的环境威胁。（1）澳大利亚：2017 年，澳大利亚金融监管者把气候问题作为一种审慎风险制定了新的议程，计划与企业进行合作并建设内部能力。（2）巴西：2016 年，巴西保险监管者与企业开展合作，增强自身对环境问题的管理和战略认知，从而完善监管。（3）中国：2016 年，中国的《关于构建绿色金融体系的指导意见》提出，大力推进环境责任保险制度的建设。（4）法国：作为 2015 年能源转型计划的一部分，法国要求机构投资者（包括保险公司）向政府报告 ESG 风险以及气候校准的影响。（5）摩洛哥：根据《联合国气候变化框架公约》缔约方会议（COP22）上发布的国家可持续金融路线图，摩洛哥保险监管者正致力于为其市场构建可持续保险战略。（6）荷兰：继 2016 年能源转型风险评估之后，荷兰中央银行正在评估和研究保险人面临的气候变化风险，并将气候因素纳入压力测试。（7）英国：2015 年，英格兰央行调研了气候变化对英国保险业的影响，目前正在银行业推进一项气候和绿色金融战略。（8）全美保险监督官协会：2009 年首次引入了气候风险调查，并将气候因素纳入监测工具包。

这些新兴主题的一个共同经验是提出了一个“五步”行动框架。第一，初始评估：管理者通常从评估可持续性问题的重要性及其对核心任务、目标和战略的影响开始。第二，深化风险分析：管理者可以探索如何更好地评估环境因素，并将其纳入企业层面的日常监督和系统层面的压力测试。第三，改进信息：监管者可以通过自愿指导、调查和强制执行，向企业收集信息并加以推广，强化信息披露要求，提高对消费者的透明度。第四，市场转型：监管者可以通过优化产品框架和改善伙伴关系来支持新的保险市场，并通过树立认识、推进绿色金融市场和检查监管障碍的方式来改善投资实践。第五，建立系统性联系：监管者可以探索保险和其他金融行业的联系、实体经济的政策框架以及更广泛的可持续金融议程。

可持续保险论坛的目标是，增进保险监管者的了解，积极应对保险业可持续发展的挑战。在联合国环境规划署的号召下，可持续保险论坛为知识共享、政策对话、国际交流和确定最佳实践方案提供了一个全球性平台。该论坛在2017年制定了一项“6轨”工作方案，重点关注信息公开度、可及性和可负担性、可持续保险路线图、气候变化风险应对投资、减灾和韧性、能力建设等。

可持续保险论的长期愿景是，将可持续性因素纳入对保险公司的有效监管中。2017—2020年，可持续保险论坛有望采用提升监管者的意识、拓展网络、巩固伙伴关系、支持计划实施等方式来实现这一目标。

第二节　可持续保险：监管者的应对

可持续性因素在保险监管中日益重要。在过去两年中，监管者对可持续性问题的处理方式发生了明显转变，越来越多的当局基于其核心的审慎任务采取行动，并将其范围扩大到对新兴的环境威胁的应对中。

从加强金融部门披露气候风险和评估系统性风险的政策，到污染、保险可及性和自然灾害抵御能力等方面的行动不一而足。以下案例是按国家或地区的音序排列的。这些案例并不能详尽或完全代表全球已经采取的行动。

一　澳大利亚：将气候视为审慎风险

澳大利亚审慎监管局（Australian Prudential Regulation Authority, APRA）是金融服务业（包括保险业）的监管者。2017年2月，执行董事会成员 Geoff Summerhayes 就气候问题向澳大利亚保险委员会发表了演讲，为审慎监管局考虑是否将气候视为审慎风险提出了一个新议题[①]。澳大利亚国内外的3个重要进展促使审慎监管局采取行动应对气

① http：//www. apra. gov. au/Speeches/Pages/Australias – new – horizon. aspx.

候变化风险：《巴黎气候变化协定》确定了限制全球变暖的具有约束力的全球性承诺；气候相关财务信息披露工作组的建议；澳大利亚发布了具有影响力的法律意见，设定了公司董事在气候变化影响问题上应尽的法律义务①。

审慎监管局表示，它正计划与被监管主体进行接触，以了解气候变化的物理风险和转型风险如何影响企业面临的投资、操作、声誉、责任等风险，以及除保险业之外的被监管主体之间在气候变化风险上可能存在的差异。展望未来，审慎监管局的策略是，提供明确的监管预期并鼓励被监管主体改进，避免过早采取监管行动。审慎监管局还表示，将在组织和系统韧性的压力测试中考虑气候变化风险，并就气候变化风险问题开展更广泛的对话。

> 虽然气候变化风险已经被广泛认可，但是它通常被视为未来的问题或非金融问题……现在情况已经不同了。一些气候变化风险在本质上明显是“金融”风险。这些风险中有许多是可以预见的、实质性的、现在就可以采取行动的。气候变化风险还可能对整个系统产生影响，审慎监管局和国内外其他监管者正密切关注这一问题。
>
> Geoff Summerhayes，澳大利亚审慎监管局

二 巴西：确认针对环境挑战的市场行为

在巴西，作为保险业监管者的商业保险监管局（Superintendência de Seguros Privados，SUSEP）一直致力于将可持续保险原则中有待解决的问题引入保险业，以鼓励风险管理和创新——包括成为可持续保险原则的支持机构。2016 年 11 月，商业保险监管局对被监管主体开展了一项调查，对于有关可持续发展问题的市场实践的数据和信息，得到了巴西 172 家保险公司中 75% 的回复。

总体而言，通过调查发现，尽管 80% 的巴西保险公司认为环境问题

---

① http：//cpd. org. au/wp－content/uploads/2016/10/Legal－Opinion－on－Climate－Change－and－Directors－Duties. pdf.

对其整体商业战略至关重要，但是很少有保险公司在承保、风险管理或投资决策中实施考虑和减轻气候变化影响的政策或机制。虽然保险公司在产品设计方面比较积极，一些领先的保险公司会提供保险产品支持低碳活动，实施与环境有关的企业整体的或承保上的政策，但是在将 ESG 风险纳入承保过程和投资领域上取得的进展仍然较少。

商业保险监管局表示，其打算与保险公司和巴西保险市场协会接洽，鼓励他们在这些优先事项上采取更多行动。展望未来，商业保险监管局表示，可能会开发与可持续保险优先事项相关的指引，目的是：通过丰富报告来改善信息披露；鼓励企业开发支持低碳活动的产品；鼓励绿色投资；推动将环境风险纳入承保范围；提高保单持有人、中介和商业合作伙伴等对可持续性问题的认识。

三 中国：绿色金融体系指引的环境责任

中国一直在寻求通过金融体系来应对可持续性挑战以弥补环境法规执行方面的漏洞——包括对环境污染责任保险的强制性要求。2013 年，中国启动了一项试点计划，要求高污染行业的企业投保责任保险，以确保他们能够为自身造成的环境损害提供赔偿。最近，中国将保险纳入绿色金融体系的建设工作中，包括 2016 年 9 月 G20 峰会期间发布的《关于构建绿色金融体系的指导意见》[①]。其对绿色保险做出了一系列具体规定，包括：政府推进环境责任保险的监管和法律框架的构建，并应对实施过程中的挑战；政府鼓励保险公司发展巨灾风险、环境技术和设备、低碳产品的质量和安全责任保险等绿色保险产品服务；政府与保险公司合作，在防灾工作中发挥更积极的作用。

四 法国：《能源转移法》第 173 条

2015 年 8 月通过的《法国能源转型法》（*French Energy Transition Law*）或许是在气候变化的风险和机遇方面对金融机构提出的最雄心勃勃的一套报告要求。该法第 173 条要求，机构投资者（包括保险公司在

① http：//www. unep. org/newscentre/default. aspx？DocumentID = 27084&ArticleID = 36254.

内的800多家主体）披露关于气候变化后果的风险管理信息，并在投资政策中考虑其环境足迹。随后，2015年12月发布的一项监管法令（2015—1850）明确了这项措施，该法令修订了保险公司信息披露的内容和方式。

第一，对于总资产少于5亿欧元的较小实体（集团或单独实体），信息披露要求包括：全面描述其与ESG问题相关的投资政策；对个人投资者/认购人就本投资政策提供的信息工作实践的说明；关于能否自愿遵守与这些问题有关的具体行为守则的资料；对这些问题的内部风险识别和管理过程的描述。

第二，除上述要求之外，总资产超过5亿欧元的大型实体被要求提供明确的应用标准、信息计算（财务和非财务信息、内部或外部分析等）、应用方法、假设和结果，以及这些结果是如何影响投资政策的具体描述。该机构应当特别说明，其投资政策如何受到分析结果的影响，以及它将如何有助于实现限制全球变暖的整体目标。

法国政府在如何满足这一新的报告要求方面给予了投资者相当大的自由，并认为这种灵活性对于激励投资者采取全面的风险思维方法以实现高级别转型目标至关重要①。2016年10月，全球性保险人安盛集团在法国环境部举办的“最佳投资者气候信息披露大赛”上获得了最高奖项。

五 摩洛哥：保险作为国家可持续金融组成部分的路线图

在2016年11月举办的缔约方第22次会议上，摩洛哥发布了一份推动摩洛哥金融业促进可持续发展的国家路线图②。该路线图是与中央银行和监管当局（包括保险与社会保障监管局）合作制定的，为摩洛哥的金融中心制定了围绕“五轴”的战略构想：将基于风险的治理方式扩展到社会和环境风险；开发可持续的金融工具和产品；促进将金融

---

① https://www-axa-com.cdn.axa-contento-118412.eu/www-axa-com%2Fcb46e9f7-8b1d-4418-a8a7-a68fba088db8_axa_investor_climate_report.pdf.

② http://www.bkam.ma/en/content/view/full/401601.

普惠作为可持续发展的驱动因素；提升在可持续金融领域的能力；信息披露（透明度和市场纪律）。

该路线图明确表示，作为融资来源和投资者，保险公司和其他利益相关者在为可持续发展项目提供可持续或“绿色”融资工具和产品方面能够发挥重要作用。该路线图还设定了保险和其他部门的若干拟议目标，包括：系统评估融资和投资决策对可持续性的影响；将可持续性因素纳入风险管理和评估系统；评估碳风险对投资组合的潜在影响；加大对绿色资产的配置，预计5年期的目标为60亿马克；为气候变化等环境风险制定新的保险解决方案。

保险与社会保障监管局目前正在设计一种战略方法，将系统级路线图应用于保险业（见本章第三节第二小节）。

六　荷兰：评估能源转型的影响

荷兰中央银行（De Nederlandsche Bank）应荷兰议会的要求，于2014年首次审查了气候变化相关的金融风险。2016年，它完成了对能源转型的宏观经济影响的深入评估——荷兰中央银行认为，这是“经济长期面临的最大挑战之一”。在这项研究中，荷兰中央银行根据对各自市场上占主导地位的3家主要银行、5家保险公司和3家养老基金的调查数据进行了初步研究。从资产、权益、负债等角度来看（见图6—1），收集这些数据使得荷兰中央银行能够量化保险公司对高碳型行业的资本敞口。

荷兰中央银行在报告中主张制定长期政策，以确保及时和可控的转型，强调提升气候风险透明度（需要采取明确和广泛适用的标准）的重要性。制定详细的碳足迹报告和能源转型计划将有助于金融机构考虑气候变化风险，并有助于为这些风险确定一个符合实际的价格。

目前，荷兰中央银行正在推进一项新研究，该研究关注物理和转型相关的气候风险对金融机构和监管者的影响，包括一份关于金融业气候变化风险的报告。转型风险包括向金融机构的风险敞口提出数据调用，并辅之以一项定性调查，以了解机构关注哪些风险以及如何管理这些风险。因为荷兰中央银行的系统中只有部分数据，所以这种数据调用是必

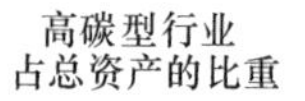

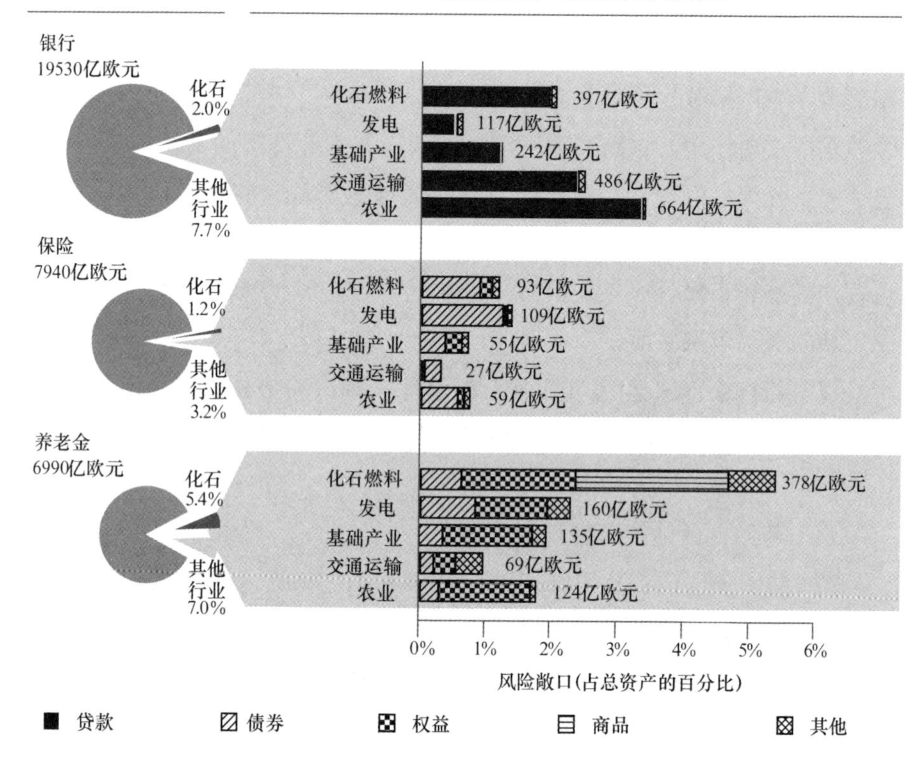

图6—1 荷兰中央银行的分析

资料来源：De Nederlandsche Bank, 2016, DNBulletin：Time for Transition：Towards a Carbon – neutral Economy, http：//www. dnb. nl/en/news/news – and – archive/dnbulletin –2016/dnb338533. jsp。

要的。报告还将审查物理风险的两个方面：气候变化对保险公司负债的影响；气候变化对金融机构资产的影响，尤其要关注荷兰的洪水风险。这项研究是基于对6家最大的保险公司（覆盖大部分市场）的调查所收集的量化数据、受气候相关因素影响的预期损失份额和再保险费用的问题，以及与各利益相关者访谈中记录的非量化信息。主要调查结果将在2017年夏季整理分析，并将发布一份报告。

此外，荷兰中央银行还对非寿险业进行了气候因素的压力测试，更具体地说，有两种风暴情景和一种极端天气情景。荷兰中央银行决定将这一压力测试作为一项单独的行动，以确定在过去几年一直处于某种竞争压力之下的非寿险业的韧性。压力测试是一项“自下而上”的工作，因此，荷兰中央银行设定的情景被发送给参与机构填写。此外，荷兰中央银行目前正在对荷兰经济和金融部门的气候变化风险进行建模和压力测试。

> 荷兰中央银行认为，我们能够并且应当为可持续发展做出贡献。这是由我们的法律授予的。我们的使命是，通过维护金融稳定为荷兰的可持续繁荣做出贡献[①]。
>
> Klaas Knot，荷兰中央银行行长

七　英国：审查气候变化对保险业的影响

2014 年，审慎监管局开始审查气候变化对维护保险业安全及稳定任务的影响。应环境、食品和农村事务部（DEFRA）的邀请，审慎监管局基于《气候变化法案 2008 年》编写了一份气候变化适应报告[②]。审慎监管局根据其促进保险业安全及稳定以及适当保护保单持有人的法定目标，研究了气候变化对保险业的影响。审慎监管局的气候变化风险框架参见专栏 6—1。

专栏 6—1　审慎监管局的气候变化风险框架

审慎监管局认为，气候变化主要是通过以下风险因素影响保险业的：第一，物理风险，包括极端天气事件和自然灾害的直接效应，以及自然资本退化或贸易中断等间接效应，可能对保险市场和整个行业的业务模式构成挑战。第二，转型风险，主要是影响市场的破坏性经济和政策变化带来的金融风险。在投资方面，这些风险可能直接或间接地影响高碳型证券，导致资本市场波动，而承保业务则可能受到部分行业保费收入下降的轻微影响。第三，责任风险，包括通过第三方责任保险（如个人

---

① Klaas Knot 的演讲，荷兰中央银行的可持续金融讲座，2015 年 11 月 27 日，http: //www. dnb. nl/binaries/KK_tcm46 –334439. pdf? 2015120218。

② 参见本书第一章。

责任险或公司董事及高管人员险）转移给保险公司的气候变化损害成本。气候变化可能导致或显著加剧低概率风险转化为保险人的重大和不可预见的责任，如石棉损失。

> 保险公司在管理当前的物理风险方面是具备条件的。展望未来，日益增加的物理风险可能给保险的业务模式带来重大挑战，而本报告确定的气候变化带来的各种风险将是重要的考虑因素。
>
> 审慎监管局

根据气候变化适应报告，审慎监管局已经开始评估如何以最佳方式将气候变化风险因素纳入其现有的框架和方法中。在企业层面，这包括将气候因素纳入现有的业务模式分析框架中，以便监管者参与并审查公司提交的风险和偿付能力自评估（ORSA）报告，以评估气候变化因素是否被适当的识别和评估。审慎监管局在其考察中表示，作为保险（而非银行或资本市场）的监管者，其更关注长期性问题，这不仅让“气候变化等挑战更加突出”，也为英格兰银行考察系统性环境风险的影响提供了一个自然的起点[①]。英格兰银行发布了一份后续研究报告，评估气候变化如何影响中央银行实现其货币和金融稳定目标的能力[②]，包括评估保险公司及其他金融机构（如银行）的投保损失和未投保损失之间的联系（见图6—2）。

最近，英格兰银行在2017年6月发布的季报中阐述了一项关于气候变化和绿色金融的机构层面的战略[③]。

八 美国：全美保险监督官协会：气候变化风险信息披露调查

在美国，全美保险监督官协会于2009年推出了全球首个针对保险业的气候变化风险信息披露调查。这一努力来自一个由华盛顿州、内布拉

① 参见本书第一章。

② http：//www. bankofengland. co. uk/research/Documents/workingpapers/2016/swp603. pdf.

③ http：//www. bankofengland. co. uk/publications/Pages/quarterlybulletin/2017/q2/a2. aspx.

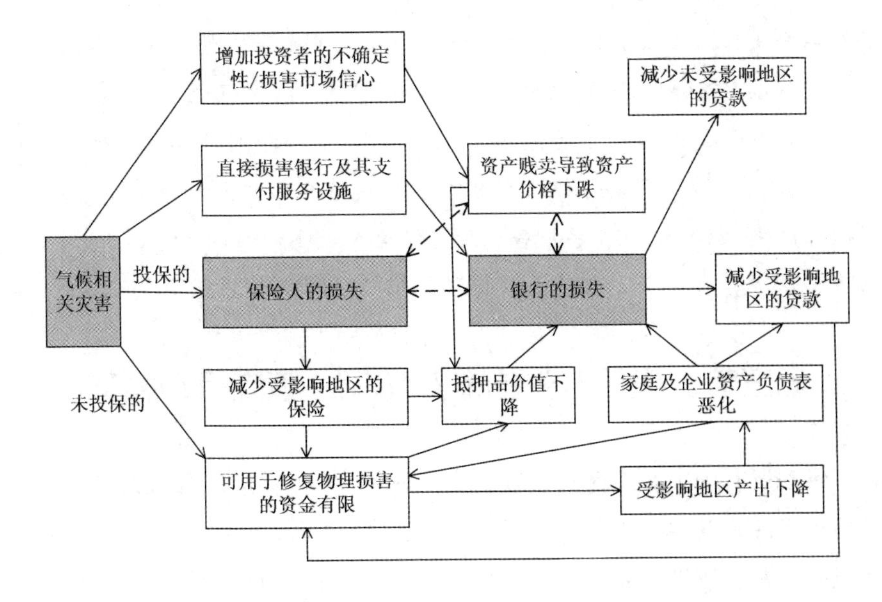

图6—2　投保损失和未投保损失在金融体系中的传染

资料来源：http：//www. bankofengland. co. uk/research/Documents/workingpapers/2016/swp603. pdf。

斯加州、加利福尼亚州等州的主要监管者组成的联盟。2005 年，该联盟就气候变化对保险人和保险消费者的影响问题举行了一场公开听证会。2008 年，全美保险监督官协会发布了一份白皮书，研究气候变化对保险人承保决策、投资决策和信息披露要求的影响，随后决定推进调查机制。为评估保险人的战略和准备，该调查纳入了 8 个主题，包括投资、缓释、财务偿付能力（风险管理）、碳足迹和消费者参与等内容。这项调查是由州一级的保险监督官自愿执行的，在首个报告年度之后，该调查在美国各地的普及率较低。2015 年，包括加利福尼亚、康涅狄格、明尼苏达、新墨西哥、纽约和华盛顿在内的多个州参与了此项调查。调查结果由环境责任经济联盟（Ceres）汇总，并由加利福尼亚州保险局公开发布（见专栏 6—2）。

专栏 6—2　评估美国保险人在气候变化风险方面的表现

总部位于美国的非营利性机构环境责任经济联盟（Ceres）对保险公司的可持续风险状况进行了一项调查。该调查聚焦于气候变化，分析了公司对全美保险监督官协会气候变化风险信息披露调查的反应。2016年，该调查涵盖了148家保险人的回复，按2014年的直保保费来计算，这些公司总计约占美国保险市场份额的71%。22家保险人（其中13家总部位于美国）获得了“高等级”评定，占环境责任经济联盟评级的148家保险人的16%，比2014年报告中获得保险人最高评级的数目（9家）高出1倍以上。有64%的保险人获得了“低质量”或“最低”评级。

第三节 实践产生的真知灼见：迈向行动框架

纵观所有国家和地区，监管者在寻求应对可持续发展挑战的过程中都展现了一些共性。本节回顾总结了5个关键行动步骤：初步评估、深化风险分析、改进信息披露、市场转型和建立系统性联系。本节分析了前两步，后三步由于更属于“保险参与治理气候变化”的内容，因此在本书第八章第一节介绍。

一 初步评估

对于监管者，关键的第1步是了解可持续保险应当如何与核心监管目标联系起来——包括对公司偿付能力的潜在风险、对保单持有人的保护或对更广泛的金融稳定的影响（见表6—1）。

表6—1 核心目标、影响及对策

核心目标	可持续保险的影响	对策
保险公司的偿付能力和稳定性	承保和投资配置的可持续性方面的问题对单家公司的偿付能力造成风险的可能性	• 评估对公司和行业的影响（英国） • 信息披露要求（加州保险局）
经营行为和消费者权益保护	为保险产品的可持续及透明性、消费者金融素养、经营行为及其合规性而维持市场公平	• 根据ESG问题对公司行为进行评估（巴西） • 提升消费者意识和素养

续表

核心目标	可持续保险的影响	对策
市场开发、可及性和可负担性	确保消费者可以获得环境风险保险，为产品开发创造条件	• 小额保险政策框架（菲律宾） • 其他政策制定机构的参与（华盛顿州保险监管官办公室，OICWS）
系统层面的稳定性	可持续性相关问题给金融体系和宏观经济带来系统性风险的可能性	• 系统性风险评估（荷兰中央银行） • 符合气候目标的投资（法国）

不同司法管辖区开始行动的动力有很大不同，这反映出制度架构上的差异。通常，采取行动是基于核心法定义务，源自立法、要求和对核心授权的解释。

第一，立法：在英国，审慎监管局通过采纳《气候变化法案 2008 年》（*UK Climate Change Act* 2008）中引入的适应报告权，建立了一个审查架构（2014—2015 年）。根据该规定，政府部门［如环境、食品和农村事务部（DEFRA）］可以让某个组织提交气候变化适应报告。

第二，政府要求：在瑞典，金融监管局评估了其在促进可持续发展方面的作用，并对政府的要求做出了回复。

第三，任务说明：在荷兰，荷兰中央银行已采取行动评估气候变化风险，以履行其精炼的使命——“维护金融稳定以实现可持续繁荣”。

第四，管理政策的不确定性：澳大利亚审慎监管局认为，在气候变化问题上保持沉默的风险大于澄清立场的风险，并表示“市场主体或监管者仅仅因为政策前景存在不确定性或争议就忽视风险，是危险的”。

二　深化风险分析初步评估

从监管者的角度看，越来越明显的是，广泛的可持续性风险可能对公司的偿付能力产生重大影响，包括通过实体渠道和金融渠道。这一前景促使多个领域的监管者做出应对。

1. 新框架

越来越多的保险监管者正寻求加深对环境挑战——特别是对气候变化风险如何影响公司层面和系统层面的审慎风险——的理解。一些司法管辖区（如英国、瑞典和荷兰）已经制定了框架，以了解气候因素可能如何影响保险业，这些工作围绕着气候相关财务信息披露工作组（FSB TCFD）制定的物理风险和转型风险的分类展开。G20支持这一框架，并认识到采用综合方法评估金融体系内环境风险的重要性①。

表6—2　　G20环境风险分类

	环境诱因	金融风险			
		商业	法律	信用	市场
物理因素	气候方面 地质方面 生态系统方面				
转型因素	政策方面 技术方面 情绪方面				

资料来源：https：//www. fsb - tcfd. org/publications/final - recommendations - report/。

几个司法管辖区的一个重要观点是，保险公司面临的环境风险——尤其是气候变化方面的物理风险和转型风险——应当作为一个孤立的外部风险因素在主流框架下予以考虑。通过考量保险公司面临的信用、市场、责任和投资风险，以及可能影响安全及稳定的经营、战略和声誉风险，监管者能够更好地按照审慎的核心职责行事。

2. 公司层面的审慎监管

监管者正在采取行动，将可持续性因素纳入对公司的例行检查内容，以便更好地了解这些风险在面临冲击（如自然灾害）和长期趋势（如气候变化）时，可能对公司层面的安全及稳定产生的影响。

在美国，全美保险监督官协会于2013年修订了《财务状况审查员手册》（*Financial Condition Examiners Handbook*），将气候变化因素纳入国家监管标准。修订后的指引，就气候变化对偿付能力的潜在影响，以

① http：//unepinquiry. org/wp - content/uploads/2016/09/2_Environmental_Risk_Analysis_by _Financial_Institutions. pdf.

及在设计分散化和稳定的投资组合时考虑气候变化风险，向保险人提示了监管方面的关切[①]。此外，美国一些地区（如加利福尼亚州）的监管者正在考虑如何将气候变化纳入主流保险监管工具，如风险和偿付能力自评估（ORSA）和公司风险报告文件（见专栏6—3）。在澳大利亚等国家和地区，监管者开始研究如何在主流评估框架中评估气候因素的风险。

专栏6—3 风险和偿付能力自评估作为评估气候变化风险的工具

国际保险监督官协会（International Association for Insurance Supervisors，IAIS）的保险核心原则16是围绕偿付能力的全面风险管理，该原则为保险人满足所有相关和重大风险的要求制定了监管标准[②]。根据保险核心原则16，国际保险监督官协会建议，监管者应当要求公司进行风险和偿付能力自评估（ORSA），评估当前和未来的风险和偿付能力状况，以便让监管者了解公司承担财务压力的能力。欧洲（EIOPA）、美国（NAIC）和南非的监管者已经将风险和偿付能力自评估纳入主体监管框架中。另有几家监管者表示，有兴趣利用风险和偿付能力自评估的结构，与公司就气候变化风险的构成进行探讨，为公司如何进行内部评估设定预期。

当前的关键挑战是，要从这些初步的努力中吸取经验教训——看看监管行动是否以及如何能够得到公司的有力回应，并找出可能存在的不足。例如，研究表明，要将气候变化风险因素完全纳入服务提供者和公司内部使用的现有灾难模型中，还需要做进一步的工作[③]。目前欧洲的一些监管者正在研究这些及其他差距与“偿付能力Ⅱ”框架下对重大风险处理的相关性。

---

① https：//www. ceres. org/resources/reports/assets – or – liabilities – fossil – fuel – investments – leading – us – insurers.

② https：//www. iaisweb. org/index. cfm? event = icp：getICPList&nodeId = 25227&icpAction = listIcps&icp_id = 3.

③ https：//www. lloyds. com/ ~ /media/lloyds/reports/emerging% 20risk% 20reports/cc% 20and% 20modelling% 20template% 20v6. pdf.

3. 系统层面的监管

现已证实，大规模自然灾害（如地震）威胁了保险业的稳定，这促使监管者对特定的灾难情景进行“压力测试”，以评估风险敞口、估计损失并确定其对偿付能力的影响。监管者的一个关键的优先事项是，阐明如何在系统层面的压力测试活动中最恰当地捕捉新的复杂风险（如气候变化）。在英国，审慎监管局基于专业风险建模公司、学术合作伙伴和其他政府机构的专家判断，开发了两个气候方面的情景，以研究因气候变化而加剧的群发性自然风险（如风暴和洪水）。在荷兰，有研究正在评估更广泛的大规模气候事件（如洪水）的可能性。因为气候变化的物理风险的影响可能是非线性的，并且包含高度的不确定性，所以有必要检查现有压力测试的边界是否与保单持有人和公司未来面临的风险范围相对应。

在投资方面，一些监管者正在研究转型风险对行业和系统层面的潜在影响。第 1 步通常是评估投资组合对高碳型资产的敞口，就像 2016 年荷兰所做的那样。为了了解宏观层面的变化可能给公司带来的不利影响，有必要在适当的细节水平上（根据金融资产的类别和持有期限，或根据承保合同的结构）检测金融风险。在英国，审慎监管局正寻求对公司层面的转型风险敞口进行更详细的分析，包括探索使用资产层面的数据①。通过比较整个行业的投资风险敞口和校准结果，将此类分析的结果有效反馈到对公司层面的监管和干预中。展望未来，关于适应能力和环境绩效的数据可能有助于弄清楚投资组合水平上的“净”影响。

4. 政策信号

通过发表公开声明和推动国际进程，向市场参与者传达机构战略的信息，监管者可以在保险业内部推动对关键可持续性问题的辩论。在审慎监管局气候变化适应报告的发布会上，英格兰银行行长马克·卡尼（Mark Carney）强调，气候变化的战略挑战是金融业的“天际线悲剧”，他还表示，“等到气候变化成为金融稳定的决定性问题，那可能就太晚了”。澳大利亚审慎监管局也采取了类似的做法——利用高层演讲阐明其在气候变化问题上的立场，并与被监管主体开展对话。

---

① http://www.bankofengland.co.uk/publications/Pages/quarterlybulletin/2017/q2/a2.aspx.

第四节　可持续保险论坛：国际合作的新平台

一　目标及设计

了解可持续性问题如何影响保险业显然是保险监管者的战略优先事项。然而，关键的制约因素——如现有机构的能力和专业知识、数据差距和缺乏共享的知识库——一直是取得进展的障碍。2015年，联合国环境规划署发布的“保险2030”中首次提出了在可持续性问题方面开展监管合作的理念[①]，这一理念得到了英国审慎监管局2015年“气候风险与保险业”报告[②]的支持。

可持续保险论坛的设计始于2016年年初，建立在主要监管者的接触和全球磋商的基础上，得到了世界各地的30多家监管者的回复。这证实我们有必要建立一个新的平台来应对保险监管和政策方面的可持续发展的挑战。

可持续保险论坛的开幕会议于2016年12月在旧金山举行，由美国加利福尼亚州保险局局长Dave Jones和联合国环境规划署助理秘书长Elliott Harris共同主办。来自9个司法管辖区的保险监管者以及包括秘书长Yoshihiro Kawai在内的国际保险监督员协会的代表出席了会议[③]。

可持续保险论坛的目标是加强保险监管者对保险业可持续性挑战的了解和应对，其最初侧重于气候变化等环境层面的话题。可持续保险论坛重点从监管维度关注这些挑战，包括相关的监管和政策问题，以及保险监管者如何推动这些领域的变化。

可持续保险论坛由联合国环境规划署组织召开，利用了其在探讨可持续金融体系设计（Design of a Sustainable Financial System）和“可持续保险原则”中产生的政策和行业经验。自2017年启动，1年之后，战略

---

① UN Environment Inquiry and PSI（2015），Insurance 2030：Harnessing Insurance for Sustainable Development，http：//unepinquiry. org/wp－content/uploads/2015/06/Insurance_2030. pdf.

② 该报告为本书第一章。

③ 参与者包括巴西、美国加利福尼亚州、法国、加纳、牙买加、摩洛哥、荷兰、新加坡和英国的保险监管者。

框架的初始工作期限为3年（2018—2020年）。

在可持续保险论坛运行后，各参与的司法管辖区在可持续保险论坛秘书处的支持下启动了一项“6轨”工作方案。

1. 工作流1：信息披露

2017年2月，可持续保险论坛（SIF）向金融稳定理事会气候相关财务信息披露工作组提供了协调一致的回复。这是监管者集体向气候相关财务信息披露工作组提交的唯一一份联合报告。回复的重点是如下3个方面。

了解保险监管者作为信息披露使用者的作用。国际金融论坛认为，更好的气候信息披露将有助于保险人改进对关键风险的承保，并加强对其投资资产的管理。保险监管者可以利用气候方面的信息和其他信息来支持核心目标，包括保险公司的安全及稳定、保险可及性和消费者权益保护，以帮助管理全系统内的气候相关风险。

对建议的修正。可持续保险论坛建议修订气候相关财务信息披露工作组的建议，包括为作为投资者的保险人提供关于碳风险信息披露的指导，鼓励保险人和投资者披露其如何将气候相关问题纳入总体投资政策，以及如何使用一系列具有代表性的情景来分析将来的气候变化风险。

监管者在支持建议采纳方面的作用。可持续保险论坛认为，保险监管者和其他公共当局按照其任务和政策，在加强、实施和促进广泛采纳建议方面发挥着重要作用。实现这一目标的备选方案包括：推动被监管企业加强对气候相关财务信息披露工作组的建议的认识；与市场合作，进行能力建设并共享各种方案和度量工具；将气候相关信息披露的见解纳入定期监管活动；制定可持续保险路线图，并将气候信息披露纳入其中；支持或认可信息披露工作组的建议或保险人在气候相关财务信息披露方面应遵循的相关制度[①]。

展望未来，可持续保险论坛将致力于找出切实可行的方法，确保保

① 可持续保险论坛的一些成员在关注气候相关财务信息披露工作组的自愿授权时，认为工作小组的建议应当表明存在着强制性行动。

险监管者支持气候相关财务信息披露工作组最后建议的实施。

2. 工作流 2：获取途径和可负担性

可持续保险论坛在加深对环境风险如何影响保险可及性和可负担性等相关挑战的理解，尤其是在发展中国家和新兴市场经济体。提升保险可及性将长期是监管者的优先事项，保险普及性倡议组织、小额保险网络组织、国际劳工组织影响力保险部门等多家机构都在寻求通过研究、参与和进行能力建设来应对保险可及性方面的挑战。可持续保险论坛将超越微观或个人层面，在中小企业、社区、城市和国家附属机构以及在国家和地区的层面上审查环境风险保险的可及性问题和可负担性问题。这项工作将借鉴在可持续保险论坛正在开展的其他研究（包括工作流 5），并力求通过与应对这些相关挑战的其他机构的接触，最大限度地发挥协同作用。

3. 工作流 3：可持续保险发展路线图

越来越多的国家认识到对系统性可持续性发展举措的价值。作为其中的一部分，保险监管者可能希望制定一个可持续保险路线图，其中包括市场和政策步骤。秘书处正在通过国家层面的参与和知识共享，支持可持续保险路线图的制定，吸引保险公司支持可持续保险原则。

摩洛哥保险与社会保障监管局正在与可持续保险论坛秘书处合作，制定可持续保险路线图。根据《联合国气候变化框架公约》缔约方会议（COP 22）的一部分——国家层面的可持续金融战略，保险与社会保障监管局正在召集市场协会和主要公司来明确战略政策要求，利用现有力量缩小市场差距，并将可持续性纳入摩洛哥保险市场发展中。最终战略于 2017 年年底完成。

4. 工作流 4：气候变化给投资和准备金带来的风险

多个司法管辖区的监管者、央行和政府均已经认识到金融体系（包括保险业）中气候相关的物理风险和转型风险的重要性。公司应当如何分析和披露当前和未来与客户相关的风险，以及公共当局应当如何利用此类信息和其他信息进行行业和系统层面的分析等关键性问题正在出现。

几个可持续保险论坛成员（包括美国加利福尼亚、荷兰和英国）正在寻求评估保险投资组合的气候相关风险，包括经济转型风险。可持续保险论坛的主要成员国目前正在总结经验教训，为监管者提供在其辖区内审查此类风险的最佳做法。这些做法包括评估组合的气候变化风险的方法论，例如，一致性分析、情景分析、压力测试以及与企业就转型风险话题对话的战略。

5. 工作流5：灾难风险缓释和灾后恢复

保险监管者可以在保险系统内外采取不同的方法来降低灾害风险并增强抗灾韧性。除市场干预和提供公共保险设施之外，监管人员还可设法提高公众对灾害风险的认识，鼓励公司支持灾害风险战略，或者与负责土地使用、城市规划、分区、建筑法规、备灾、预警系统和应急服务的公共政策机构合作。

通过与其他机构的研究和协作，综合框架将寻求利用保险监管者和公司的专业知识、专业技能和能力来降低灾害风险。这将涉及对世界各地的个案研究的评估，并为监管者确定最佳做法。

6. 工作流6：监管者能力建设

可持续保险论坛成员认识到有必要在可持续保险方面建设自身能力，包括在承保和投资决策中考虑环境风险。可持续保险论坛正在为监管者开发可持续保险方面的能力建设工具，包括审查现有监管工具包和编写培训材料。

二 长期愿景

可持续保险论坛的长期愿景是，将可持续性因素有效纳入对保险公司的监管中。展望2020年，为了实现这一目标，可持续保险论坛将继续推动监管者采取自愿行动，包括提供内容资料、扩大可持续保险论坛网络、巩固机构伙伴关系、建设能力和支持实施。

附录 可持续金融的全球势头

关于可持续金融的政策和管制行动正在增加。联合国环境调查项目（UN Environment Inquiry）进行的一项调查显示，到2016年年中，已有近60个国家采取了217项措施，其中新兴市场和发展中国家所占比重从

2010 年的 29% 上升到 2016 年年底的 38%。

1. G20 和绿色金融

2016 年，中国在担任 G20 轮值主席国期间，成立了绿色金融研究工作组，由中英两国共同主持，由联合国环境规划署承担秘书工作[①]。绿色金融研究工作组的成立是为了“增强金融体系动员私人资本进行绿色投资的能力”制定可选方案。为建立一个平台，促进各成员对绿色金融面临的机遇和挑战达成共识，绿色金融研究工作组关注 5 个研究领域——绿色银行体系、绿色债券市场、绿色机构投资者、风险分析和进展衡量[②]。其 2016 年综合报告延续了这一积极势头，但是也承认仍然存在许多挑战[③]。在 2016 年杭州峰会上，G20 成员国领导人首次认识到有必要“扩大绿色金融规模”，并采取了一系列方案实现这一目标。

在 2017 年德国担任 G20 轮值主席国期间，绿色金融研究工作组的工作一直在继续，而其重点放在了两条研究轨道上——环境风险评估和可公开获取的环境数据。绿色金融研究工作组于 2017 年 7 月发布了 2017 年综合报告，并举行了汉堡领导人峰会。

2. 金融稳定理事会和气候信息披露

在近 20 年的气候信息披露的基础上，越来越多的主体认识到提高透明度的重要性，金融稳定理事会气候相关财务信息披露工作组的成立标志着金融稳定理事会首次聚焦金融对环境的影响。在 2017 年 6 月公布的气候相关财务信息披露工作组的最终建议[④]确定了气候相关财务信息披露框架，该框架围绕 4 个专题领域——治理、战略、风险管理以及衡量指标和目标（见附表 6—1）[⑤]。

---

① http：//unepinquiry. org/wp－content/uploads/2016/09/Synthesis_Report_Full_EN. pdf.

② http：//unepinquiry. org/g20greenfinancerepositoryeng/.

③ Ibid. .

④ https：//www. fsb－tcfd. org/publications/final－recommendations－report/.

⑤ https：//www. fsb－tcfd. org/publications/final－implementing－tcfd－recommendations/.

附表 6—1 金融稳定理事会气候相关财务信息披露工作组的建议

治理	战略	风险管理	衡量指标和目标
披露气候相关的风险和机遇的组织治理	披露气候相关的风险和机遇对组织业务、战略和财务规划产生的重要的现实和潜在影响	披露组织确认、评估和管理气候相关风险的方式	披露用于评估和管理气候相关风险和机遇的重要衡量指标和目标
推荐的信息披露措施			
（1）说明董事会关于气候相关风险和机遇的关注	（1）说明组织在短期、中期和长期中已经确认的气候相关风险和机遇	（1）说明组织确认及评估气候相关风险的进程	（1）披露组织根据其战略和风险管理进程用以评估气候相关风险和机遇的指标
（2）说明管理层在评估和管理气候相关风险和机遇中的作用	（2）说明气候相关风险和机遇对组织的业务、策略和财务规划的影响	（2）说明组织管理气候相关风险的进程	（2）说明温室气体排放及其风险的“范围 1”和“范围 2”，（如果合适）还有“范围 3”
	（3）说明组织策略的韧性，考虑不同气候相关风险带来的后果，包括 2℃升温和更糟的情况	（3）说明如何将确认、评估和管理气候相关风险的进程纳入组织的总体风险管理	（3）说明组织用以管理气候相关风险和机遇而制定的目标及其实现情况

资料来源：金融稳定理事会气候相关财务信息披露工作组，2017 年。

保险公司在信息披露上具有双重角色。第一，他们使用其他机构披露的信息，从而做出信息充分条件下的投资和承保决策。他们依赖于整个经济体的一致报告，以实现有效的风险定价并为投资决策提供信息。第二，他们也是报告的生产者，提供监管方面的信息。

气候相关财务信息披露工作组对不同产业和金融业（包括保险业）的实施情况发布了补充指引，作为其建议的一部分。除对所有行业的指导之外，有两类补充的指引适用于保险公司——针对保险人的指引和针对资产所有人的指引。该指引列出了刻画气候相关的风险和机遇对保险人的战略、风险管理、衡量指标和目标的潜在影响的实践做法。

第一，战略："保险公司应当说明气候相关风险和机遇的潜在影响，并在可能的情况下对其核心业务、产品和服务提供定量的支持信息。"

第二，风险管理："保险公司应当按地理、业务部门或产品种类来说明用于识别和评估（再）保险组合的气候相关风险的过程"，包括物理风险、转型风险和责任风险。保险公司还应当"描述用于管理产品开发和定价中气候相关风险的关键工具或工具箱，如风险模型"，以及"气候相关事件的范围以及如何管理此类事件的持续上升趋势和严重程度所产生的风险"。

第三，衡量指标和目标：保险公司应当"提供相关司法管辖区对其房地产业务中气候相关灾难的综合风险敞口（即天气相关灾难造成的年度累计预期损失）"。

第七章

国际保险监督官协会的观点*

第一节 引言

2015 年以来，越来越多的政府、中央银行、监管者和金融业利益相关者都采取不同的措施和行动，推动将气候变化风险和其他可持续性因素纳入金融体系的核心内容[①]。应对气候变化的行动也是许多国家的可持续金融政策进程的核心。阿根廷、中国、印度尼西亚、意大利、蒙古、摩洛哥、尼日利亚、新加坡、南非以及最近的加拿大等国，已经采取或准备推进可持续金融战略的决策进程和方案，其中气候变化风险通常是重中之重[②]。

这些方面的发展趋势促使保险监管者开始审视气候变化对保险监管的重要性。这些审视工作既有单独进行的，也有与可持续保险论坛（Sustainable Insurance Forum，SIF）合作进行的。

可持续保险论坛成立于 2016 年 12 月，是全球保险监管者在可持续发展问题上开展国际合作的一个平台，尤其侧重对气候变化问题的研究[③]。

---

* 编译者注：本节内容是国际保险监督官协会（IAIS）联合可持续保险论坛（SIF）于 2018 年 7 月发布的一篇探讨型论文（Issue Paper）。

① http：//unepinquiry. org/publication/inquiry – global – report – the – financial – system – we – need/；http：//unepinquiry. org/wp – content/uploads/2018/04/Making_Waves. pdf；http：//unepinquiry. org/wp – content/uploads/2018/04/Greening_the_Rules_of_the_Game. pdf.

② http：//unepinquiry. org/wp – content/uploads/2017/11/Roadmap_for_a_Sustainable_Financial_System. pdf.

③ http：//www. sustainableinsuranceforum. org.

2017 年，可持续保险论坛联合其他组织举行了一系列与气候变化风险相关的活动，包括：向气候相关财务信息披露工作组（TCFD）提供一份协同建议，随后在 2017 年 7 月发布联合声明支持这些建议，并强调监管者应当如何支持这些建议①；对监管者进行调查，请他们分享应对气候变化风险的知识和经验。该调查涵盖对公司层面的监管和系统层面的压力测试、检查方式、方法论、数据导入、关键问题、对实践的影响以及下一步举措等；与国际保险监督官协会（International Association for Insurance Supervisors，IAIS）进行关于气候变化风险问题的高级别政策交流，为 2018 年与国际保险监督官协会执行委员会和秘书处的协作奠定基础。

2017 年 7 月，在可持续保险论坛第 2 次会议上，应论坛成员的要求，论坛秘书处制定了关于气候变化与保险监管的指导性文件。可持续保险论坛在马来西亚吉隆坡举行的第 3 次会议上，与国际保险监督官协会一致同意将这份文件作为一篇探讨型论文（Issues Paper）。

本章旨在提高保险人和监管者应对气候变化的意识，包括当前和未来应对气候变化所采取的监管方法。

本章探讨了潜在和预期的监管措施，并回顾了不同司法管辖区的监管实践。以上论述也表明，只有现有的和新出现的不足得以解决，才能为有效监管开辟一条道路。最后，本章基于实践提出了一些初步见解，并对气候变化可能对保险监管造成的影响做了初步判断。

本章仅进行了初步阐述，并不关注监管的具体实施。不过，本章认为，为了让监管者更好地理解和应对气候变化带来的风险，国际保险监管协会和可持续保险论坛亟须合作来提供更具体的解决方案。

第二节　保险业对气候变化风险的应对

一　观察到的行业实践

全球保险业扮演着风险管理者、风险承担者和投资者等角色，在管理

① http：//unepinquiry. org/wp - content/uploads/2017/07/SIF _ TCFD _ Statement _ July _ 2017. pdf.

个人、家庭、企业、其他金融机构和政府当局的气候相关的风险和机遇上发挥着基石性作用。基于30年的巨灾风险建模、定价、研究和承保实践，保险业已经具备了一套独特的技能，可以帮助各国政府和其他利益相关者建立起应对气候变化的物理风险的金融韧性，并缩小自然灾害的保障缺口。

全球灾害风险减轻和转移运动始于21世纪初期，目前已经形成了一套多样化的政府和社会资本合作模式（PPPs），旨在减轻物理风险的社会、经济和财政影响。各国政府越来越多地采用基于风险的方法来管理灾害和气候变化风险。当然，这通常需要保险业的力量。保险业的风险情报可以帮助政府和公共部门在采取措施前后评估灾难风险融资的成本和效益，提升公共和私人投资水平，并采取措施降低现有风险和预防新风险。例如，结合多种气候适应措施，积极开展风险融资，采取各种风险转移措施[①]。

当前，许多保险人正在通过使用预测方法和增强风险建模等手段，积极改进气候变化风险领域的产品供给、风险管理流程和治理流程。一些领先的保险人已经实施了整体性框架，考虑了跨业务线的气候变化等环境事件的影响。其他公司则正积极寻求强化灾难模型，以便更好地考虑气候变化给天气、自然灾害以及其他现象带来的广泛影响。“联合国可持续保险原则”、日内瓦协会（Geneva Association）、保险发展论坛（Insurance Development Forum）等已制定出多个针对保险业的框架，保险人可以将它们用于气候变化风险挑战的不同方面。日内瓦协会最近开展了一项研究，总结了气候变化方面的主要行业趋势和最新进展[②]。

总体而言，近年来的进展表明，大型分散化的非寿险人和全球再保险人等保险人能够在管理气候变化带来的物理风险方面发挥良好作用。一些监管者（包括英格兰银行）的初步分析认为，某些市场上的公司可能完全有能力合理应对当前水平的物理风险。转型风险会影响保险人投

---

① https：//www. genevaassociation. org/research – topics/extreme – events – and – climate – risk/stakeholder – landscape – extreme – events – and – climate.

② https：//www. genevaassociation. org/sites/default/files/research – topics – document – type/pdf_public//climate_change_and_the_insurance_industry_ – _taking_action_as_risk_managers_and_investors. pdf.

资组合以及承保业务模式，但是人们对保险业将采取的具体应对措施还知之甚少。

通过保险人已有的投资实践，人们看到了气候变化领域的一些进展和问题。越来越多的保险人正试图在投资决策的整个过程中考虑气候变化或可持续发展优先事项的一些内容。然而，此类承诺的深度及其影响在公司、国家和地区之间可能有很大差异。2016 年开展的一项分析发现，在接受调查的 116 家保险人中，有近 60% 的保险人将气候变化风险视为一个问题，但是 40% 的受访保险人没有采取措施来调整其投资组合①。最近，一项对全球最大的 80 家保险人（管理的资产合计为 15 万亿美元）的调查发现，平均而言，他们管理的国内资产中只有 1% 投向了低碳领域②。

监管者与其他利益相关者已经认识到，保险人在应对承保活动和投资活动的气候变化风险的方法上存在“认知失调”③。这是因为，行业前沿的风险建模与定价能力没有在承保端得到充分利用，保险人在投资端的潜力也没有发挥出来。在某些情形中，资本重新配置到低碳或“可持续”资产会因为缺乏合适的投资标的而受到限制，从而削弱了建设更稳健的气候变化风险评估的能力。最后，投资争论的焦点在转型风险问题上，直到最近，人们才把注意力转移到对物理风险的前瞻性评估上④。

展望未来，越来越明显的是：在一些国家或地区，公司可能难以适应可持续投资方面的政策和监管的加速改革。欧盟的情况尤其如此。他们正在努力制定可持续金融资产和工具的“分类法”⑤。随着这种形势的发展，对于可持续领域的资产、企业和行业的风险和收益状况，人们需要进行更多研究才能形成观点。其中，包括公司可能在一个价值链中广

---

① http：//aodproject. net/wp - content/uploads/2016/07/AODP - GCI - 2016_INSURANCE - SECTOR - ANALYSIS_FINAL_VIEW. pdf.

② https：//aodproject. net/wp - content/uploads/2018/05/AODP - Got - It - Covered - Insurance - Report - 2018. pdf.

③ https：//www. bankofengland. co. uk/ - /media/boe/files/prudential - regulation/publication/impact - of - climate - change - on - the - uk - insurance - sector. pdf? la = en&hash = EF9FE0FF9AEC940A2BA722324902FFBA49A5A29A.

④ http：//427mt. com/wp - content/uploads/2018/05/EBRD - GCECA_final_report. pdf.

⑤ https：//ec. europa. eu/info/law/better - regulation/initiatives/com - 2018 - 353_en.

泛参与活动，例如，在开采化石燃料的同时部署绿色能源创新。

二 气候韧性战略

气候变化风险挑战是复杂、相互关联、非线性和动态的。这要求保险人内部做出跨业务线和管理层的战略反应。保险价值链上的各利益相关者之间应当在一定程度上保持一致。一般而言，建设气候韧性需要如下要素。第一，一致治理：通过保险人董事会层面的适当的治理、战略、操作框架及政策等来应对气候变化风险。第二，回归主流：将同时影响保险人主流风险管理职能和内部控制职能的气候变化风险整合起来，例如，通过加强技术风险评估能力（如巨灾建模）来整合气候变化因素。第三，整合方式：考虑跨业务线（含承保和投资活动）的气候变化风险，利用交易双方的见解，从资产端和负债端两方面制定整体战略。第四，技能建设：培养从业者应对气候变化风险问题的技术和能力，确保他们能够在日常经营活动中利用气候风险的相关信息。第五，教育消费者：采取措施为客户提供气候变化风险教育服务，提升客户对这些选项的认识，帮助客户缓释风险和建立韧性，同时明确提升气候变化风险在风险定价中的重要性。第六，监控：引入测量机制，确保上述努力能够在各业务功能中得到有效实施，进而实现指定目标。

在金融体系内，从风险初始映射建构，到风险评估和缓释的方法与技术，再到向股东披露风险，人们正在就应对气候变化风险的最佳实践达成共识。根据金融稳定理事会的气候相关财务信息披露工作组的建议和补充指导，我们已经建立了一个全球范围的自愿性框架。这些建议和指引有助于在主流金融政策文件中识别、评估、管理和公开披露气候相关的风险和机遇。

气候相关财务信息披露工作组的建议是围绕 4 个主题领域构建的。这些主题领域是组织运作的核心要素——治理、战略、风险管理、衡量指标和目标。这 4 项总体建议得到了关键的气候相关财务信息披露工作组的支持，该工作组构建了一套信息框架，帮助投资者和其他人了解报告机构评估气候相关问题的具体方式。此外，金融稳定理事会气候相关财务信息披露工作组强调了前瞻性风险评估的重要性。其中的情景分析是保险人和其他企业要努力实现的核心内容之一，以便将气候变化的潜在影响纳入自己的规划和信息披露中。

保险人在发挥承保和投资功能上的信息披露的主要建议的补充指引，请参见附录。

第三节　与保险监管者的关联性

近年来，鉴于气候变化给金融资产、机构和市场带来的风险，政府当局越发认识到，气候变化是金融业的一个重大审慎问题①。G20 最近开展的一项调查发现，许多国家已经贯彻实施了应对本国金融体系面临的气候变化风险的政策和监管措施②。

保险监管者对影响被监管主体的新兴风险也负有监管责任，因此，需要了解气候变化将如何影响单个保险人和整个保险市场的安全与稳定。这是其战略利益所在。监管者要保护保单持有人，维护并提供一个公正、平等和可及的保险市场。这一作用也可能受到气候变化的影响（见表7—1）。

表7—1　　气候变化与保险监管者的核心目标之间的关联性

核心目标	气候变化的关联性	可能的监管对策
微观审慎上的偿付能力	物理、转型和责任因素可能对单个公司的安全性及稳定性构成风险。这种可能性会影响业务模式的可行性，也会通过承保、投资、市场、战略、操作、声誉或其他渠道产生难以预见的影响	• 监管者参与评估并将气候变化视作一项战略优先事项 • 审查由赔付或投资引起的潜在金融风险 • 评估暴露于碳资产风险的投资组合 • 开展调查工作，收集气候变化相关风险和战略应对方面的定量和定性的信息 • 自愿数据调用和强制性信息披露要求

① http：//unepinquiry. org/publication/the - financial - system - we - need - from - momentum - to - transformation/.

② http：//unepinquiry. org/wp - content/uploads/2017/07/Green _ Finance _ Progress _ Report _ 2017. pdf.

续表

核心目标	气候变化的关联性	可能的监管对策
消费者的保险可及性和可负担性、消费者权益保护、市场行为	气候变化导致资产失去可保性；气候变化的实践和战略对消费者的透明度；为保险产品开发提供的有利条件	• 监管参与评估影响保险保障可用性的业务决策 • 提升消费者意识和素养 • 与其他决策主体协调 • 评估公司在气候变化问题上的做法
宏观审慎上的稳定性	物理、转型和/或责任因素可能对保险业和更广泛的宏观经济产生系统性影响	• 将气候变化因素纳入系统层面压力测试所使用的事件情景 • 对承保和投资业务进行前瞻性情景分析 • 审查保险业的承保和投资活动是否符合气候目标 • 与其他金融机关机构合作

监管者对当前和未来气候变化的潜在影响的认识程度存在差异。气候变化可能与某些国家和地区的保险监管不存在直接关联。尽管如此，气候变化对经济的潜在影响、影响规模和时间范围的高度不确定性，以及此类因素在整个行业中可能具有的系统性与变革性，都迫使各方做出战略应对。就此而言，气候变化与最近受到国际清算银行（Bank for International Settlements，BIS）和国际保险监督官协会审查的其他新型复杂风险（比如网络风险）颇为类似[①]。

重要的是，气候给保险业带来的直接影响（如由气候方面的自然灾害造成的高额的投保损失或未投保损失）可能会间接影响金融体系的其余部分，从而影响监管活动。此类二阶影响可能波及家庭和中小企业的贷款和授信的绩效、投资盈利能力以及由此产生的信贷风险状况和投资资本可用性的调整（见图7—1）。最根本的是，未来气候变化可能严重影响整个经济和社会。这将关系到保险人及其战略应对，而且对监督者、

① http：//www. bis. org/fsi/publ/insights2. htm resp、https：//www. iaisweb. org/page/supervisory - material/issues - papers/file/61857/issues - paper - on - cyber - risk - to - the - insurance - sector.

管理者和其他公共主体很重要。在这方面，监管者与（负责气候变化的）央行之间的关联增加了。

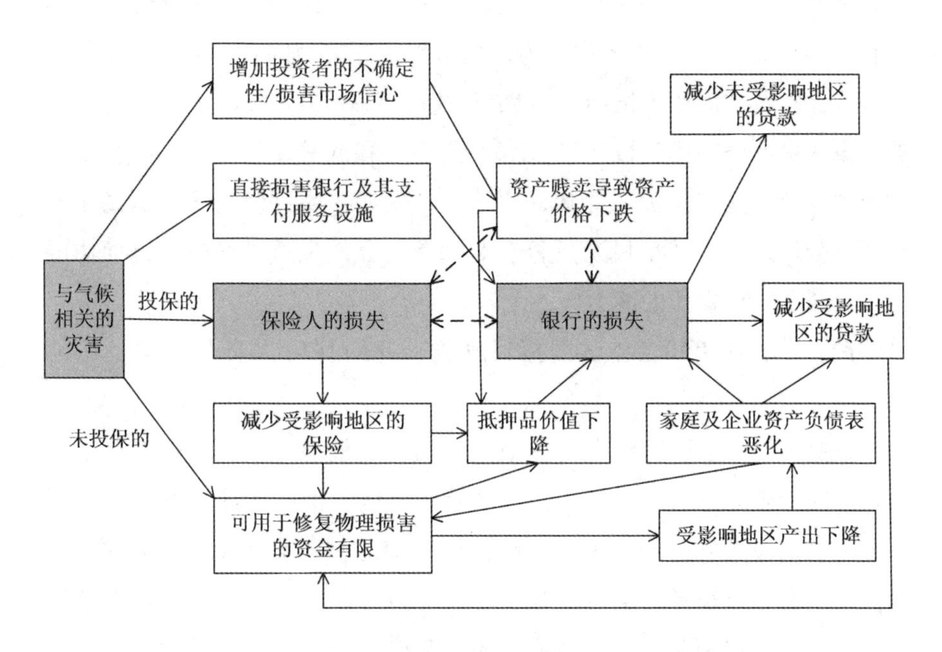

图 7—1　从自然灾害到金融业损失额和宏观经济的传输

资料来源：英格兰银行，2016 年。

监管者应当从核心审慎的角度理解气候变化，探索物理、转型和责任因素如何影响公司正面临和可能将面临的风险，以及对保险市场增长和稳定产生的影响。

对于物理风险（如自然灾害），监管者的了解程度较高。但是，气候影响的范围、量级、时间等具有高度不确定性，这让监管者无法充分把握。对于监管者，关键的优先事项包括：研究气候变化如何加剧监管活动中已考虑的物理风险，包括参与度和压力测试（如考虑到日益频繁和严重的气候方面的自然灾害）；探讨物理因素可能给不同保险业务（如寿险和健康险）造成风险的具体方式；评估物理因素在投资配置等方面给保险人的操作、战略和声誉风险造成的更广泛的影响；考虑物理风险导致的投保损失和未投保损失对银行和投资者等其他金融活动主体造成的影响。

监管者对转型风险的了解并不多。对于监管者，有如下几个关键的优先事项。第一，了解转型风险可能影响被监管主体的承保和投资业务的各种机制。尽管转型风险往往是从投资角度考虑的，但是国际保险监督官协会在2017年的报告中认为，技术创新等转型因素也会影响承保业务以及保险科技的竞争格局①。第二，探讨不确定性或全球各国政府（如通过设定更严格的排放目标和/或改变补贴和税收等措施）应对气候变化的努力以及可能引发的监管风险。第三，例如，通过使用压力测试工具或情景分析来检查转型风险是否会对投资组合产生重大影响，进而影响保险人履行承保责任的能力。

最后，监管者可能会试图探讨气候变化对保险人责任风险的影响潜力。

在更高层面上，监管者有一个重要的优先事项：了解气候变化如何影响保险人开展经营活动的更广泛的背景，以及保险人建立气候韧性所需的利益相关者关系的范围。气候变化风险是一个非常复杂的问题，需要各国政府、监管者、金融业参与者、其他行业以及更广泛的社会整体以综合化的方式来解决。从政府开始，政府当局可以发挥关键作用：制定恰当的灾害风险管理框架，努力在事前降低风险（如制定土地规划时考虑气候变化风险因素），与行业合作开发恰当的风险缓释和转移的解决方案。在此，保险监管者也可以发挥重要作用。在可能的情况下，监管者能够帮助确保风险得到有效管控和缓解，包括鼓励消费者改善决策，为私营企业创造有利的营商环境等。

第四节 保险核心原则对气候变化的适用性

保险核心原则（ICPs）为保险监管确立了一套全球框架。尽管保险核心原则并不是针对特定的风险主题，但是它为监管者识别和应对保险

---

① IAIS, "FinTech Developments in the Insurance Industry", https://www.iaisweb.org/page/supervisory-material/other-supervisory-papers-and-reports/file/65440/report-on-fintech-developments-in-the-insurance-industry.

业面临的新兴风险（如气候变化风险）奠定了基础。在此背景下，保险核心原则为监管者建立了一套监管框架，以应对气候变化风险，包括那些间接的影响（如转型风险）。保险核心原则已对保险业产生了重大影响（如在自然灾害方面），但是由于知识差距大或不确定性强（如对于转型风险），这点可能还未被充分认识到。保险核心原则可以指引监管应对这些问题，包括提高气候变化风险治理透明度的措施、应对气候变化风险的战略、对管理重大风险和实施恰当内部控制的要求、在尊重恰当性问题的前提下增强气候变化风险的韧性。

与保险业的气候变化风险监管有关的保险核心原则至少有：保险核心原则7——公司治理；保险核心原则8——风险管理和内部控制；保险核心原则15——投资；保险核心原则16——围绕偿付能力的全面风险管理；保险核心原则19——经营行为；保险核心原则20——信息披露。下文将对这些保险核心原则进行讨论。

其他保险核心原则可能与保险业的气候变化风险监管相关，或与涉及气候变化的监管协调与合作相关。

展望未来，国际保险监督官协会努力将气候变化与其他保险核心原则联系起来，并且在保险核心原则正在开展的审查过程中，采取措施分析气候变化以及其他新兴风险产生的影响。

一　与气候变化风险相关的保险核心原则

（一）保险核心原则7——公司治理

保险核心原则7要求保险人建立和实施一个公司治理框架，为保险人的业务提供稳健及审慎的管理和监督服务。同时，保险人要充分认识并保护保单持有人的利益。标准7.2规定了对保险人的企业文化、业务目标和战略方面的高层次要求。这对于准确理解保险人在气候变化风险方面的战略地位很重要。具体而言，气候变化是一个重要且长期的风险与挑战，所以保险人的董事会在监控、审查、制定业务目标和战略时应当考虑气候因素（指引7.2.1）。与此密切相关的是，需要考虑适当的绩效目标和措施，以便评估目标和战略的实施情况（指引7.2.2）。这一绩效目标和措施应当能够反映出气候变化可能对保单持有人的长期绩效、生存能力、利益的广泛影响。最后，董事会应当设定适当的“顶层基调”，阐明气候变化为什么以及如何成为保险人的战略性问题，并确保整个组织在主流经营活动和决策过程中恰当地考虑气候变化风险所需要的价值观、规范和政策支持。董事会的这3项作用是密切相关的。此外，气候变化风险与保险核心原则7（如标准7.5、标准7.7等载明的指引）中的其他规定有关，涉及委员会对风险控制和报告的监管（在下文中讨论）。

（二）保险核心原则8——风险管理和内部控制

保险核心原则8要求，保险人应当拥有有效的风险管理和内部控制系统，作为其整体公司治理框架的一部分，包括风险管理、合规、精算、内部审计等有效职能。气候变化风险可能对保险人的承保和投资活动产生广泛的影响。因此，保险人的风险管理系统、控制措施、职能等应当能够确定、评估和合理解释气候变化的各项影响。而其中的关键是风险管理职能和精算职能。

1. 风险管理职能

如指引8.4.4所述，风险管理职能是指建立、实施和维持恰当的风险管理机制和活动。气候变化背景下的一些相关职能可能包含如下机制和经营活动：第一，有效地评估、汇总、监控、帮助管理和应对已识别的风险，包括评估保险人化解风险的能力，还要适当考虑风险的性质、发生概率、持续时间、相关性和潜在的严重程度等；第二，建立起针对风险状况的前瞻性评估；第三，持续评估内外部风险环境，以便尽早确定和评估潜在风险，这可能包括从地区或业务范围等不同角度来看待风险；第四，定期开展如保险核心原则16所定义的压力测试和情景分析。

2. 精算职能

精算职能承担起了一系列责任，向保险人通报指引中所列新兴风险的当前和未来的影响，如指引8.5.4。本计划表确定的许多职能与气候变化背景相关，其中所含的评价与咨询职能涉及以下内容：第一，保险人的保险责任，包括保单条款、赔付责任总额、金融风险准备金等；第二，资产负债管理涉及资产和未来收益的充分性，用于承担对保单持有人的义务和应满足的资本要求；第三，保险人的投资政策和资产评估；第四，通过在各种情境中开展资本充足率评估和压力测试来衡量保险人对资产、负债以及当前和未来资本水平的相对影响，从而确定保险人未来的偿付能力；第五，承保政策的适当性和健全性；第六，再保险安排的设计、定价和充分性评估；第七，产品开发和设计，包括保险合同条款和定价以及估算承保产品所需要的资金；第八，数据的充分性、准确性和质量，技术准备金规定中用到的计算方法和假设；第九，内部模型的研究、开发、验证和使用，用于内部精算或财务预测，或者用于风险和偿付能力自评估（ORSA）（参见下文关于保险核心原则 16 的内容）。

监管者将与保险人接触，了解他们为应对气候变化风险进行了哪些风险管理、精算和其他工作，采取了哪些行动，以及如何在整个组织（包括投资决策过程）中使用这些信息。

（三）保险核心原则 15——投资

为应对保险人面临的风险，保险核心原则 15 规定了保险人开展投资活动的偿付能力要求。该保险核心原则的表述与指引表明：投资监管要求从整体上解决保险人投资组合的安全性、流动性和分散性问题（声明 15.3）；监管者要求保险人的投资方式应当与其承担责任的性质相称（声明 15.4）；监管者要求保险人只能投资于自己能够进行准确风险评估与风险管理的资产（声明 15.5）。

越来越多的证据表明，气候变化风险（包括转型风险）可能给金融市场带来一系列非常复杂的非线性影响。这可能影响保险人投资组合的价值。就此而言，考虑到气候变化风险可能影响投资监管的严格程度，保险核心原则 15 中所列的若干声明和指引可能具有相关性。

气候变化引发的转型风险可能由于交易对手违约、投资贬值等原因影响投资的安全性（指引 15.3.7 至指引 15.3.14）。相关规定涉及信用评级机构的作用，目前这些评级机构在评级决策中开始更多关注了气候变化因素。

如果自然气候事件或转型风险会严重损害金融市场，或致使与某家企业或某个行业有关的金融资产迅速贬值，那么就会出现问题。但是，这些问题的前提是投资组合价值下降，保险人无法向保单持有人或债权人付款（指引15.3.15至指引15.3.21）。

气候变化具有全球性和跨行业的普遍影响，因此，在评估保险人投资组合的分散化经营方式时，需要考虑气候变化因素（指引15.3.22至指引15.3.26）。

某些风险因素（如政策、技术和声誉风险）是难以识别、测量、监测、控制和报告的（指引15.5.1），因此，与投资风险评估有关的指引（声明15.5）在气候变化的背景下也具有重要意义。气候相关因素会导致金融资产大幅贬值甚至转为负债，即出现“搁浅资产”问题，该问题在评估在险价值和潜在损失（指引15.5.2）以及平衡潜在资产与金融投资之间的风险（指引15.5.3）时尤为重要。

（四）保险核心原则16——围绕偿付能力的全面风险管理（ERM）

1. 作为全面风险管理因素的气候变化风险

保险核心原则16规定了实现偿付能力的全面风险管理（Enterprise Risk Management，ERM）要求。它要求保险人处理所有相关的重要风险。声明16.1为保险人的全面风险管理框架列出了指引，保险人需要考虑承保风险、市场风险、信用风险、操作风险、流动性风险、法律风险和声誉风险。一些监管者已经认识到，气候变化并不是影响保险人的一个独立风险因素，而是很可能会影响保险人所面临的主流风险类型①。

2. 气候变化风险与风险和偿付能力自评估

根据保险核心原则16，国际保险监督官协会建议，监管者应要求公司开展风险和偿付能力自评估（ORSA），以此评估当前和未来的风险和偿付能力状况。将气候变化纳入风险和偿付能力自评估有益于监管者大力推动对气候因素进行自我评估的实践，从而使监管者有能力评估新兴风险带来的财务影响。一些监管者表示，他们打算利用风险和偿付能力自评估与公司就气候变化风险问题进行接触，为公司开展内部评估的合适方式设定预期②。

---

① 参见第七章第五节第二小节“（一）风险框架”。

② 见本章第五节。

3. 气候变化风险和压力测试

保险核心原则 16 中列出了有关压力测试和情景分析的规定（指引 16. 1. 6 至指引 16. 1. 17）。这些规定旨在帮助监管者指导保险人开展经营活动，从而提升他们对未来风险的认识。这些活动在气候变化背景下尤为切题。气候变化是一种长期风险，其潜在影响的时间、范围和严重程度具有高度的不确定性。这些不确定性的表现方式可能超出了公司和监管者用来评估风险的通常的时间框架。

可持续保险论坛已经认识到情景分析的价值。该论坛在支持金融稳定理事会气候相关财务信息披露工作组的建议声明中提到，“保险人加强气候方面的信息披露，将有助于保险监管者维护保单持有人获得的保护、保险人的安全及稳定、保险业的整体稳定……情景分析是一项重要工具，可以了解保险业是如何受气候变化的物理风险的影响的，以及如何向低碳经济和具有气候韧性的经济模式转型”[①]。

情景分析还有助于聚焦投资组合与低碳前景的长期一致性，以及保险人可能采取的措施，从而应对与这种转型相关的风险。金融稳定理事会气候相关财务信息披露工作组发布了一份关于前瞻性情景分析用途的独立报告[②]。这份报告是监管者努力提升保险人的市场认知度和能力的有用工具。

（五）保险核心原则 19——经营行为

保险核心原则 19 规定，保险人和中介在开展保险业务时应当公平待客，这涉及公平交易、产品开发、签订合同前的活动、保单服务、保密等条款。气候变化风险可能涉及保险人在合同签署和整个保单生命周期中经营行为的多个方面。例如，在环境风险保险的保单开发和签订前，沟通应当充分透明，以帮助客户识别并选择符合自身需要的产品。在其他经济活动背景下，建立涉及保险产品的财务知识也可能是监管者深入理解气候变化风险的一个优先事项。在政策服务方面，气候因素引发的

---

① http：//unepinquiry. org/wp - content/uploads/2017/07/SIF _ TCFD _ Statement _ July _ 2017. pdf.

② https：//www. fsb - tcfd. org/publications/final - technical - supplement/.

天气方面的索赔案件骤然增加会影响保险人及时理赔的能力。监管者还可能寻求与公司接触，确保其在市场行为和消费者权益保护问题上恰当考虑气候因素。

（六）保险核心原则 20——信息披露

保险核心原则 20 要求保险人及时、全面和充分地披露相关信息，从而让保单持有人和市场参与者对其经营活动、业绩和财务状况有清晰的了解。此项原则旨在强化市场纪律，深化人们对保险人面临的风险以及采取的风险管理方式的认识。气候变化等新兴风险对实现这一目标具有重大影响。

当前，改进气候相关信息的可用性和质量，普遍被视为应对金融体系中气候相关风险的市场和政策行动的基本条件。根据联合国环境规划署的研究，大约 30% 的国家层面上的可持续金融政策和监管措施与信息披露有关。气候变化问题是此类信息披露的重点。

在全球层面上，金融稳定理事会气候相关财务信息披露工作组的建议和指引为识别、评估、管理、公开披露气候相关风险建立了一个全球框架，并为作为承保人和投资者的保险人的信息披露提供了补充指引。金融稳定理事会气候相关财务信息披露工作组统揽治理、战略、风险管理、指标和目标这 4 个主题，为思考气候变化风险提供了一套与若干保险核心原则密切相关（见表 7—2）的框架。

表 7—2 金融稳定理事会气候相关财务信息披露工作组的建议与国际保险监督官协会的保险核心原则之间的联系

气候相关财务信息披露工作组的主题	建议的信息披露	与国际保险监督官协会的保险核心原则之间的联系
治理：该组织围绕气候相关的风险和机遇进行治理	（1）说明委员会对气候相关的风险和机遇的监管； （2）说明管理层在评估和管理气候相关的风险和机遇过程中的作用	保险核心原则 7——公司治理 7. 3——董事会结构和治理 7. 10——高管职责 保险核心原则 20——信息披露

续表

气候相关金融信息披露工作组的主题	建议的信息披露	与国际保险监督官协会的保险核心原则之间的联系
战略：气候相关的风险和机遇对组织业务、战略、财务规划的现实和潜在影响	（1）说明组织在已识别的气候相关的短期、中期和长期的风险和机遇； （2）说明气候相关的风险和机遇对组织的业务、战略和财务规划的影响； （3）说明考虑到气候相关的不同情景（包括2℃或更低的情景）的组织战略的韧性	保险核心原则7——公司治理 7.2——企业文化、企业目标和战略 保险核心原则20——信息披露
风险管理：组织用于识别、评估和管理气候相关的风险的过程	（1）说明组织识别和评估气候相关风险的过程； （2）说明组织管理气候相关风险的过程； （3）说明将气候相关风险的识别、评估和管理过程纳入组织整体风险管理的具体方式	保险核心原则8——风险管理和内部控制 8.1——风险管理和内部控制系统 8.4——风险管理职能 保险核心原则16——围绕偿付能力的全面风险管理 （与压力测试和情景分析有关的规定） 保险核心原则20——信息披露
指标和目标：用于评估和管理气候相关的风险和机遇的指标和目标	（1）根据组织的战略及风险管理程序，披露组织用于评估气候相关的风险和机遇的指标； （2）披露“范围1”“范围2”和（酌情）“范围3”的温室气体排放及相关风险； （3）说明组织用于管理气候相关的风险、机遇和绩效的目标	保险核心原则8——风险管理和内部控制 8.5——精算职能 保险核心原则9——监管审核与报告 9.1——监管权力 保险核心原则16——围绕偿付能力的全面风险管理（与压力测试和情景分析有关的规定） 保险核心原则20——信息披露

尽管金融稳定理事会气候相关财务信息披露工作组的建议和指引不具有强制性，但是监管者会通过与公司的接触，鼓励将气候相关财务信

息披露工作组的框架提升为全球最佳实践。

气候相关财务信息披露工作组的建议、补充指引和支撑材料（包括有关情景分析的专题报告）可以作为保险核心原则在气候变化背景下的具体应用实例，可能对监管者有帮助。今后，监管者在阐释上述保险核心原则时，可考虑采用或参照气候相关财务信息披露工作组框架的相关内容。

第五节　气候变化风险的监管方法

可持续保险论坛的成员已采取了一系列措施以更好地了解保险人承保和投资业务所面临的物理风险和转型风险；同时强化各项机制，确保保险经营的安全、健康及稳定。本节借鉴这一经验体系，阐明现有的和筹划中的监管方法，为应对气候变化风险提供了一套选项，以供监督者根据其任务、法定职责、战略目标等进行选择。

本节所述的方法并非旨在建立监管期望，或作为监管指引。这里介绍的许多方法是新颖的，与近来（或正在开展的）的监管活动有关，因此，可能需要进一步思考这一新兴实践话题，并适当评价所获得的经验教训。

一　评估作为新兴风险的气候变化

（一）任务和目标

监管者采取的第一步措施可能是，识别气候因素与其核心监管任务和目标之间的关联性。这一初始措施的推动力因国家或地区而异，包括立法、政府要求、制度目标调整、独立措施等。当前，越来越多的监管者认为，气候因素与其核心的法定义务有关。

荷兰中央银行（De Nederlandsche Bank，DNB）："监管当局和政策制定者在识别和减轻气候相关风险上发挥着重要作用。需要及时、明确和渐进地转型，以限制转型风险的影响……荷兰中央银行有意将气候相关风险纳入更稳健的监管方式中，并且将继续开发和实施气候压力测试。最后，荷兰中央银行将继续为监管当局之间就气候相关风险进行国际知识交流做贡献。”①

瑞典金融事务监管局（Finansinspektionen，FI）：“气候变化意味着金融行业外部环境的变化，所以为企业带来了新风险和新商机。监测并管理这些风险是企业分内之事，而瑞典金融事务监管局有责任监控这些公司现有的措施和不力之处。因此，金融事务监管局需要关注气候变化风险和企业可持续发展方面的工作，并了解它们是如何影响金融业风险的。”②

澳大利亚审慎监管局（Australian Prudential Regulation Authority，APRA）认为：“作为审慎监管者，如果澳大利亚审慎监管局能识别出可能威胁到澳大利亚金融受益人的利益或金融体系整体稳定性的风险，那么我们便有责任向被监管机构发出明确的警告。”③

如果监管授权的界限和某些外部因素不明确，那么，行动能力就会受到限制。在现阶段，保险人以及整个金融业正面临气候相关的风险和机遇，而国际实践与大量新出现的证据为这些风险和机遇的重要性提供了佐证。因此，监管者可以通过仔细审查此类实践和证据来管理潜在的政治风险和“越权”的观念。

（二）初步评估

一旦确立了应对气候变化的基本原理，下一个有益措施便是着手研究气候变化将如何影响保险业。这可以采取对当地企业的风险、风险敞口以及对气候问题的战略反应进行初步“盘点”的形式。此类做法可用于探讨气候变化影响保险人的不同渠道，并评估市场对此的熟悉程度。

例如，审慎监管局在2015年英国保险业的气候变化风险评估中制定了一套框架，以了解气候变化对保险人的影响，并对行业的脆弱性进行高层次分析，以制定进一步工作的监管和研究议程（目前正在实施中）。

---

① https：//www. dnb. nl/en/binaries/Waterproof_tcm47 – 363851. pdf？2017110615.

② http：//www. fi. se/contentassets/123efb8f00f34f4cab1b0b1e17cb0bf4/finansiella _ foretags _ hallbarhetsarbete_eng. pd.

③ http：//www. apra. gov. au/Speeches/Pages/The – weight – of – money. aspx.

监管者的内部审查有助于评估对气候变化这一新兴风险的熟悉和认识程度，以及气候变化问题与传统监管方法的相关性。

（三）信号预期

监管者可以通过市场信号（含公开声明）来提升保险业对这一新兴的气候变化风险的认识。在澳大利亚，审慎监管局向国家保险委员会发表了高级别演讲，就气候变化问题展开对话，阐述了采取措施的理由、下一步的规划、公司期望等[①]。监管者传递的信号通常是将气候变化视为一种新兴风险，希望企业意识到气候变化给其业务模式的韧性和生存能力带来的影响。将监管意图纳入针对短期实体风险的措施中，同时考虑转型风险（通常是长期风险），对实现企业的长远目标大有裨益。在此阶段的主要优先事项包括：形成一个均衡状态，尊重监管授权的界限；将企业的期望表述为监督和管理的明确内容；进行适当的内部沟通，确保信息的一致性。

二 通过监管实践来应对气候变化风险

（一）风险框架

越来越多的监管者认为，物理风险和转型风险会影响承保、投资、操作、战略和声誉等维度，所以这两种风险应当在保险人的主流风险框架下加以考虑。英格兰银行已确认：从很多方面看，气候变化以及社会对气候变化的反应并不一定会形成新的金融风险类型，而是会转化为银行和投资者面临的信用和市场风险，或者保险人的承保和准备金风险等既有风险类型。澳大利亚审慎监管局在《保险、银行、超级基金的跨行业风险管理审慎标准 CPS 220》中对气候因素进行了高水平评估，并绘制了潜在风险区域的“热图”（见表7—3）。如果一旦依照现有的风险类型来考虑气候因素，那么下一步便是切实调整参与战略和考察工具，以应对气候因素。

---

① 参见本章第六节“一 澳大利亚：澳大利亚审慎监管局”。

表7—3 在《澳大利亚审慎监管局的跨行业风险管理审慎标准 CPS 200》下评估气候变化

CPS 220	保险			银行	超级基金（投资者）
	非寿险（GI）	人寿保险（LI）	商业健康保险（PHI）		
信用风险					
市场/投资风险					
流动性风险					
承保风险				N/A	
操作风险					
战略/声誉风险					

资料来源：澳大利亚审慎监管局，2017 年。

（二）信息及数据收集

行业层面的信息需求和数据收集活动是监管机构深入了解气候因素如何影响企业的重要渠道。这些努力可能包括，提出或认可自愿信息披露方面的努力、调查或实施强制性要求。巴西商业保险监管局启动了一项针对被监管主体的调查程序，目的是获取有关可持续发展问题市场实践的数据和信息，其重点就是气候问题①。

此类信息披露举措面临的一项挑战是，监管者收到回复后需要先验证数据，然后才能开展进一步分析，而数据的验证需要使用来自第三方供应商的投资数据。因为供应商不可能覆盖所有的投资市场，所以监管者最好使用多重数据源，并尽可能使用由大学或其他非营利机构提供的数据集。

监管者确定的一些改进领域包括：改善报告材料，阐明定义，并提供针对数量（如阈值）和过程（如对待子公司的方式）方面的指引；改善编制、整理和分析报告数据的过程和方法；解决数据不一致和不足的机制；包含新开发的信息披露技术和指标。

---

① 参见本章第六节。

（三）参与战略和检查工具

监管者将气候方面的问题纳入日常监管活动和审查工作中，以加深关于气候变化风险对保险公司影响的理解。这一机制非常重要。全美保险监督官协会通过修订《财务状况审查手册》[①] 将气候变化因素纳入了国家层面的监管标准中[②]。在英国等国家或地区，监管者正考虑如何在风险和偿付能力自评估（ORSA）等标准化监管工具的范畴内考虑气候变化问题[③]。

监管者可以向企业提出一系列问题，了解他们对气候变化风险和机遇的理解、反应和战略观点[④]。此类问题可能涉及如下内容。第一，一般性熟悉：对气候变化风险和机遇、与业务有关的关键问题以及对最新发展（如气候相关财务信息披露特别工作组）的大致理解。第二，治理、战略和业务模式：气候变化问题相关的治理结构、董事会和高管人员的参与、经营策略、风险阈值或指标的改变以及气候变化对竞争环境的长期影响。第三，承保：对承保风险的影响（定价、市场和索赔），在风险建模、风险评估和风险管理范围内对气候变化因素的处理，对产品创新和业务发展中气候因素的考虑，气候变化影响保险定价的可能性，处理气候相关的索赔，潜在的市场行为。第四，投资：考虑投资政策中的气候变化风险和机遇，对市场、信用、交易对手等投资风险的影响，当前和未来可能对投资组合和资本储备决策的影响。第五，其他问题：考虑气候变化可能引发的责任风险。第六，技术、能力和文化：涉及气候变化问题的组织架构和责任分配、能力建构及与企业价值观的关系。第七，监管者作用：对监管者应如何评估企业和整个行业面临的气候变化风险的看法。

（四）审视当前风险敞口：压力测试和敞口评估

1. 压力测试

许多保险监管者会定期开展压力测试，以评估保险业对可能出现的

---

① 参见本章第六节。

② https：//www. ceres. org/resources/reports/assets - or - liabilities - fossil - fuel - investments - leading - us - insurers.

③ 参见本章第六节。

④ 今后，可持续保险论坛可能对气候变化相关的风险设计指引。

不利变化的韧性。监管者通过测试保险业对责任冲击事件的韧性，使其有能力分析保险人可用资本的具体情况，并帮助他们确定主要再保险交易对手及其所在国家和地区。压力测试可以分解为一系列严重但可能发生的情景以及风险暴露，以分析气候变化对各行业的潜在损失的影响。在企业层面，此类测试有助于提供内部审查流程信息，改善监管者对公司风险管理系统的看法，并有助于监管者理解保险人是如何管理各种责任冲击下的风险敞口。

某些天气方面的自然灾害事件（如飓风和暴风等）可能因气候变化而加剧，目前一些国家和地区的保险压力测试制度已经考虑到了这一点。为了更好地反映一些气候相关事件的可能性[①]，现在，一些监管者正在寻求将气候变化因素纳入压力测试情景的方案中。从2017年的自然灾害中汲取的经验促使一些监管者重新调整了压力测试情景，以更好地考虑相关的自然灾害[②]。英格兰银行行长Mark Carney在2018年4月举办的国际气候风险监督官会议上发表讲话时表示："请记住，气候的过去不是其未来。当前气候变化轨迹所要求的贝叶斯更新的理念令人沮丧。基于这一精神实质，我们在考虑2019年的情景后，将天气相关的更严重、更集中的事件纳入其中"[③]。

一个关键挑战是，如何设定压力测试情景以便最好地反映事件的严重程度，并在保险人之间提供不偏不倚的观点。出于这一原因，情景不仅应当具有广泛的适用性，而且要详细到让保险人很可能暴露于类似事件。其他挑战包括，平衡当前和未来预期的风险状况，以便以最佳方式预测出气候变化如何加剧极端事件的影响或发生的可能性。

特定极端天气事件再现的时间是很难预测的。保险人可能认为此类事件的风险只会在长期中出现，因此，会考虑通过重新定价或通过金融渠道（包括再保险）来转移风险，以减轻风险的影响。他们需要更多的

---

① 参见本章第六节。

② https：//www. bankofengland. co. uk/prudential - regulation/letter/2017/general - insurance - stress - test - 2017 - feedback.

③ https：//www. bankofengland. co. uk/ - /media/boe/files/speech/2018/a - transition - in - thinking - and - action - speech - by - mark - carney. pdf.

证据/调查数据来探求短期内出现更多极端天气事件的可能性。对于公司层面的建模，行业（以及监管者）可能会受第三方建模专家的能力的限制。这一限制影响到气候相关灾害情景的范围，这些情景可以得到有力的描述和评估。这意味着，许多情景关注的是风暴和洪水事件，而不是对生态系统功能产生的气候变化方面的更复杂的影响（如与干旱有关的火灾）。

我们从与物理风险有关的气候压力测试工作中得到了一些初步的经验教训。第一，情景定义：对于定义连贯的情景和相关的事件参数（如频率、严重程度），与风险建模公司、学者和其他信息提供者保持联系是有益的。因为参数可能存在巨大差异，所以确定风险模型对考虑气候变化趋势具有重要影响。第二，考虑恰当性：监管者应当尽量通过恰当的方法来确定公司面临的各种事件的风险（如欧洲风暴、美国飓风、英国洪水等），并且将测试重点放在会给公司带来最大影响的事件和领域上。第三，引入利益相关者：为了让更多的人认可这一调查，在初期阶段与相关公司（代表团）讨论预期的情景是有益的。此外，当涉及对特定情景的承受力时，它还有助于阐明预期的后续行动和预期承受某些结果的能力。

压力测试用于探求特定冲击事件的影响，因此，更可能与气候变化背景下的物理风险敞口的评估有关。虽然转型风险可能被意外的戏剧性的政策变化和消费者情绪的快速变化（如对丑闻的反应）等覆盖或放大，但是，量化此类现象对投资组合的影响却很复杂，而且涉及高度的不确定性。在这方面，监管者通常通过代理指标（如持有的化石燃料）来分析转型风险的敞口程度。

2. 敞口评估

一些监管者试图研究某些高碳型行业的资本配置以及保险人可能持有的金融资产类别，以量化保险人可能面临转型风险的投资组合比例[①]。在设计和开展敞口评估时，监管者遇到了一些如下所示的共同问题。

第一，指标和边界条件：如何确定“高碳”金融资产的边界条件是

---

① 参见本章第六节。

风险敞口评估中的一个问题。一种策略是使用基于收入的指标，即检查源自给定企业、项目、相关金融资产的高碳型经济活动的收入份额[①]。目前，各种模型在分析一项金融资产在多大程度上应当被视为高碳的仍然很不明确（如通过排放因素和其他的气候相关指标），这导致使用相同的基础数据可能得出不同的结论（如投资组合配置决策）。采用收入阈值则提升了数据的一致性和可用性。

第二，资产分类：不同金融机构资产配置所使用的行业分类系统差异很大，这导致在系统层面上调整跨风险类型和资产类别的敞口非常有挑战性。为了克服这一问题，荷兰中央银行等监管者开发了一套供金融机构使用的标准分类代码。

除围绕投资组合配置构建透明度之外，围绕转型风险开展风险敞口的初步评估和其他监管参与活动，有助于被监管主体提升对气候变化风险和机遇的认识，以及增进更复杂或更广泛领域的主体的认同。开展初步的高层次评估（包括通过情景分析）可能是公司向更复杂工作迈出的重要一步，以审查投资组合在未来的潜在风险。

（五）探求未来风险：情景分析和校准

除评估对保险人很重要的气候变化风险之外，监管者正试图在传统偿付能力评估时限之外使用不同的气候情景，并利用不同的气候情景研究未来保险公司可能受气候变化风险的影响。因为情景分析活动是探求趋势而非当前的冲击（如发电燃料组合的变化），所以这些方法在探求投资组合的转型风险方面最有用处。保险人和监管者也可以利用此类工具对物理风险的趋势进行前瞻性分析，并评估承保战略对未来气候韧性的增强作用。

1. 情景分析

一组经过遴选的保险监管者正在开展前瞻性情景分析，探讨保险公司的投资组合将如何受到低碳转型方面的各种市场、政策、技术和社会变化的影响[②]。2018 年，美国加州保险局发布了针对保险人投资组合的前

---

① 参见本章第六节。

② 同上。

瞻性情景分析结果。可以说，此项情景分析是对保险业未来转型风险的最全面的分析[①]，它针对的是在美国加州营业且年保费收入超过1亿美元的保险人所持有的石油、天然气、动力煤、公用事业投资等[②]。汇总数据并给出了相关的转型风险信息。根据这一数据，为了使公用事业投资符合2℃情景的要求，需要大幅减少使用动力煤发电。[③] 这些数据还表明，尽管目前石油和天然气行业的投资轨迹与未来5年内2℃目标的要求相符，但是，并非每项投资组合均应当与2℃路径进行校准。

气候变化风险的前瞻性情景分析是一个新的做法，对保险人而言很可能是一项复杂的挑战，其中包括努力根据气候相关财务信息披露工作组的建议进行气候方面的信息披露。监管者除在自身系统层面进行情景分析之外，还可以补充对公司当前和未来会面临的气候变化风险的看法，同时鼓励公司建立评估转型风险的能力。一些监管者报告称，情景分析的结果有助于发现应对气候变化问题上不够成熟的企业，进而有助于分配有限的监管资源。

气候变化风险的情景分析是一种仍然处于发展初期的新方法。监管者在设计和实施情景分析时遇到的新问题包括：第一，数据不足和方法落后，在开展情景分析时，监管者面临的主要挑战包括难以对某些资产类别（不限于公司债务）的动态发展进行建模，以及缺乏其他高排放行业的情景数据或细粒度好的数据；第二，时间跨度断裂，长期风险及其影响可能未被金融机构使用的金融风险模型覆盖，也可能超出了监管的时间跨度，而监管者将尝试探索长期风险的应对方法。

2. 遵守气候相关的公共政策目标的透明度

除情景分析之外，监管者还可以设法从公司获取定性信息，从而更好地理解保险人的投资组合配置如何帮助实现气候变化相关的公共政策目标。世界各国政府正在实施一系列措施，为实现可持续转型所需要的长期投资募集私人资本。尽管此类举措通常属于其他部门的职权范围，

---

① 参见本章第六节。

② https://www.insurance.ca.gov/0400-news/0100-press-releases/2018/release051-18.cfm.

③ https://interactive.web.insurance.ca.gov/apex_extprd/f?p=250:70.

但是，保险监管者确实可以在收集有助于评估这些努力的信息方面发挥重要作用，其中包括当前和预计会流向低碳投资的资金。根据《能源转型法》第173条，法国保险人（作为机构投资者）应当披露其投资组合对《巴黎气候变化协定》设定的国际气候目标和法国的国家能源转型战略目标做出的贡献[①]。因此，除了披露有用的非量化信息来衡量转型风险之外，资本配置的透明度还具有其他作用。

三　协作与合作

（一）召集

监管者可以利用自身的影响力召集保险人、其他金融机构、民间社会利益相关者等就气候变化问题进行合作——例如了解与气候目标相关的融资缺口。荷兰中央银行于2016年建立了一个可持续金融平台[②]，旨在促进和鼓励在金融业开展可持续金融的对话。

（二）其他公共部门的参与

保险监管者可以在气候变化问题上与其他金融监管者和政府开展合作，包括努力减少风险敞口。此类活动可能包括以下内容。

第一，将监管者和央行整合起来。绿色金融体系网络汇集了英格兰银行、欧洲央行、中国人民银行等近15名成员。这一网络旨在交流经验和最佳实践，以便更好地管理金融业的环境风险和气候变化风险，并积极为向可持续经济转型做贡献。

第二，将保险纳入国家路线图，同时在行业内实施各项目标。摩洛哥保险监管者——保险和社会保障监管局（Autorité de Contrôle des Assurances et de la Prévoyance Sociale，ACAPS）在《联合国气候变化框架公约》缔约方第22次会议上宣布了一项国家级的可持续金融战略。该战略将市场协会和主要公司汇聚在一起，制定了一项将可持续性和气候问题纳入保险市场发展的战略中。该战略还设定了对气候相关资产的投资目标。

---

① 参见本章第六节。

② 同上。

第三，利用从保险业开展的经济活动中汲取到的见解和教训，研究气候因素对银行和投资公司等其他被监管主体的影响。在英国，审慎监管局正在评估气候因素对英国银行业的影响①。

第四，与金融业之外的公共部门开展合作。监管者可以在制定综合政策框架（如国家灾害风险管理和气候适应规划）的过程中发挥重要作用，从而参与金融业的外部环境风险管理。

（三）全球参与

各个国家和地区的保险监管者可以通过可持续保险论坛等平台，在国际保险监管官协会的框架下表达本国应对气候问题的意愿，并交流经验。

第六节 观察到的实践：案例研究

2017年，可持续保险论坛开展了一项调查，让监管者分享其在应对气候变化风险方面的知识，并相互交流和借鉴经验。此项调查涵盖了跨公司层面的监管和系统层面的压力测试、考察方式、方法、数据输入、关键挑战、对实践和下一步措施的影响等。截至2018年1月，已有9个国家和地区回复了此项调查：澳大利亚，澳大利亚审慎监管局（Australian Prudential Regulation Authority，APRA）；巴西，商业保险监管局（Superintendência de Seguros Privados，SUSEP）；法国，审慎监管局（Istituto per la Vigilanza Sulle Assicurazioni，ACPR）；意大利，保险监管局（Istituto per la Vigilanza Sulle Assicurazionii，IVASS）；荷兰，荷兰中央银行（De Nederlandsche Bank，DNB）；瑞典，瑞典金融事务监管局（Finansinspektionen，FI）；英国，英格兰银行审慎监管局（Bank of England Prudential Regulation Authority，PRA）；美国加利福尼亚州，加州保险局（California Department of Insurance，CDI），它还描述了全美保险监督官协会（National Association of Insurance Commissioners，NAIC）开展的活动；美国华盛顿州，保险监督官办公室（Office of the Insurance Commissioner，

---

① 参见本章第六节。

OIC）。

以下各小节按国家或地区名称的字母顺序总结调查结果，作为案例研究。这些案例涉及以下方面：动机和原因；途径和方法；关键发现；经验教训：关键的挑战和有待改善的领域；对监管实践的影响；下一步措施。

一 澳大利亚：澳大利亚审慎监管局

（一）动机和原因

澳大利亚审慎监管局董事会内部的气候变化风险评估措施证实，气候变化潜在的金融风险过大，不容忽视。他们有责任通过促进金融体系的安全及稳定来保障澳大利亚审慎监管局所关注的受益人的权益。在实践层面上，用于采取措施的监管授权一直是跨行业审慎标准（Cross-industry Prudential Standard）CPS 220——风险管理，这是澳大利亚审慎监管局对被监管主体的常规风险管理要求。

有3个关键的外部发展因素在推动澳大利亚审慎监管局的内部措施方面发挥着重要作用：金融稳定理事会气候相关财务信息披露工作组的成立；《巴黎气候变化协定》；澳大利亚关于公司董事会在气候变化方面的法定职责的法律意见。

（二）途径和方法

2017年2月，澳大利亚审慎监管局执行董事会成员 Geoff Summerhayes 就气候变化问题在澳大利亚保险委员会发表了演讲，提出澳大利亚审慎监管局应当将气候视作审慎风险方面的新课题[①]。随后，澳大利亚审慎监管局在考虑物理风险和转型风险时，采取了一系列措施将气候因素纳入监管。第一，成立气候变化内部工作组，在跨行业的基础上考虑这些风险，并制定跨行业风险热图和相关的监管指引。该热图是基于澳大利亚审慎监管局现有的跨行业风险管理框架制定的。第二，目前正在开展分析，以便了解转型风险及其对澳大利亚金融业长期生命力的重要性。此外，养老金董事会和受托人的责任风险也被列为有待进一步分析的重

① http://www.apra.gov.au/Speeches/Pages/Australias-new-horizon.aspx.

点领域。第三，澳大利亚审慎监管局与国内外监管者以及咨询机构进行了深入讨论，以更好地理解与气候变化和向低碳经济转型相关的金融风险。在国家层面上，澳大利亚审慎监管局与澳大利亚财政部、澳大利亚证券投资委员会、澳大利亚储备银行等监管者，就气候变化相关的经济可持续性和金融风险共同发起了一项跨行业的倡议。澳大利亚审慎监管局打算将重点放在信息共享上，并且深化对这一领域的理解。

虽然澳大利亚审慎监管局仍未从被监管主体处定期收集信息。但是，一些澳大利亚的被监管主体自发披露了他们用于衡量市场反应的气候变化适应计划或战略。此外，澳大利亚审慎监管局已经开始向被监管主体提出问题。起初这些问题与认识有关。但是，澳大利亚审慎监管局希望获得更充分的回复，尤其是对于资源丰富的复杂主体。监管局还依靠外部的资料来源，如由其他国际监管者、学术界、智库（如精算师协会和气候研究所）发布的出版物。

（三）关键发现

分析进程仍在继续，目前尚无结论。

（四）经验教训：关键的挑战和有待改善的领域

澳大利亚审慎监管局目前在几个领域面临挑战。第一，获得被监管主体的认同。需要开展细致沟通，避免显得过于程式化或引发任何政治不满。要精心调整信息，以此确保信息能聚焦金融风险管理。第二，适当的内部沟通对于确保澳大利亚审慎监管局内部各监管者之间信息/方法的一致性而言非常重要。为此，澳大利亚审慎监管局的高管人员为所有员工举行了一次教育会议，向他们通报这一领域新出现的风险以及监管局的风险管理计划。第三，无法获得必要数据。第四，缺乏针对市场参与者的长期金融风险教育。

想要解决其中部分问题，需要更正式的报告（和信息披露）机制，并结合充分且有针对性的培训。这引发了有关部门对情景测试的高度重视，而情景测试反过来又会生成有用的数据。此外，需要进一步改善的领域包括保持尽职调查实践的连贯性、更好地监测气候相关的既有风险以及改进压力测试方法。

澳大利亚审慎监管局给其他监管者的建议是，询问被监管的实体是否意识到此类问题，并向这一领域的领先机构学习。重要的是，讨论不应局限于道德争论，而应着眼于金融体系面临的风险。通过这种方式，气候变化便会像其他威胁到金融安全的风险那样得到衡量和管理。

（五）对监管实践的影响

澳大利亚审慎监管局考虑将气候变化风险纳入当前的审慎框架中。根据《跨行业审慎标准 220 风险管理》，受审慎监管局监管的机构应当形成一项经董事会批准的风险管理战略。气候变化风险不是一项应当单独管理的风险，而是应当被纳入投资和操作等其他重要风险类型中进行管理。作为风险管理过程的一部分，审慎监管局希望实体开展压力测试，并把气候变化对其投资组合的影响考虑在内，尤其是要考虑到《巴黎气候变化协定》中设定的 2℃升温情景。各主体应当意识到由气候变化情景造成的物理风险和转型风险。

这一举措对澳大利亚审慎监管局更广泛的监管战略的影响仍有待观察。

（六）下一步措施

关于气候及其变化造成的财务影响的内外部对话已经启动，其中包括对业界发表的数篇演讲以及不同行业相关团体和国际监管者之间的讨论。澳大利亚审慎监管局的工作组正致力于为一线监管者制定一套气候变化风险的战略和监管指引，以促进与业界开展更广泛的内外部对话。此外，澳大利亚审慎监管局在《2017—2020 年企业规划》中明确提到了气候变化风险。

监管局将在此方面开展进一步讨论，以便更好地了解气候变化引发的风险、这些风险给金融体系带来的影响、被监管主体管理这些风险的具体方式等，其中包括这些主体当前（和未来）测量和控制这些风险的方法。澳大利亚审慎监管局正计划对被监管主体进行调查，以更好地了解新出现的最佳实践，并审查全行业在气候方面的信息披露。

澳大利亚审慎监管局已经接受了可持续保险论坛正在进行的重要工作，这为澳大利亚审慎监管局等监管者提供了相互学习的机会。可持续保险论坛应当继续支持合作，组织分享有关最佳实践和新兴风险的信息。

二 巴西：商业保险监管局

（一）动机和原因

在巴西保险联合会（Brazilian Insurance Confederation，CNseg）的领导下，巴西的保险人在监管者采取行动之前，就可持续性问题完善了组织构建。大多数的巴西保险人都是“可持续保险原则”的缔约方。这项运动始于2012年在巴西里约热内卢举办的“里约+20”联合国峰会，而这次峰会标志着这些原则的启动。

尤其是在2015年缔约方第21次会议之后，商业保险监管局紧随这一发展势头，于2016年决定支持“可持续保险原则”。由此，商业保险监管局也加入了发起可持续保险论坛的领导小组。

监管者参与的主要目的是，使巴西保险市场符合审慎和市场监管的要求，让保险业认识到业务整体生命周期的环境、社会和治理（Environment，Sociality，Governance，ESG）风险。在认识阶段之后，对商业保险监管局而言，将这一理解转化为保险人的具体行动具有非常重要的意义。监管者认为，如果没有保险人对技术创新的投资，这些措施就无法实现。

（二）途径和方法

商业保险监管局的第一步是支持“可持续保险原则”。这发生在2016年4月举行的拉丁美洲保险监督官协会（Asociación de Supervisores de Seguros de América Latina，ASSAL）会议上。这对行业而言是一个明确的信号，即监管者将加强ESG方面的监管。

第二步是要在采取任何监管措施甚至指引之前，了解巴西保险行业可持续发展问题的现状。2016年11月，商业保险监管局开展了一项包含64个问题的广泛的问卷调查，其中有环境方面的问题。因为商业保险监管局的目的是了解保险人所处的成熟阶段，所以该组织打算在调查中提出一系列涉及保险业务各方面的问题。这些问题包括：报告、管理和战略、学习与研究、业务、内部过程、能力构建、第三方与其他因素等。

（三）关键发现

保险人、本地再保险人、开放式养老金实体、资本化公司等共计127

位主体参与了本次调查，占商业保险监管局监管的市场份额的75%。

从收到的回复中可以推断，被监管的公司一般没有将ESG风险纳入其核心业务活动中，而是将其局限于雇员的环保意识倡议和针对能源、水、自然资源等的经济措施。尽管这些倡议不容忽视，但是它们并没有实现“可持续保险原则”的目标。这表明巴西公司仍处于可持续发展的初始阶段。

其中一项具有重要意义的发现是，即使与“可持续保险原则”的缔约公司相比，再保险人在此类问题上也是领先一步的。这既缘于再保险人具有的国际化特色，更缘于再保险人的高层行政部门切实参与其中，设定了具体目标，并开展了相关课题的研究。

（四）经验教训：关键的挑战和有待改善的领域

一个重要的经验教训（也是一个关键的挑战）是，金融监管者和被监管企业的深度参与是必要的。双方需要努力将ESG风险尤其是气候相关风险纳入自身的经营之中。这就要求各机构深刻转变自己的思维模式。为了实现这一参与，监管者应当通过提供信息、指引和能力构建来提升自己对气候问题的认识。

另一个重要的经验教训是，气候问题的压力不仅来自监管主体和政府，还来自投资者、股东和消费者。因此，建立一套针对这一问题的自我监管体系将对巴西保险市场大有裨益。

第三个经验教训源于新技术在促进环境问题的变革管理上的重要意义，其中包括在保险领域使用金融科技，即保险科技。

（五）对监管实践的影响

这是商业保险监管局对其监管框架做出的首次变革。该报告及其主要调查结果于2017年6月在商业保险监管局的官网上发布[①]。

此后，商业保险监管局参与了由美洲开发银行（Inter-American Development Bank，IADB）、巴西发展机构协会和巴西证券委员会（Brazilian

① http://www.susep.gov.br/setores-susep/noticias/noticias/lancamento-do-relatorio-do-i-questionario-de-sustentabilidade-em-seguros-susep-2013-2016.

Securities Commission，CVM）联合发起成立的金融创新实验室[1]。该实验室的参与方还有封闭式养老金实体监管局（Previc）、巴西开发银行（Brazilian Development Bank，BNDES）、英国领事馆、许多私营行业的代表等。作为该实验室的一员，商业保险监管局正与巴西金融体系的主要监管者开展合作（央行是观察员），制定应对气候变化挑战的具体措施。该实验室的任务期限为3年，由4个工作组组成。商业保险监管局参与了其中3个，分别是绿色债券工作组、绿色金融工作组和金融科技工作组。

另一项值得注意的举措是，将可持续方法纳入巴西—英国工作组将要进行的工作中。工作组的具体工作还包括保险科技开发、保险债券产品增信等。

（六）下一步措施

展望未来，商业保险监管局计划：将巴西保险科技中心（camara. e-net）升级为金融创新实验室的金融科技工作组，其目标是给所有被监管市场开发一套“沙盒”；向商业保险监管局董事会提交有关对气候问题的认识、公司投资政策的信息披露、绿色保险产品开发等监管建议；促进商业保险监管局所监管的市场进行自律。

三 法国：审慎监管局（ACPR）[2]

（一）动机和原因

《联合国气候变化框架公约》缔约方第21次会议和随后的《巴黎气候变化协定》在法国各机构间促成了一项应对和缓释气候相关风险的高强度的工作方案。2015年《能源转型法》极大程度上将法国的低碳战略正规化，并为许多行业设计了相关战略。该法第173条特别关注金融业，而且为非金融企业和金融机构提出了一套具有如下双重目标的新报告要求：促进金融机构将气候因素纳入其业务范围，改善信息披露的质量；增加企业和金融机构对气候问题的拨款。此外，该法第173条还规定，银

① http：//www. labinovacaofinanceira. com.

② 详见本书第五章。

行要在其风险管理框架中考虑与气候变化相关风险，政府要报告与气候变化有关的潜在压力测试情景。

在此背景下，审慎监管局要确保在金融体系稳定的核心任务目标下，积极地把气候变化风险纳入其对银行和保险人的日常监管框架中。

（二）途径和方法

1. 信息披露

法国于2015年8月通过了《能源转型法》。该法第173条规定修改了保险人披露气候相关风险的信息内容和方式，这表现为以下两项监管要求。第一，考虑集团或单独实体。总资产小于5亿欧元的小型实体的信息披露要求包括：全面说明企业与ESG问题有关的投资政策，说明个人投资者/认购者关于本投资政策信息的实践，关于可能自愿遵守特定行为准则的信息，以及解释与此类问题有关的内部风险识别和管理过程。第二，除上述规定之外，该法还特别要求总资产超过5亿美元的大型实体提供：应用的准则、计算依据的资料（财务资料、非财务资料、内外部分析资料等）、方法、假设条件、结果等的详细说明，以及如何将这些结果纳入投资政策之中。各机构应当清楚说明他们的投资政策如何受到分析结果的影响，以及这些政策将如何为限制全球变暖的整体目标做贡献。

法国的做法赋予投资者自由选择权，使其可以自由选择满足这一新报告要求的具体方式，并根据他们与高层次转型目标间的一致性，将这种灵活性视为激发投资者全面思考风险的关键。

私人观察员目前正在评估有关保险人投资政策信息披露的新架构[①]。

2. 风险识别

审慎监管局使用现在通用的风险术语区分了“气候变化”和“能源/低碳转型”两个概念。当然，这两个术语是相互关联的，所以这一区分并不一定意味着“二分法”。从这两个概念出发，审慎监管局讨论了两类与气候变化相关的风险：由气候事件造成的直接损害引发的；为低碳转型而做出的调整，特别是当这些调整突然发生时。

---

① https://www.dnb.nl/en/binaries/tt_tcm47 – 338545.pdf.

3. 压力测试

第 173 条第 5 段规定，政府要报告关于“表明气候相关风险的定期压力测试情景”。《与气候变化有关的银行业风险评估报告》于 2017 年 2 月发布。它涵盖了三大议题：盘点法国银行在管理气候变化风险的现行实践；初步描述这些风险；首先思考银行业的气候压力测试有什么特点。

目前缺乏必要的数据或共享方法，因此，审慎监管局推断，在假设对气候变化相关风险进行压力测试或情景分析之前，需要进一步反思，而这可能是一种更中肯的方法。

（三）关键发现

审慎监管局最近率先分析了法国保险人于 2018 年 6 月发布的关于气候变化风险的报告。[①] 该分析采用“穿透法”分析了法国保险人于 2016 年年底发布的投资方面的审慎报告，评估了易受物理风险影响的国家以及通常认为易受转型风险影响的行业的投资价值，以显示其投资组合面临的气候变化风险敞口水平。法国保险人的转型风险敞口似乎非常显著：2400 亿至 4500 亿美元（即 10%—20%）的资产将由暴露或可能暴露于转型风险的实体发行。然而，保险人对物理风险中等至较大的国家所发行证券的投资可以忽略不计。

法国采取两步走的方法，首先要求银行实施新的信息披露规定，保险人则推迟实施这些规定，因此，目前可用的调查结果主要集中在银行业。针对保险业的分析正在进行中，但是关于银行的研究结果也可为保险业提供一些信息。

1. 信息披露

保险业的信息披露实践将在 2018 年年底发布的另一份政府报告中予以评估。与此同时，独立的私人观察员正在监控保险人和其他投资者正在进行的信息披露。据其分析，在 2017 年 7 月，163 家法国机构投资者中已有 51 家遵守了第 173 条之规定，他们代表了 38% 的投资者和 88% 的受管理资产。此外，2/3 的保险人已经披露了其气候相关风险的敞口。观

---

① 该报告即本书的第五章。

察人士看到了一系列良好做法的连锁反应，这种做法从大型投资者蔓延到了其他金融领域。

2. 风险识别

（1）物理风险

上述报告初步描绘了银行业的风险图谱。法国银行业经受的物理风险（包括住宅房产方面的总体敞口）占未偿贷款总额的 39%。如果我们只把 9 个工商业部门计算在内，那么这一数字会降至 12%，处于一个相对温和的水平。此外，金融风险主要集中在西欧和北美等受物理风险影响程度相对低的地区。公司的风险敞口中仅有 3% 处于高度脆弱的地区。

使用更精细的数据进行区域内分析才能得到更明确的结论。此外，法国的自然灾害保险框架发挥了重要的减灾作用。银行和/或客户分散化的经济活动也可能显著低于物理风险的最终影响。

对于保险业，审慎监管局在第 21 次缔约方会议中对气候相关风险的未来成本做了一些估计。气候因素仅仅造成了 1/3 的成本增量。

（2）转型风险

法国银行最容易受到转型风险影响的部门的金融风险在总体金融风险中的占比略低于 13%。从地理分布来看，这一金融风险主要集中在欧洲（62%）和法国（27%）。

3. 保险人实例

法国保险业在专业协会框架下召开会议，交流气候变化风险评估的关键调查结果，并且分享最佳实践，特别是在如何遵守信息披露规定方面。

根据缔约方第 21 次会议最乐观的情景，一家保险人计算出了可能的最小损失，到 2050 年亏损额会增加一倍（20% 由于气候变化本身，80% 则由于脆弱性增加）。另一家公司则使用按活动区域、风险类型、时间范围划分的矩阵法来了解投资组合的具体信息，评估其自身的气候风险敞口。

除评估物理风险和转型风险之外，一家公司还评估了其面临的“责任风险”，包括该公司的碳足迹、为实现碳减排的集体目标做出的贡献，以及合规性不足导致的后续声誉风险。许多公司在外部承包商的协助下评估其碳足迹。

（四）经验教训：关键的挑战和有待改善的领域

1. 改进数据

第一轮评估活动证明了涉及数据可用性和质量的问题。接下来的评估应当采用更精细的方法，与此同时，还要应对历史数据缺乏同质性的问题（主要原因在于保障范围、报告、保险实践会因时而变）。

2. 全面开展气候相关风险的评估

第一轮气候变化风险评估通常只涵盖保险人的部分投资组合。例如，有关转型风险的分析可能仅限于公用事业和汽车行业。此外，对物理风险影响的建模局限于房地产和基础设施融资领域。次轮的影响尚未分析。目前，债券投资组合中的物理风险通常未被评估。

3. 处理气候相关风险的联系

在共同的气候变化背景（此类风险间的相关性的一个关键来源）下，物理风险和转型风险通常是分开处理的，即被视作独立的现象。审慎监管局下一步的工作内容是探索和量化这两方面的相互联系。

4. 调整公司在资产和负债两方面的战略

保险人应当确保其商业战略和气候风险敞口之间、商业战略与投资政策之间的一致性。

5. 评估不同金融业之间的连通性

应对气候相关风险的一个关键因素是，正确识别最终的风险承担者。尤其是从长期来看，对保险保障的深入分析有助于提高风险识别率。需要开展更进一步的工作，以更细致的方式评估下列因素的潜在影响：越来越频繁的自然灾害会致使保费提高甚至令保险人撤市，经常性自然灾害会从整体上影响保险人资产负债表的财务稳定性，导致经济增长、日益集中的经济活动与保险保障范围之间出现失调。这些关联性是审慎监管局内部正在研究的一项主要课题。为此，11 月 30 日，审慎监管局组织保险人和银行于召开了一次会议。

6. 改进报告

为提高金融机构报告气候风险敞口的整体质量与简洁性，关键是要设定一些报告标准，以促进公司之间的可比性，并扩展报告的用途。此外，由于上述方法存在不确定性，公司将面临向市场交付不确定结果的挑战。

（五）对监管实践的影响

法兰西银行和审慎监管局2020年内部战略的一个关键目标是，在降低气候变化风险方面发挥积极作用。气候相关风险正逐步被纳入审慎监管局的监管政策。法国的做法让金融机构可以自由选择满足新报告要求的具体方式。审慎监管局目前正在反思如何在其监管中适当考虑这种更具灵活性的方式。

此外，作为确保金融稳定的一项任务，审慎监管局与公司开展了多种拓展活动，以提高金融界对气候变化风险问题的认识和了解。审慎监管局与业界定期举行会议，在2017年年底组织了上述联合活动，分别召开了与主要保险人和主要银行的座谈。审慎监管局还就气候方面的问题单独或与其他监管者联合举办了向业界和学术界开放的研讨会。

气候相关问题的工作涉及多个方面，应当采取微观审慎和宏观审慎的方法。因此，审慎监管局与法兰西银行和法国财政部组建了一个跨机构的合作网络。此外，气候相关问题的协调是基于法兰西银行和监管者之间建立的金融稳定集群（Financial Stability Cluster）。

审慎监管局也正在参与气候变化方面的重要国际活动，且其本身也是可持续保险论坛的重要创始成员。

（六）下一步措施

在发布银行业的报告后，审慎监管局成立了一个涉及银行业和保险业的跟踪监测委员会。其目的是，促进与银行和保险人的合作，开发一套分析气候变化风险的工具，并允许分享最佳实践，包括那些来自更学术性领域的实践。这一过程将持续到2018年，并且可能初步提出具体建议，建立基于情景的风险分析方法；至少对银行业如此。

四　意大利：保险监管局（IVASS）

（一）途径和方法

2016年，作为保险业脆弱性监测的一部分，保险监管局对6家独立公司和 10 家集团进行了气候变化脆弱性调查。其目的是，分析保险人/集团在投资政策、风险管理、缓释措施等方面的准备和战略，以及保单持有人的参与程度。

（二）关键发现

分析表明，国内保险市场的主要参与者（包括作为有关环境问题的主要倡议的签署者而积极参与国际活动的 4 个集团）拥有良好/很高的标准，在集团层面上具有明确的政策以及如下特征。第一，以绿色为导向的投资战略，将与环境、责任和治理问题有关内容与声誉紧密相关的内容相结合，同时考虑各种提高财务回报的机会；例如，对行业的长期投资（如可再生能源、清洁技术等）。这些战略还包括更新所谓的《负面清单》，即被排除出候选投资对象的发行者名单。第二，为了评估已经提供的保险服务是否及时如何更新，从而更好地考虑与天气事件有关的影响，应当采取审慎的承保实践和持续的风险监测和理赔分析，并考虑到（不同地理区域的）专家评估和 Nat – Cat 模型的作用。第三，风险缓释，尤其是通过再保险实现的风险缓释。第四，例如，在风险管理职能内采用新创造的专门的程序、内部规则和指导方针。第五，特定环境方面的专题报告（环境报告指引）。第六，承诺通过提供专注于公司细分市场的咨询服务来提升保单持有人的认识，从而减少气候变化相关的损失。在某些情况下，为了提供保障范围，这一承诺需要客户采用策略，尽可能减少自然事件造成的风险和损害。

（三）经验教训：关键的挑战和有待改善的领域

对于其他的公司/集团的调查结果表明：从公司内部行为的角度来看，环境保护问题受到了相当大的关注；但是，投资相关的气候变化和风险管理受到的关注较少。

（四）下一步措施

为了评估自 2016 年以来的所有进展，保险监管局正考虑在未来几个月中重复这项调查，以监测脆弱性。

五　荷兰：荷兰中央银行（DNB）

（一）动机和原因

识别金融体系风险的责任由作为监管当局的荷兰中央银行来承担。荷兰中央银行已经将可持续性纳入其核心任务和经营管理之中，其工作“不仅着眼于经济方面，还着眼于社会和生态方面”①。荷兰中央银行应议会要求，于2014年首次审查了气候变化相关的金融风险。2016年，荷兰中央银行在一份报告（《转型时刻》）中研究了向碳中性经济转型对宏观经济和金融部门的影响②。

2017年，荷兰中央银行的监管和政策部门独立开展了气候变化和保险业方面的新工作，包括以下内容。第一，一份发布于2017年10月标题为《防范水患？探析荷兰金融业与气候相关的风险》（以下简称《防范水患?》）的报告考察了气候变化影响荷兰金融业的具体方式。在该报告中，荷兰中央银行调查了两类风险：气候变化引发的物理风险，如风暴、冰雹和洪水；向碳中性经济转型引发的转型风险。在这两个类别中，荷兰中央银行探讨了4个主题——气候变化对保险人的影响、大规模洪灾对金融业的影响、高碳型投资引发的风险以及绿色金融方面的风险。第二，压力测试：荷兰中央银行已将新的气候情景纳入针对非寿险业的压力测试。

（二）途径和方法

1. 物理风险

荷兰中央银行开展的涉及物理风险的活动包括：在《防范水患?》报告中调查③：气候变化对保险人负债的影响，以及气候变化对金融机构资产的影响，尤其是对荷兰洪灾风险造成的影响；针对非寿险行业的压力测试包括两个风暴情景和一个极端天气情景（基于冰雹和/或降水风险）。

《防范水患?》报告使用各种方法，借助定量和定性信息，评估气候

---

① https://www.dnb.nl/en/binaries/Annual% 20report% 20DNB% 202016 _ tcm47 - 356008.pdf.

② https://www.dnb.nl/en/binaries/tt_tcm47 - 338545.pdf.

③ https://www.dnb.nl/en/binaries/Waterproof_tcm47 - 363851.pdf? 2017100511.

变化风险，包括如下内容。第一，结构化访谈及问卷：荷兰中央银行向6家最大的保险人发送了调查问卷，其中包括一份量化的模板，要求保险人填写气候相关因素造成的预期损失额和再保险成本。这份调查还通过与不同利益相关者［包括保险人、经纪人、灾难建模公司（RMS、AIR和Corelogic）］、监督官和部委开展结构化访谈，收集非量化信息。第二，模拟未来的保费收入和资本需求：为了确定影响未来保费和资本需求的气候趋势，这一分析主要基于荷兰皇家气象研究所（Koninklijk Nederlands Meteorologisch Instituut，KNMI）发布的2014年气候情景。这些气候情景反过来又与政府间气候变化专门委员会的工作相衔接，给出了4种符合荷兰国情的发展趋势。第三，洪水风险及其对银行、保险人和养老金资产的财务影响分析：考虑到洪水风险情景，荷兰中央银行基于荷兰基础设施和环境部（VNK2）与一家工程公司（Deltares）合作拓展了全国洪水风险分析（National Flood Risk Analysis）。为报告选取的两个情景符合监管框架中的金融冲击标准（如“偿付能力Ⅱ”和“巴塞尔Ⅲ”）。这些情景中破坏事件的发生概率分别为“百年一遇”和“千年一遇”量级。

对于非寿险业的压力测试。自下而上，由荷兰中央银行确定，但是，参与测试的机构应当调查并报告这些情景的（量化）影响。荷兰中央银行已经设计了各种情景，然后开会与业界就此进行了磋商。作为此次会议的后续行动，需要在这些情景说明和解释中加入一些澄清内容。

在风暴情景的边界条件/替代变量/假设方面，参与测试的公司需要将测试结果建立在RMS（Risk Management Solutions）公司风暴模型的某些预先定义的灾难情景的基础上，因此，该模型被认为能够粗略估计某一收益期中发生的一场风暴事件造成的真实损失。最近一次严重降水的真实损失数据被用作未来极端天气情景事件的替代变量。荷兰中央银行认为，这些假设是可以接受的。因为相当极端的情景已经测试过，所以任何估值错误都不太可能对涉及压力情景承担能力的最终结论产生影响。

2. 转型风险

荷兰中央银行开展的涉及转型风险的活动包括：第一，《防范水患?》[1]

---

① https://www.dnb.nl/en/binaries/Waterproof_tcm47-363851.pdf?2017100511.

中提到，在调查金融业面临的气候风险时，转型风险中考虑的因素包括：高碳型投资引发的风险；与绿色金融有关的风险，该报告中的分析基于2016年荷兰金融机构的碳风险研究，其中包括对金融机构碳风险的数据调用；第二，促进金融业、决策者和监管者在可持续金融平台上就气候变化风险开展对话[①]。

在2016年的研究中，荷兰中央银行开展了一系列定性访谈并且联系了一些大型保险人、投行和银行，要求这些企业描述其在化石燃料等几个能源密集型行业面临的风险。2016年的评估活动并没有覆盖整个市场，而仅纳入了市场份额最大的金融企业。此次评估仅限于一些能源密集型行业，没有考虑一家金融企业的风险对另一家金融企业产生的次级影响。总之，这是一项整理风险敞口的操作，是所有风险管理过程的第一步。因此，为了从中得出可行结论，应当开展更多实质性的工作。

在2017年版《防水?》报告中，荷兰中央银行对三大银行、六大保险人和六大养老基金进行了调查。这些机构的总资产约占荷兰金融业总资产的75%。他们重点关注造成大量二氧化碳排放的行业。这些行业包括化石燃料生产商和供应商，以及能源发电、重工业（包括化学、钢铁、采矿、造纸和水泥）、交通运输、农业等高碳型行业。

可持续金融平台由荷兰中央银行于2016年发起成立，汇集了荷兰中央银行（主席单位）、荷兰银行业协会、荷兰保险人协会、荷兰养老金联合会、荷兰基金和资产管理协会、荷兰金融市场管理局、荷兰财政部、荷兰经济事务和气候政策部以及可持续金融实验室（智库）。该平台旨在促进金融业开展有关可持续金融的对话。成员每年举行两次会议，讨论在荷兰金融业内正在进行的新的可持续发展项目。作为这些会议的推动者，荷兰中央银行希望加强行业之间的联系，同时在此过程中预防或克服可持续融资障碍，以集体方式鼓励可持续实践。

（三）关键发现

荷兰中央银行的研究成果揭示了涉及气候因素对荷兰金融格局的深

---

① https：//www. dnb. nl/en/about – dnb/co – operation/platform – voor – duurzame – financiering/.

远影响，包括物理风险和转型风险。此类因素中的许多内容不仅会成为未来的负担，而且也是当前与日俱增的负担。

1. 物理风险

保险人责任：超过95%的非寿险保单是在荷兰境内签发的。基于荷兰皇家气象研究所假设的情景，保险人未来面临的气候相关的索赔必定会只增不减，甚至可能在2085年翻倍。2016年，在住宅房产保单中，气候相关的索赔与保费收入之比预计为13%。在2085年，如果温度上升3.5℃，那么这一数字预计将增加25%—131%。如果温度上升1.5℃，那么增幅预计为10%—52%①。

洪水风险：荷兰约有60%的土地易受洪灾影响，26%的土地实际上位于海平面以下，34%的土地面临河流泛滥的风险。最糟糕的情景是，西海岸防波堤多次决堤，致使兰斯塔德（Randstad）地区遭受大面积洪灾。这一经济损失估值可能高达1200亿欧元。但是，这一情景成为现实的概率小之又小。在测试的两个情景中，经济损失总额估值在200亿—600亿欧元，即占最坏情境下损失估值的15%—50%。

2. 转型风险

荷兰中央银行在2017年开展了一项转型风险调查，调查结果显示，大约75%的机构将能源转型视作与自身资产负债表相关的风险，并且正积累这方面的专业知识。这一调查还显示，荷兰金融机构对转型风险上升的行业有显著的风险敞口。11%的银行资产负债表与高碳型行业密不可分。对于养老基金，该比重为12.4%。保险人的风险敞口貌似不大，只有4.5%。与2015年年底相比，风险暴露总量略微增加。其部分原因在于，银行对化石燃料生产商的贷款增加了23%，而同期的银行资产负债表却略微紧缩。可能的解释是，2016年的油气市场从2015年的油价低点复苏回暖，这带来了新增贷款，也更充分利用了现有的信贷资源。养老基金在化石燃料行业的金融风险增量为60亿欧元，但在资产负债表上的占比基本不变。

保险人和养老基金投资的主要是股票、债券和大宗商品，很容易受

---

① https：//www. dnb. nl/en/binaries/tt_tcm47 －338545. pdf.

市场行情波动的影响。养老基金主要投资于股票和大宗商品，而股票和大宗商品突然贬值的风险要高于债券，所以他们面临的风险更大。一项针对28家金融机构的调查表明，几乎所有机构都认为，目前的价格并不能充分反映转型风险，这意味着，当采取新的措施或开发新技术时，价格有突然下跌的可能性。

（四）经验教训：关键的挑战和有待改善的领域

与许多国际同行一样，荷兰中央银行评估气候变化引发的金融风险的努力正在为未来奠定有效的基础。典型的问题包括利益相关者参与度、数据采集和兼容性以及确立压力测试的情景参数。

1. 物理风险

在《防水?》报告中开展物理风险分析所遇到的关键挑战包括：识别可能影响金融机构的气候变化情况；从不同利益相关者那里获得一个学科领域（天气、气候和气候变化）的观点，而该学科领域的监管者此前几乎不了解这一专业知识；连接不同的数据源，以估计洪灾损失对金融机构资产负债表的影响。

在非寿险压力测试过程中遇到的关键挑战包括：定义压力情景；确定情景的严重程度；在相关公司需要付出的努力和评估抗压所需的信息之间进行适当的平衡。

荷兰中央银行的报告表明，尽管一些保险人正在对自然灾害风险进行建模，但是，气候趋势的数据缺口和不确定性（包括意料之内和意料之外的损失）等障碍反映出，建模公司不能直接将气候趋势纳入分析中。

对于普通金融机构，由于资产端缺乏与其投资/贷款相关的精细的地理数据，因此，很难估计他们面临的物理风险。就压力测试而言，尽管天气条件恶劣，但公司可以辩称，这些风险只会在几十年后出现，而自己有足够的时间改进目前的风险缓释措施（如再保险）。这里的问题在于，人们不可能可靠地预评估特定极端天气事件的重现期。

2. 转型风险

数据可用性仍然是个问题。不同金融机构在按资产划分的行业分类系统上存在很大的差异，这致使在系统层面上调整跨风险类型和资产类别的风险敞口非常具有挑战性。为了克服这一问题，荷兰中央银行不得不为金融机构引入一套标准分类代码。有必要在公司和国家层面上深入开展工作，开发出一种更复杂的估计转型风险敞口的方法，如量化的情景分析。改善基于行业、资产类别和国家类型的金融风险数据的可及性能够推进此类分析。

荷兰中央银行将金融机构开展的高碳金融风险研究视作在这一主题上的良好开端。这种方法可以在国家和全球层面上从金融业内部和外部提升人们对这一问题的认识。下一步可能是深入考察，量化风险，并将其纳入监管实践。

（五）对监管实践的影响

《防水?》报告向金融业、监管者和决策者提出了若干建议。以下是给监管者提出的建议。第一，将气候相关风险以更明确的方式纳入监管方法论中：气候变化风险将被纳入荷兰中央银行的评估框架，然后在与被监管者的面谈中加以处理。荷兰中央银行还将继续推进气候压力测试的开发工作。第二，建构知识库，在国际上促进最佳实践的交流：荷兰中央银行现在是国家可持续金融平台的主席单位。在全球层面上，荷兰中央银行正在努力发展国际认可的最佳实践，以此帮助监管当局应对气候相关风险。为实现这一目标，荷兰中央银行积极参加包括可持续保险论坛在内的各类国际论坛。

（六）下一步措施

荷兰中央银行将可持续性作为《2018—2012 年的监管战略》[①] 中提到的 3 个重点关注领域之一，目标是“培育一个有前瞻性的和可持续发展的行业”。作为此目标的一部分，正如《防范水患?》所建议的，荷兰中央银行希望将更强的可持续性纳入其监管任务，同时促进全球最佳实践经验的交流。荷兰中央银行有意在 2018 年采取以下措施，将气候相关风险更明确地纳入监管方法中。一是开始编制气候相关风险的评估框架，然后在与被监管者的面谈中处理这些风险。二是开发转型风险压力测试，聚焦能源转型对整个行业的影响。2018 年 4 月 6 日，荷兰中

---

① https：//www. dnb. nl/en/binaries/Supervisory% 20Strategy% 202018 – 2022 _ tcm47 – 365943. pdf? 2018011113.

央银行与英格兰银行、法兰西银行联合举办了一场气候变化风险与监管会议。

六　英国：审慎监管局

（一）动机和原因

2012年，一个由投资者、民间社团、大学等组成的联合组织曾致函英格兰银行，要求对破坏环境的投资给英国金融体系和经济增长带来的系统性风险进行调查。2013年，英国环境、食品和农村事务部（DEFRA）根据《气候变化法案2008年》的规定，邀请审慎监管局在第2轮适应报告中提交一份气候变化适应报告。这项调查的进展因此得到了快速且密集的关注。2014年，审慎监管局接受了这一邀请，然后将报告聚焦于保险领域。这份报告于2015年9月发布，并附有局长在劳合社发布的关于气候变化的讲话[①]。在这一事件的驱动下，审慎监管局通过各种监管活动、研究、对话、国内与国际参与，持续不断地应对气候相关风险[②]。本案例研究参考了审慎监管局自2017年起开展的气候变化评估工作。

（二）途径和方法

1. 物理风险：非寿险人压力测试（General Insurance Stress Testing，GIST）2017[③]

审慎监管局的非寿险人压力测试计划涵盖大型的非寿险人，测试行业对责任冲击事件的韧性，使得审慎监管局能够分析特定情景给公司可用资本造成的影响，帮助这些公司识别出非寿险业务可能接触的关键再保险交易对手及其所在国家或地区。在公司层面，这一测试将获得内部模型评估流程的信息以及审慎监管局对公司风险管理系统的看法；此外，这一测试还将为公司管理各种责任冲击的潜在风险敞口提供洞见。

此测试的第1部分包括4个自然灾害情景和1个经济滑坡情景。对于

---

① http：//www. bankofengland. co. uk/pra/Documents/supervision/activities/climate210916. pdf.

② http：//www. bankofengland. co. uk/pages/climatechange. aspx.

③ 参见本书第四章第四节。

事件足迹/位置、事件严重程度（如风速和水深）等物理模型参数，通过与模型开发人员协商确定。该模型情景涵盖：严冬季节——横跨英国东南部和北欧的两场强风暴加上发生在英国的两场洪灾；西北太平洋发生里氏 9 级地震并引发海啸（美国—加拿大）；洛杉矶地区圣安德烈亚斯断层发生里氏 8 级地震，随后发生一次 7 级余震；3 级和 4 级系列飓风横扫加勒比海和墨西哥湾，之后在美国大陆登陆；资产冲击、经济滑坡和索赔增加致使准备金减少。此外，公司还需要量化与经济滑坡相关的承保损失的预期影响。

保险公司被要求在 2017 年年初提供其偿付能力资本要求（Solvency Capital Requirement，SCR）和自有资金，并在年末最佳估值的基础上提供预计的可用自有资金以及偿付能力资本要求。然后，对于每种压力情景，公司应当在 2017 年年底量化其对自有资金的影响，包括管理行动、市场调整、压力的直接影响等。这些信息将录入到一份电子表格，作为测试的一部分发送给这些公司，以记录其调查结果。

2. 转型风险：评估英国保险人资产组合的碳风险，并且与 2℃ 情景校准

这项活动围绕着确定被监管保险人的投资组合，评估不同资产类别和底层实物资产的所有权，以了解英国保险人的投资组合中转型风险的特征、规模和集中度。利用 R 模型，将金融机构资产（如股票和公司债券）的精细数据与高排放行业（如化石燃料、电力、交通运输）的资产水平数据进行匹配，然后根据国际能源署 IEA 450 的情景来设计具体情况。这使得审慎监管局能够分析出公司投资组合与 2℃ 情景的校准（或不校准）情况，以及潜在的风险领域。其目的在于，能够利用分析结果为公司提供校准（或不校准）的、潜在的高风险区域等信息。

（三）关键发现

压力测试的分析结果预计将于 2018 年公布。不过，审慎监管局预计，这一情景将有助于人们了解气候变化风险对英国保险业的影响。例如，分析将表明损失侵蚀掉的资本占总资本的百分比。它还将阐明气候变化风险给个体公司造成的影响。例如，分析结果将表明每家公司或辛迪加的损失侵蚀掉的资本百分比，从而确定受此特定情景影响最严重的

公司以及该公司预计会采取的管理措施。最后，分析结果的另一个用处是，描绘再保险人的情况并确定潜在的集中程度。这一分析结果将显示，再保险追偿款总额、关联公司、国家或地区、潜在的螺旋效应等。

对转型风险的研究也在进行中。这些结果将采用基于情景的视角，说明在遭遇突然转型的情况下，个人投资组合可能遭受的损失。对于每一个投资组合，这种损失依赖于它们暴露在高碳型行业的份额，以及这一份额与2℃升温情境下投资组合之间的差异程度。之后，将这些结果进行汇总，从而弄清所有接受调查的公司在2℃升温基准下的总体表现。

（四）经验教训：关键的挑战和有待改善的领域

要改善的关键领域包括：信息与披露；为整合环境风险而改进的分析技术；明确评估和管理环境风险的职责；促进负责任的投资和“绿色投资”标准。

关于压力测试的关键挑战是，确定一个在所有公司之间一致的情景。因此，这些情景应当足够详细，以便公司能够对相同的事件开展分析。此外，这些事件测试了像如今这样的气候变化风险，但还无法预测未来几年的气候状况。在资产组合校准情景（Asset Portfolio Alignment Scenario）下，审慎监管局面临的主要挑战是，在对一些资产类别进行建模时，缺乏其他高排放行业的数据和精细情景。

这一行业中的公司也会受到建模公司服务能力的限制，目前他们只能对风暴和洪灾事件进行建模。他们能校准事件的严重程度和频率，但是，这些还应当得到科学的证明；此外，事件的发生频率与大量的内在不确定因素有关，因此，很难定义存在重大关联的情景。

当开展压力测试时，为了确定一致的情景，其他监管者会与模型开发者建立良好的联系；同时，为确定相关的事件参数（频率和严重程度），他们也会与学者建立良好联系。其他监管者可以采用比例法，确定公司对各种事件（如欧洲风暴、美国飓风、英国洪水等）的风险敞口，然后将测试重点放在对特定公司影响最大的事件和地区上。

（五）对监管实践的影响

尽管这些结果仍然难以确定，但是早前的《气候变化适应报告》的调查结果已经与被监管的保险人共享了，所以保险人应当考虑业已识别的风险。此外，建设能力是为了确保监管者了解这一行业的可持续性问题，并且知道如何管理这些问题。这可以通过提供监管工具包等实用材料，以及考虑现有工具包、风险和偿付能力自评估（ORSA）等模型中的可持续因素来实现。对气候相关风险的监管者进行专门培训也是值得考虑的想法。

为了应对气候变化造成的系统性风险，审慎监管局还参加了在英国内外开展的如下重大活动：与中国人民银行共同主持 G20 绿色金融研究工作组；密切关注金融稳定理事会气候相关财务信息披露工作组的工作；成为可持续保险论坛的创始成员；通过相关部门［英格兰银行（BoE）、金融行为监管局（FCA）、养老金监管局（TPR）、财务报告委员会（FRC）］的联合监管论坛，在国家层面上支持 G20。

（六）下一步措施

很显然，气候变化与金融监管之间的联系正日益密切。因此，审慎监管局的重点将放在气候变化的韧性上，从而支持金融业向低碳经济的有序转型。审慎监管局将组合国际协作、研究、对话、监管等方式实现这一目标。

审慎监管局最近已经把评估范围扩大至银行业。银行业在金融业中发挥着独特作用，也面临着各种挑战和机遇。该评估采用了与保险业工作类似的方法。虽然该项工作还处于初期阶段，但是它已经形成一些非常中肯的深刻见解。人们注意到，审慎监管局通过开展调查和召开会议，以及与公司进行对话，鼓励银行思考其应对气候变化风险的战略方法。审慎监管局还与英国的其他金融监管者（如财务报告委员会、金融行为监管局、养老金监管局）保持联系。

审慎监管局支持在出现这种情况时继续分享最佳实践，并鼓励可持续保险论坛开发风险分析框架和工具，并鼓励论坛努力克服数据和信息方面的障碍。

七　美国：全美保险监督官协会[1]

（一）动机和原因

在美国，各州级保险监管者对气候变化有着截然不同的看法。尽管一些州[2]已经采取了某些措施，但是其他州在管理和减轻巨灾风险及其影响的监管方式上仍存在分歧。全美保险监督官协会已开展了气候变化风险方面的多项工作，但是并未针对这一问题发布正式政策，也没有支持个别州或国际保险监督官协会采取任何具体方法。

全美保险监督官协会气候风险信息披露调查于2009年10月启动。该调查旨在确定保险人是否将气候变化纳入其风险管理和投资策略。这主要是为了回应2008年全美保险监督官协会发布的白皮书《气候变化对保险监管工作的潜在影响》[3]。这是一项包括纽约州、华盛顿州、康涅狄格州、新墨西哥州和明尼苏达州在内的多州联合监管行动。这项调查由加利福尼亚州保险局牵头。

（二）途径和方法

截至2016年，该调查包含8个关于保险人应对气候变化的定性问题[4]。该调查以CDP［原“碳信息披露项目”（Carbon Disclosure Project）］的自愿问卷为模板，引用了问卷中的一些问题。

调查问题需要总结气候变化给公司带来的当前或预期的风险，阐释这些风险可能影响保险人业务的具体方式，并确定受这些风险影响的地理区域。

保险公司可以在不指明信息重要性的情况下提交量化信息，即使这不是他们的义务。鼓励保险公司提供量化信息，以便更好地明确自然灾害的强度或减弱趋势、保险赔付、投资组合构成、保单持有人风险下降、计算机模型改进等内容。

---

① 本案例研究由美国加州保险办公室提供，该办公室负责协调调查并在其部门网站上公布结果。

② 参见第九章第二节和第三节。

③ http://www.naic.org/cipr_topics/topic_climate_risk_disclosure.ht.

④ http://www.insurance.ca.gov/0250 - insurers/0300 - insurers/0100 - applications/Climate-Survey/upload/GUIDELINES - CLIMATE - RISK - SURVEY - REPORTING - YEAR - 2016 - 2.pdf.

鼓励保险人提供前瞻性信息，提出保险人未来可能面临的风险和机遇；在提供此类信息时，保险人可不必为此类信息的准确性承担任何责任。前瞻性信息被认为具有一定的不确定性，因此，如果提供了此类信息，保险人需要对不确定性的程度和来源以及所采用的假设给予说明。

信息由在州级行政区内参与该举措且受其约束的公司在强制和公开的基础上提供。这些公司是根据上一财年实现 1 亿美元直接承保保费的阈值来确定的。承保金额不足 1 亿美元的保险人可根据情况自愿决定是否参与。

（三）关键发现

各参与州将这些调查结果用于各种监管目的。此外，环境责任经济联盟（Coalition for Environmentally Responsible Economics，CEREs）是一个非营利组织，不隶属于全美保险监督官协会，他分析了这些调查结果，并编写了一份年度报告，强调各种趋势，并根据公司对气候变化的反应对他们进行排序[①]。

（四）经验教训：关键的挑战和有待改善的领域

随着气候科学的进展（例如，观测到的数据和模型之间的一致性增强，或者灾害和气候模型融合程度提高），保险人应当能够提供更明确的量化信息。这会帮助保险人和监管者采取更有效和统一的方法。

经过各参与州的一致同意，这一调查项目将采用最新开发的可供实际使用的信息披露技术。这些技术用于处理新开发的气候相关财务信息披露制度所需的相关和非冗余的信息披露。此外，信息披露指导材料也与时俱进。

（五）对监管实践的影响

加州等美国一些州已将全美保险监督官协会的调查作为进一步行动的基础。加州保监局（California Department of Insurance，CDI）将全美保险监督官协会的调查与气候风险碳排放倡议结合起来，编制了

---

① https：//www. ceres. org/resources/reports/insurer - climate - risk - disclosure - survey - report - scorecard.

一套关于保险人对气候风险的看法、行动和敞口的综合性意见。

此外，加州保险局基于其日常财务检查成果、对保险人风险和偿付能力自评估（ORSA）报告的评价、《全美保险监督官协会控股公司示范法》要求的新F表格文件（与公司风险报告相关），获取了关于保险人识别和应对气候变化风险的信息。考虑到保险人面临的风险，加州保险局将在对保险人开展单独财务检查的过程中，从这些数据中吸取经验教训。

（六）下一步措施

全美保险监督官协会亟须在各参与州每年进行一次气候风险信息披露调查。此外，全美保险监督官协会还成立了气候变化和全球变暖工作组。该工作组的任务如下：审查运营商开展的全面风险管理工作，以及他们如何受气候变化及全球变暖的影响；调查并接收运营商和再保险人使用气候变化和全球变暖模型的信息；通过相关方的描述，审查气候变化和全球变暖对保险人的影响；调查与保险业有关的可持续性问题及其解决方案；审查针对气候变化的创新性的保险人解决方案，包括通过相关方的描述来审查新的保险产品。

第七节　总结

气候变化风险给保险业带来了影响深远且很可能与日俱增的挑战。保险人在家庭部门和企业部门应对气候变化的物理风险的韧性上发挥着关键作用。未来，随着这些影响开始以更大的强度显现，这一作用将变得越发重要。通过承保和投资活动，保险人也广泛接触到气候变化可能引发的物理风险和转型风险。这种接触可能影响到保险人承保和赔付的能力。保险可及性对向低碳转型的演变和平稳推进具有重要影响，进而对经营模式构成了重要的战略性挑战。最后，在金融业对气候变化韧性的问题上，保险人的作用很重要。

一些保险人正积极通过风险减轻、风险转移和投资活动打造自身对气候变化的韧性，同时为家庭、企业和政府建设对气候变化风险的更广泛的韧性贡献力量。其他保险人则并未积极寻求加强自身应对气候变化的韧性，所以可能面临挑战。其部分原因在于此类业务的复杂性。因为气候变化给经济和社会带来了复杂的全球性的动态影响，所以各类保险业务均会受到气候变化风险直接或间接的长期影响。在此背景下，所有保险人，无论其规模、专业、住所和地理区位如何，都应当思考自己面临的气候变化风险，并在适当的情况下力求建立对此类风险的韧性。

金融业已形成了一个共识，气候变化可能引发的系统性影响需要一套全球的系统性应对举措，而 G20 和金融稳定理事会（FSB）在全球层面开展的工作便是一个例证。这些发展成就为国际保险监督官协会及其成员从战略上思考气候变化的监管问题提供了动力。

许多保险监管者已认识到自己在应对气候变化风险过程中的重要作用，这符合其确保公司和保险业的整体安全性及稳定性的使命。但是，可持续保险论坛成员之间的观点、优先事项和战略存在较大差别，许多成员在应对气候变化风险的挑战方面更先进。与之类似，国际保险监督官协会成员之间对这些气候变化风险问题的经验和熟悉程度也存在显著差异。因为这些努力很多是新出现的，所以信息共享和合作——包括与其他金融监管者之间的——可能是有益的。

事实证明，气候变化风险需要监管者不断强化详细审查。尽管保险核心原则没有明确如何应对气候变化，但是，这些原则声明的条款和所附的标准与指引却从多个层面涵盖了气候变化风险带来的问题。就此而言，保险核心原则给保险业对气候变化风险识别、评估和监管提供了通用依据。

展望未来，保险监管者应当努力提升他们对气候变化风险的理解水平，同时增强监管能力，准确评估保险业为获得气候韧性而在各项承保和投资活动中采取的措施。国际保险监管官协会将在可持续保险论坛的支持下，监测与气候变化风险有关且不断变化的举措与议题。该协会和可持续保险论坛为根据保险核心原则应对气候变化风险问题的最佳实践提供了补充支持材料。这些材料可能对监管者和保险人有益。其中值得深思的一点是：本章是否可以并且如何在以后的随访调研中形成一篇或多篇应用型论文，以进一步探讨这些问题。

附录　金融稳定理事会气候相关财务信息披露工作组的建议

附表7—1　治理

信息披露建议	对所有部门的指引	给保险人和资产所有人提供的补充指引
说明董事会如何监管气候相关的风险和机遇	在说明董事会对气候相关问题开展监管工作时，组织应当仔细考虑并讨论如下事项： （1）董事会或其专门委员会（如审计、风险或其他专门委员会）应当知晓气候相关问题的程序及频率； （2）董事会或其专门委员会是否在如下工作中考虑气候相关问题：审查和指导战略、重要行动方案、风险管理政策、年度预算和经营计划、制定组织的绩效目标、监督实施和绩效、审查重要的资本开支、收购和撤资； （3）董事会或其专业委员会是否审议过气候相关的问题	
说明管理层在评估和管理气候相关的风险和机遇过程中的作用	在说明管理层在评估和管理气候相关问题中的作用时，组织应当考虑如下事项： （1）组织是否将气候相关的责任分派给管理职位或专门委员会；如果已经分派责任，那么此类管理职位或专门委员会是否向董事会报告？这些责任是否包括评估和/或管理气候相关的问题？ （2）是否包括对相关组织架构的说明？ （3）管理层能否利用这一架构来了解气候相关问题的处理过程？ （4）管理层如何通过某些职位和/或专门委员会来监测气候相关的问题	

表附 7—2 **战略**

信息披露建议	对所有部门的指引	给保险人和资产所有人提供的补充指引
(a) 说明组织已识别的气候相关的短期、中期和长期的风险和机遇	组织应当提供以下信息： (1) 考虑到组织的资产或基础设施的使用寿命、气候相关的问题通常在中长期显现的事实 (2) 每一时段（短期、中期和长期）中出现的可能对组织产生重大财务影响的气候相关的具体问题，以及气候相关的转型风险和物理风险的区别 (3) 说明可能对组织产生重大财务影响的风险和机遇的流程 组织应当考虑按行业及/或地域来合理说明这些风险和机遇，并且应当参照表 3 和表 4（第 72—73 页）说明气候相关的问题	
(b) 描述气候相关的风险和机遇对组织的业务、战略和财务规划的影响	组织应当根据建议的信息披露（a），讨论已确定的气候相关问题会如何影响其业务、战略和财务规划 组织应当从以下领域着手，将气候相关问题对其业务和战略的影响纳入考虑范围：产品服务、供应链和/或价值链、适应和缓释活动、研发投资、操作（包括操作类型和所操作设施的位置） 组织应当说明气候相关问题会如何以及何时成为其财务规划过程的一项投入，并为这些风险和机遇设定优先次序。组织所披露的信息应当大致反映出，创造价值的长期能力的各因素之间的相互关系。为了将信息披露对财务规划的影响纳入考虑范围，组织还应从以下几个方面着手：经营成本及收益、资本开支和配置、收购和撤资、资本可及性 如果使用气候相关的情景来指导组织的战略和财务规划，那么应当说明此类情景	保险人应当说明气候相关的风险和机遇的潜在影响，并尽可能提供有关其核心业务、产品和服务的定量佐证信息。这包括：业务部门、行业和地理层级信息；这些潜在影响会如何影响客户、分保人和经纪人的选择；是否正在开发气候相关的专门产品或能力，如绿色基础设施险、气候方面的专业风险咨询服务、气候方面的客户参与 资产所有人应当说明如何将气候相关的风险和机遇纳入投资战略。可以从总资金、投资战略和个人投资战略的角度来说明各种资产类别

续表

信息披露建议	对所有部门的指引	给保险人和资产所有人提供的补充指引
(c) 说明考虑气候相关的不同情景（包括2℃或更低的情景）的组织战略韧性	组织应当说明其战略对于气候相关风险和机遇的韧性，同时考虑到向低碳经济转型要符合2℃或更低温度的情景，以及涉及组织、增加气候物理风险的情景 组织应当考虑讨论：认为气候相关的风险和机遇可能影响自身战略的情况；如何改变自身战略，从而应对此类潜在的风险和机遇；考虑气候相关的情景以及相关的时间范围 将情景应用于前瞻性分析的有关信息，请参阅特别工作组报告的D节	保险人在承保活动中进行气候相关情景分析时，应当提供下列信息： (1) 说明所使用的气候相关情景，包括关键的输入参数、假设和考虑因素、分析选项等。除2℃情景之外，面临天气方面巨大风险的保险人应当考虑使用大于2℃的情景来考察气候变化的物理影响 (2) 对气候相关情景的时间框架（包括短期、中期和长期）做出合理解释 开展情景分析的资产所有人应当考虑和讨论如何使用气候相关情景，比如为特定资产提供投资信息

附表7—3　　风险管理

信息披露建议	对所有部门的指引	给保险人和资产所有人提供的补充指引
(a) 说明组织识别和评估气候相关风险的过程	组织应当说明用于识别和评估气候相关风险的管理过程。这一说明的一个重要方面是，组织如何确定气候相关风险相对于其他风险的重要性 组织应当说明其是否考虑了气候变化方面的既有和新的监管要求（如排放限制），以及其他相关的考虑因素	保险人应当说明根据地理位置、业务部门、产品细分来识别和评估（再）保险业务组合中气候相关风险的具体过程。此类风险内容包括：天气相关风险发生频率和强度的变化所导致的物理风险

续表

信息披露建议	对所有部门的指引	给保险人和资产所有人提供的补充指引
(a) 说明组织识别和评估气候相关风险的过程	组织还应当考虑披露以下信息：评估已确定的气候变化风险的潜在规模和范围的程序；对风险术语的定义，或对现有的风险分类框架的参考	因价值降低、能源成本变化和实施碳排放监管导致的可保权益减少而引发的转型风险；由于诉讼可能增加而加剧的责任风险 资产所有人应当酌情说明与被投资公司之间的业务往来，以鼓励更充分的信息披露和气候相关风险的实践，提高数据可用性和资产所有人评估气候相关风险的能力
(b) 说明组织管理气候相关风险的过程	组织应当说明气候相关风险的管理过程，包括其降低、转移、接受和控制此类风险的具体决策方式。此外，组织应当说明其如何优化气候相关风险的排列顺序，包括如何在组织内部做出重大决策 组织在说明其管理气候相关风险的过程中，应酌情处理表 3 和表 4（第 72—73 页）所列的风险	保险人应当说明用于管理气候相关风险且涉及产品开发和定价的关键工具或设备，比如风险模型 保险人还应当说明所考虑的气候相关事件的范围，以及如何管理由此类事件的上升趋势和严重性所引发的风险 资产所有人应当说明他们如何考虑其总体投资组合在向低碳能源的供应、生产和使用方面转型中的定位。这可能包括资产所有人如何积极管理与这一转型有关的投资组合头寸
(c) 说明将气候相关风险的识别、评估、管理过程纳入组织总体风险管理的具体方式	组织应当说明其将气候相关风险的识别、评估和管理过程纳入组织总体风险管理的具体方式	

附表 7—4　　指标和目标

信息披露建议	对所有部门的指引	给保险人和资产所有人提供的补充指引
(a) 根据组织的战略及风险管理程序，披露组织用来评估气候相关风险和机遇的指标	组织应当提供如表 3 和表 4 所述（第 72—73 页）用于测量和管理气候相关风险和机遇的关键指标。在需要时，组织应酌情考虑将水、能源、土地利用和废物管理等内容纳入气候相关风险的指标 如果气候相关问题重大，那么组织应当考虑说明是否应当以及如何将相关的绩效指标纳入薪酬政策 组织当在相关领域提供其内部碳价格，以及气候相关机遇的指标，比如为低碳经济设计的产品服务带来的收益 应当提供指标的历史值，以便进行趋势分析。此外，如果难以确定，那么组织应当说明用于计算或估计气候相关指标的方法	保险人应当根据国家或地区来提供财产保险业务中天气相关灾难的综合风险敞口（如气象灾难的年度综合预期损失额） 资产所有人应当说明用于评估每项资金或投资战略中气候相关的风险和机遇的指标。如果具有相关性，那么资产所有人应当说明这些指标将如何随时间推移发生变化 资产所有人应当酌情提供在投资决策和监控工作中要考虑的度量指标
(b) 披露“范围 1”“范围 2”和“范围 3”中温室气体（GHG）的排放量及其相关风险	组织应当提供其“范围 1”和“范围 2”中的温室气体排放量，并在适当的数据下，提供“范围 3”中的温室气体排放量及其相关风险 温室气体排放应当依照《温室气体议定书》规定的方法来计算，以便进行跨组织、地区和国家的汇总和比较。组织应当酌情考虑提供一个在相关行业中普遍可接受的温室气体效率比 应当提供历史时期的温室气体排放量和相关指标，以便进行趋势分析，此外，如果难以确定，那么组织应当说明用于计算或估计这一指标的方法	资产所有人应当提供加权平均碳强度，其中，每项基金或投资战略的数据应当是可获得或可估计的 此外，资产所有人应当提供他们认为有益于决策的其他指标，并且说明所使用的方法。常见的碳足迹和风险指标包括加权平均碳强度，参见表 1

续表

信息披露建议	对所有部门的指引	给保险人和资产所有人提供的补充指引
(c) 说明组织用于管理气候相关的风险和机遇以及相对于目标的绩效	组织应当根据预期的监管要求、市场约束条件和其他目标来说明气候方面的主要目标，如温室气体排放、用水量、能源使用量等。其他目标可以包含效率或财务目标、财务损失容忍度、在整个产品生命周期中避免温室气体排放、为低碳经济设计的产品服务的净收益等 组织在说明自身目标时，应当将以下内容纳入思考范围：目标是基于绝对标准还是强度标准；其所适用的时间范围；衡量工作进展的基准年；用于评估目标工作进展的关键业绩指标；如果难以确定，那么组织应当说明用于计算或估计这一指标的方法	

下　篇

保险业参与治理气候变化

第 八 章

联合国环境规划署的观点*

本章包括两节内容。如本书第六章“概述”中所言，全球应对气候变化的经验可以总结为“五步”行动框架，前两步更多是“保险业适应气候变化”的内容，所以在本书第六章第二节中进行了分析，而后三步更多是“保险参与治理气候变化”的内容，所以将在本章第一节介绍。本章第二节是关于保险人信息披露的主要建议的补充指引，旨在发挥好承保和投资功能。

第一节 “五步”行动框架的后三步

全球监管者在寻求应对可持续发展挑战的过程中展现了一些共性，可以概括为五个关键行动步骤：第一，初步评估：监管者首先评估保险业可持续性问题的重要性，以及其对保险业核心任务、目标和战略的影响。第二，深化风险分析：监管者可以探索如何更好地评估环境因素，

---

* 编译者注：本章来自联合国环境规划署（United Nations Environment Programme）于 2017 年 8 月发布和拥有产权的报告《“可持续保险”——监管的新议程》（*Sustainable Insurance the Emerging Agenda for Supervisors and Regulators*）的一部分。本章的作者为 Jeremy McDaniels（来自联合国环境调查项目，The UN Environment Inquiry）、Nick Robins（来自联合国环境调查项目，The UN Environment Inquiry）、Butch Bacani（来自“可持续保险原则”项目，Principles for Sustainable Insurance）。作者感谢 2016 年 12 月在美国旧金山举办的可持续保险论坛的所有参与者和 2017 年 7 月在英国伦敦温莎举办的可持续保险论坛年中会议的所有参与者。本章使用的名称和资料的表示方式并不代表联合国环境规划署对任何国家、领土、城市或地区或其当局的法律地位，或对其边疆或边界的划定及与之相关的任何观点的意见。此外，本章所表达的意见不代表联合国环境规划署的决定或既定政策，引用的商品名称或商业流程也不表示对其的认可。

并将其纳入日常监督检查和压力测试中。第三，改进信息披露：监管者可以从企业收集信息，并通过自愿指导、开展调查和实施强制性要求来推动信息披露。第四，市场转型：监管者可以通过产品框架和伙伴关系组织来支持新的保险市场，并通过树立意识、促进绿色金融市场和去除监管障碍来鼓励投资实践的变革。第五，建立系统性联系：监管者可以探索保险与其他金融行业、实体经济政策和更广泛的可持续金融进程之间的联系。

（一）改善信息披露

这是联合国环境规划署建议的“五步”行动框架的第3步。

1. 加强投资组合风险的信息披露

如果认为可持续性因素可能对公司构成重大风险（基于已确认的风险敞口、对不确定性的认识等），那么监管者将寻求加强保险公司之间对可持续性信息的交流，以提高透明度和市场效率。

纵观这一不断演变的信息披露模式，以下3个维度正在成为关键。

第一，前瞻性：信息披露的重点已从仅仅展示历史结果和过去的业绩，转向强调前瞻性材料的中心地位，这对于让客户、投资者和其他利益相关者了解该机构如何应对未来的竞争态势至关重要。气候相关财务信息披露工作组的一个重要调查结果表明，“96%的受访者将情景分析视为信息披露的一个关键组成部分”①。

第二，多用户：越来越多的机构关注信息披露，这使得报告的使用者不仅是金融体系内的客户和投资者，也包括希望深入了解实体经济所受影响的决策者。这些影响包括财政政策的有效性以及能源、环境和经济政策等受到的影响。

第三，关联信息披露层级：为了实现有效决策（见图8—1），需要在多个层级上进行信息披露。为了使每个连续的分析层级对集团、金融企业和监管者都有用，需要在情景和方法上保持一致性。①资产/项目：新项目或投资面临的具体气候挑战。②企业：投资者日益增长的需求对特

---

① https：//www.fsb－tcfd.org/wp－content/uploads/2016/07/FSB－TCFD－Phase－I－Public－Consultation.pdf.

定企业的影响。③行业：使同一行业的公司能够进行比较。④组合：为组合一级的跨行业分析提供基础。⑤金融机构：对整个金融机构的投资组合的影响。⑥金融市场：对监管者而言，要关注对保险业的总体影响。⑦金融体系：探索对企业层面的破坏演变为对系统层面的影响的可能性。⑧宏观经济：宏观经济因素，如增长、就业和价格、财政和贸易平衡、社会不平等和环境健康等。

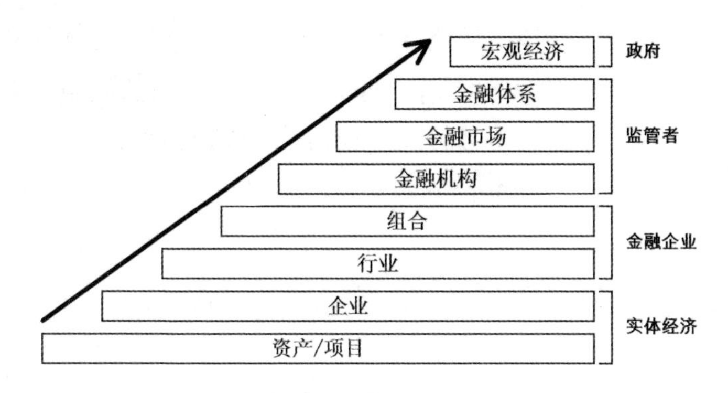

图 8—1　相关信息披露水平

资料来源：联合国环境调查项目，2016 年。

在不同层级上，保险监管者发挥着不同作用。为了确保保险公司披露的信息能够准确反映出实体经济的风险状况，一致性（coherence）显得非常重要。

虽然任务不同，但是许多监督者正通过保险系统的支持，积极寻求更好的可持续信息流动——从利益相关者参与和调查进程（荷兰），到数据要求（美国加利福尼亚州）以及新披露框架的实施（法国）。监管者已经注意到，与业界开展这种对话可能对内部评估进程产生催化作用。放眼未来，监管者可以探讨如何通过投资链来改善公司各部门的信息流动，包括参考气候相关财务信息披露工作组给出的建议。

2. 提升对消费者的透明度

虽然最近有关披露行动的重点是基于风险并关注投资组合，但是提升保险市场的透明度对保险产品的最终用户（包括居民家庭）有明显的好处。其中一个方面是，要逐步明确特定金融产品的可持续性的维度。例如，法国对投资产品使用了社会责任投资（Socially Responsible Investment，SRI）和能源转型的标签。因为消费者对金融企业可持续性绩效的兴趣日益浓厚，所以加强保险公司投资组合的信息披露可以改进保险消费者的选择。

监管者正在着手探索这些领域，包括从行为角度进行探索。在巴西，商业保险监管局调查环境实践的目的是，看这些公司是否真的遵守根据这 4 项原则对环境治理做出的承诺，其中许多公司是可持续保险原则的参与成员。除环境因素之外，增加与保险业绩效方面的社会要素的相关信息也有助于建立消费者对保险市场的信任。在保险普及率较低的地区，如南部非洲，这是一个关键问题。

（二）市场发展及转型

这是联合国环境规划署建议的“五步”行动框架的第 4 步。

1. 承保

监管指导和支持对推动可持续保险非常重要。可持续保险可以提供基本的小额财产保险以保障灾难来临时的生活，还可以为特定环境风险制定专门的保险解决方案（如基于指数的农业保险）。

来自迅速扩张的小额保险市场的证据证明，强有力的参与者和监管者的明确指导可能非常有益。菲律宾的监管框架几乎涵盖了小额保险市场的所有方面，从许可证和产品开发，到开放新市场、建立新的供应商以及索赔和投诉程序。

除微观层面之外，监管者还可以积极地与国际金融机构合作，构建具体的灾害保险和再保险工具。在摩洛哥，保险与社会保障监管局与世界银行合作制定了一项国家巨灾风险保险方案，以促进灾害风险的管理[①]。该方案的目标是为灾害中的受害者和被毁资产提供保险，其资金来自对多灾种（multi-hazard）巨灾财产保险的扩展、汽车和第三方责任保

① http：//www. worldbank. org/en/news/press - release/2016/04/20/disaster - preparedness - in - morocco - to - receive - us200 - million - boost.

单以及援助未投保的受害者（包括贫困家庭）的专门资金[①]。

支持承保过程和产品设计方面的创新既是新兴市场的一个优先事项，也是高度发达的复杂市场上的一个优先事项，因为这些市场暴露于特定的环境风险（如地震）。

2. 投资

为可持续经济融资需要全球的机构投资者（包括保险机构）大幅地重新配置资本，主要的保险人和再保险人正在迎接这一挑战，将投资配置给可持续和负责任的投资项目，或增加对长期资本的投资。然而，目前尚不清楚单靠市场趋势是否足以满足筹集资本所需要的规模和速度，以及能否顺利从高碳型资产中撤出投资。监管者们正试图以不同的方式弥补这一差距，包括如下几个方面。

第一，树立意识。监管者可以与企业合作，改善投资企业在可持续发展上的地位，合作既涉及与快速增长的绿色资产相关的市场机会，也涉及将资本从高碳型资产中移出的收益。

第二，推进绿色金融市场。除梳理意识之外，监管者还可以在推动市场发展方面发挥有益作用，促进保险投资组合的改善和多样化。从根本上讲，解决风险的可持续性问题可以帮助低碳资产（如绿色债券）建立市场，从而实现有效的再平衡。因为金融市场的规则超出了保险的范围，所以监管者可以寻求与其他主体合作来支持绿色金融市场的增长。

第三，检查监管障碍。为可持续投资创造有利的扶持环境，需要将实体经济政策与产业战略、公共财政使用以及金融监管框架协调一致。因为可持续领域的投资通常是长期的、非流动且被视为高风险的，所以关于现有或新的审慎措施（包括特定资产类别方面的资本要求）的争论仍在进行，这可能给寻求扩大可持续投资的保险公司带来难以预料的障碍。最近，作为资本市场联盟行动计划的一部分，欧盟委员会修订了相关法规，以降低保险公司在基础设施投资方面的资本性开支。展望未来，其他领域的监管者可以探讨是否需要与其他行政部门接触，以及监管框架可能如何给可持续目标带来意外后果。

---

① http：//projects. worldbank. org/P144539？lang = en.

（三）建立战略联系

这是联合国环境规划署建议的“五步”行动框架的第5步。

最后，保险监管者可以对可持续保险采取综合的战略性办法，并在保险业内外开展工作。这可能涉及保险与其他金融业、实体经济政策框架和更广泛的可持续金融战略之间的联系，以及国际参与。

第一，检查一致性。各国的金融决策和监管者正在实施一系列日益多样化的措施，为实现可持续转型所需的长期投资筹集资金。在许多情况下，虽然这类工具属于政府各部委的职权范围，但是保险监管者确实可以在政策调整等方面发挥重要作用。在法国，依据《能源转型法》第173条，作为投资者的保险公司应当披露投资组合对《巴黎气候变化协定》中的国际气候目标和法国国家能源转型战略目标所做的贡献，分析碳资产风险敞口以及校准低碳情景（如英国和荷兰），以了解投资者为国家绿色投资需要提供资金。在欧盟，可持续金融问题高级专家组的中期报告呼吁制订国家筹资计划，将这些领域联系起来。监管者在将市场信息转化为对政策制定者有用的见解方面发挥着重要作用。

第二，利益相关者会议。监管者可利用其权力，与市场机构、民间社会利益相关者和其他可持续金融公共权威机构一起推进可持续金融战略进程。在荷兰，国家统计局于2016年建立了一个新的可持续金融平台，这是2016年荷兰担任主席国时的举措，为欧盟财政部长首次讨论低碳转型奠定了基础①。

第三，利用保险的洞察力。在金融体系内，利用保险业的知识技能，将环境风险和机遇纳入金融政策和监管的主要部分。在一些司法管辖区，保险业因其较高的风险敞口和先进的风险管理专业知识而成为气候变化风险等问题的首个切入点。例如，审慎监管局目前正根据其2015年对保险业的研究经验，研究英国银行业的气候变化风险。

第四，金融业之外的参与者。监管者可以制定综合政策框架，从而

---

① Rijksoverheid（2016），《非正式的财长会议关于可持续金融的议程的附录12》，2016年4月。参见 https：//www. rijksoverheid. nl/documenten/kamerstukken/2016/04/20/bijlage - 12 - informal - ecofin - meeting - on - 22 - aprilagenda - item - sustainable - finance。

在管理金融业以外的环境风险方面（如国家灾害风险管理和气候适应规划）发挥重要作用。监管者可以与市场参与者合作，利用保险业的信息和专业知识设计政策，包括进行灾难建模。通过引入风险视角，监管者可以与其他公共权威机构合作，通过参与土地利用规划进程和投资于防灾和抗灾基础设施的战略设计，降低建筑的环境风险。最后，保险监管者可以提升民众的环境风险意识，以提高与房地产购买和其他消费活动相关的保险的地位。

第五，战略路线图。监管者可以带头制定和实施保险业发展战略路线图，将可持续性因素作为指导原则、政策改革和预期成果的核心。如果主管机构或不同权威机构同时开展了一系列与可持续性有关的活动（如信息披露、灾害风险管理或投资）就可能造成无效率和政策目标冲突的风险。放眼世界，来自联合国环境调查项目的证据表明，尽快调整金融体系，采取综合和全面的方法——统筹一系列优先事项，并联系国情——在实现可持续性方面最为成功。摩洛哥正在采取这一做法，以便实施其保险业可持续金融国家路线图。

第二节　保险业在可持续发展中的引领作用

保险公司面临的可持续性挑战正在从承保方面的物理风险管理转变为一系列相互关联的物理、经济和社会的挑战。保险业通过承保和投资方面的战略行动在可持续性优先事项方面发挥引领作用。

一　承保

长期以来，在理解环境风险及相关损失的财务问题上，保险业一直处于领先位置。在 1992 年 Andrew 飓风之后[①]，保险业斥巨资开发先进的风险建模技术，修改合同参数，调整偿付能力资本要求，以反映“二百

① http：//www. iii. org/sites/default/files/paper_HurricaneAndrew_final. pdf.

年一遇”的收益周期[①]，这些均有助于保险业抵御日益频繁、严重和影响广泛的自然灾害。

（一）加强风险管理：风险建模和 ESG 框架

保险业大大提高了管理环境风险——主要指自然灾害造成的物理风险——的技术能力。当前的挑战是扩大模型的适用范围，以考虑更多的风险，包括气候变化带来的偶发的和相互关联的风险。劳合社的一份报告显示[②]，尽管大多数灾难模型有了很大改进，但是并没有明确考虑气候变化风险，而是需要根据历史数据进行校准，然而，这些历史数据并不能充分描述未来可能的影响。

最近采取的举措——如绿洲损失建模框架（Oasis Loss Modelling Framework）——使保险业的利益相关者能够联合开发开源建模工具，以降低交易成本，并与广泛的用户群体建立联系[③]。2016 年，绿洲推出了一个新的灾难和气候变化风险评估平台，以进一步扩大巨灾风险模型的适用性，最终扩大承保范围[④]。

保险公司正在设法更好地了解向可持续发展转型中的新政策、技术和其他风险因素如何影响实体资产和金融资产的价值。几家主要的全球保险和再保险公司根据其执行“可持续保险原则”（PSI）和“负责任投资原则”（PRI）的承诺，实施了多种框架，以便整合各业务线的 ESG 的风险和机遇。

安联的 ESG 方法首先是考虑保险和投资领域的可持续性风险。在承保方面，这包括 ESG 标准对敏感业务领域的指引，以及制定让企业客户参与 ESG 问题的战略[⑤]。为了支持这些努力，2014 年实施了一项全球

① http：//ec. europa. eu/finance/insurance/solvency/solvency2/index_en. htm；https：//www. actuaries. org. uk/documents/what - 1 - 200.

② https：//www. lloyds. com/ ~/media/lloyds/reports/emerging%20risk%20reports/cc%20and%20modelling%20template%20v6. pdf.

③ http：//www. oasislmf. org/.

④ http：//www. preventionweb. net/publications/view/50255.

⑤ Allianz，2015，“ESG in underwriting”，https：//www. allianz. com/en/sustainability/sustainability_at_allianz/insurer/esg_in_underwriting. html/.

ESG 投资指令①。安联一直致力于将 ESG 风险纳入对承保人和投资官员的全球培训中。

2015 年 5 月，安盛成为首家从煤炭相关业务风险最大的公司撤资的国际金融机构，撤资金额高达 5 亿欧元。安盛还承诺到 2020 年将绿色投资增加两倍，达到 30 亿欧元以上，主要用于清洁技术、绿色基础设施和绿色债券。此外，2017 年 4 月，安盛成为首家停止为煤炭密集型业务提供保险的全球保险人，这是其可持续保险原则的承诺。

为了管理 ESG 风险，抓住新的商业机会，慕尼黑再保险公司将系统的、集团范围的 ESG 方法应用于其保险业务（包括承保流程、产品和服务）。将 ESG 问题整合入核心业务已经被纳入母公司管理和战略委员会的目标中，进而将“可持续保险原则”纳入其整个集团的风险管理手册，作为集团承保准则的一般基准，以及制定适用于保险和投资活动的 ESG 的标准、问卷和国家评级。为世界各地的员工制定 ESG 问题的培训方案，并将其纳入客户研讨会的议程。

瑞士再保险公司的可持续性风险框架是一种全集团范围的风险管理方法，包括针对敏感行业或问题的 8 项政策、对敏感业务风险的尽职调查程序、公司和国家的除外条款②。该框架适用于所有商业交易——重要的是，适用于承保和投资活动。

Peak 再保险（总部设在中国香港）③ 和 Sulamérica、Terra Brasis Resseguros（总部均设在巴西）等公司也在实施 ESG 框架，这回应了国际金融公司等股东的要求。

（二）建设韧性：行业合作和集体行动

保险业已经采取了行业性措施，分享有关可持续性挑战的知识，并支持政府和社会资本合作。保险业的风险管理知识可以通过直接参与、能力建设和提供有针对性的产品来支持社区和政府的韧性。一些

① Allianz, 2015, “Sustainability in our own Investments”, https://www.allianz.com/en/sustainability/sustainability_at_allianz/investor/sustainability_in_our_own_investments.html/.

② Swiss Re, 2015, “Our Sustainability Risk Framework”, http://www.swissre.com/corporate_responsibility/managing_env_risks.html.

③ http://www.unepfi.org/psi/wp-content/uploads/2016/06/PeakRe_Disclosure_3.pdf.

公司承诺直接与各国政府合作，例如，瑞士再保险公司为主权国家和次主权国家应对气候变化风险提供支持[①]。抗灾韧性方面的多利益相关者的合作关系，包括澳大利亚抗灾韧性和安全社区商业圆桌会议（Australian Business Roundtable for Disaster Resilience & Safer Communities）[②]、加拿大城市洪水风险的行动合作倡议[③]等由行业发起的、与民间团体和政府合作的例子。

在行业内，可持续保险原则正在与许多公司和关键利益相关者合作，推动应对重大挑战的新举措，如自然灾害风险的绘图和建模、普惠保险、城市基础设施发展、跨业务线和行业的 ESG、城市韧性和可持续性、气候风险保险和可持续海上保险。

第一，全球风险图。它结合了保险数据与115 年的全球自然灾害统计数据，是保险业为更好地理解和管理灾害风险向公共决策者提供专门知识的具体努力。

第二，普惠保险。这是一个正在构建的保险网络，其目的是提炼出有助于在发展中国家发挥普惠保险作用的良好做法，涵盖了客户和影响力指标、分销和技术、健康、中小企业和价值链、农业和气候变化风险以及保险监管。

第三，非洲基础设施风险和韧性城市创新平台。2015 年年底启动的城市创新平台汇集了保险专家、私营部门和城市领导层，为非洲的主要基础设施和韧性方面的挑战提供了模范的解决方案。为了开发使基础设施项目更可保、更具韧性和可持续性的方法，其已经在达累斯萨拉姆（坦桑尼亚）完成了一个试点。

第四，跨业务线的 ESG 的承保指导方针。目前正在开展一项开拓性的合作举措，以开发保险业的 ESG 承保准则，涵盖业务线和产业部门

① Swiss Re, 2014, "Swiss Re at the UN Climate Summit", Swiss Re Press Release, http://www.swissre.com/rethinking/climate_and_natural_disaster_risk/Swiss_Re_at_UN_Climate_Summit.html.

② http://australianbusinessroundtable.com.au/.

③ http://newsreleases.cooperators.ca/2015-04-16-New-applied-research-network-to-advance-flood-resiliency-in-Canada.

（如基础设施），预计在2018年有首批产出。

第五，城市保险发展目标。保险公司和地方政府正在开展具有里程碑意义的协作，根据可持续发展目标（SDG）关于城市的具体目标（如到2020年实施涉及包容性、资源效率、气候变化缓释和适应以及抗灾能力的综合政策和计划），制定城市层面的保险发展目标。制定40项可持续保险：监管者的新议程——城市一级可持续保险路线图，并于2018年召集保险公司首席执行官和市长，以推动全球在城市韧性和可持续性方面的行动。

第六，脆弱国家的气候风险保险。目前保险业和各国政府正在探索如何共同努力，缩小气候脆弱国家的风险保障缺口，同时满足适应和缓解气候变化风险的需要。

第七，可持续的海上保险。目前正在努力探索海上保险公司如何支持海洋和海洋资源的可持续发展目标。

（三）产品和交付创新

到2015年年底，全球环境保险市场的容量估计将超过6亿美元[①]。由于风险状况、客户需求和监管的变化，对环境保险保障的需求不断增加，环境赔付的次数每年增加20%—30%。截至2016年年中[②]，未偿还的巨灾债券的市场规模将达到创纪录的265亿美元[③]。

随着环境损害保险的发展，人们的注意力正在转向低碳转型对承保活动的影响。有利的方面包括为绿色基础设施开发保险产品（如可再生能源建设和交付、能效保险、UBI车险）、对低碳替代品（如绿色建筑和低排放汽车）实行差别定价，以及明悉节能建筑等表现较好的资产的风险和赔付状况（见专栏8—1）。

---

① https：//wfis. wellsfargo. com/insights/clientadvisories/Documents/WCS - 1780103 - WFI - 2016 - PC - Mkt - Outlook - WIP - FNLPG - NoCrops. pdf.

② http：//www. willis. com/documents%5Cpublications%5CMarketplace_Realities%5CMarketplace_Realities_2016%20 - %20v1. pdf.

③ http：//www. artemis. bm/artemis_ils_market_reports/downloads/q2_2016_cat_bond_ils_market_report. pdf.

专栏8—1 为环境绩效设计的保险产品——“绿色标签”

人们越来越专注于利用公开信息理解贷款的财务绩效和对优质资产的信贷——比如节能建筑的“绿色抵押贷款”。保险也可以采用这种做法，以更好地理解可持续资产的赔付状况和对低碳替代品差别定价的潜力。虽然可能对气候脆弱或表现不佳的建筑物有关的赔付有更清晰的记录，但是几乎没有关于A级建筑承保业绩的数据。

从家庭财产和汽车的保险开始，关键的创新是绿色标签与资产的能源性能、燃油效率或环境标准相关的赔付，这些要求在越来越多的国家出现。例如，目前有20个国家已经制定了建筑能源性能标准（其中欧盟作为一个整体）。同样，占汽车销售量75%的10个国家和市场也有燃油经济性或温室气体汽车标签。

扩大环境和能源绩效方面的承保风险的知识库，并在包括银行信贷在内的整个金融体系中开展工作，支持节能低碳资产的融资，包括：提高节能产品的资金流向及其相关风险的透明度；生成关于可打包为保险相关证券的节能资产组合的有用信息。

最后，评估能源节约型资产的承保和投资的系统性风险，并与表现较差的替代方案进行对比。

二 投资

全球资产管理的规模超过31万亿美元，保险业作为机构投资者在其中发挥着重要作用，特别是在固定收益市场上①。保险公司与养老基金在制定可持续和负责任的投资战略方面一直处于领先地位。在行业层面，负责任投资原则已成为通过投资链整合ESG因素的公认标准：目前有超过1700家机构（包括许多保险公司）支持负责任投资原则，资产管理总规模达73万亿美元②。

在G20峰会上，人们越来越认识到ESG因素对机构投资者（包括保

① https：//www. thecityuk. com/assets/2015/Reports - PDF/UK - Fund - Management - An - attractive - proposition - forinternational - funds. pdf.

② http：//www. unpri. org/about - pri/the - six - principles/.

险公司）创造长期价值的重要性。总体而言，通过元分析（meta-analysis）得到，63%的已有文献发现，纳入 ESG 因素的公司具有更高的财务业绩，而这种现象在新兴市场中更为显著[①]。同样，客户对可持续性投资产品的需求也在增加。这影响人们对核心机构投资者的环境责任的理解：最近的一项全球投资者调查发现，超过 65%的受访者认为，按照目标行事符合其信托责任[②]。

总体而言，气候变化被视为投资者（包括保险公司）在投资组合风险和战略资产配置上面临的最大的可持续性挑战。

（一）脱碳的风险

脱碳会给高碳型行业——尤其是化石燃料行业带来长期投资风险。巴克莱（Barclays）的研究估计，2℃升温情景下的路径将使全球上游化石燃料行业的收入累计减少 33 万亿美元[③]。出于对资产可能在转型中“搁浅”的担忧，越来越多的投资者开始评估他们的碳风险敞口，并采取行动减少敞口[④]。合计资产超过 10 万亿美元的机构已经承诺公布其投资组合的碳足迹[⑤]。一个由安联和 Storebrand 等保险公司组成的先导集团正在采取进一步行动，在价值大约为 6000 亿美元投资中削减排放量[⑥]。

2015 年 12 月，随着安盛和安联等保险公司致力于从化石燃料（主要是煤炭）中撤资，投资者的行动明显加快。安盛退出煤炭密集型企业的承保业务，显示了保险业在低碳转型中可能发挥的重要作用。保险公司

① “ESG and Financial Performance: Aggregated Evidence from More than 2, 000 Empirical Studies”, *Journal of Sustainable Finance & Investment*, http://www.tandfonline.com/doi/full/10.1080/20430795.2015.1118917。由德意志资产和财富管理公司和汉堡大学联合发布的环境、社会和治理白皮书，包括“负责任投资原则”PRI 执行董事 Fiona Reynolds 写的前言，参见 https://institutional.deutscheawm.com/globalResearch/investment_strategy_3540.jsp。

② 2016 年“负责任投资原则”（PRI）和 ShareAction 的出版物（即将出版），Transforming our World through Investment（通过投资改变我们的世界）中的研究。

③ http://www.bloomberg.com/news/articles/2016-07-11/fossil-fuel-industry-risks-losing-33-trillion-to-climate-change.

④ http://www.carbontracker.org/.

⑤ https://www.unpri.org/download_report/22480.

⑥ http://www.unepfi.org/wordpress/wp-content/uploads/2016/11/PDCreport2016.pdf.

也积极参与全球层面的辩论，3 家领先的保险公司（英杰华、荷兰全球和阿姆林）发布联合声明，呼吁 G20 成员国领导人在 2020 年前终止化石燃料补贴，比预计的“中期”目标提前了 5 年①。

市场和公共机构中的人士越来越意识到，向低碳转型中搁置的高碳型资产可能给保险准备金带来重大损失。除碳排放之外，主要金融机构也在寻求更好地理解其他可持续性风险——如水资源短缺——如何影响投资组合和其他资产。

然而，投资组合脱碳还远不是主流行为——这反映出有志于此的企业对最佳方法缺乏共识，也反映出行业范围内缺乏行动。环境责任经济联盟（CEREs）最近的研究发现，许多领先的保险集团仍对化石燃料大量投资——美国前 40 大保险集团的投资总额为 4590 亿美元②。根据资产所有人披露的对项目机构投资者的气候变化风险行动的调查发现，尽管近 60% 的保险公司认识到气候变化风险是一个问题，但仍有 40% 的保险公司并没有采取行动保护其投资组合，这可能使得4. 2 万亿美元的资产面临气候相关的风险（见图 8—2）。

（二）资本向绿色资产再配置

重要的是，保险人为其投资组合脱碳所做的任何努力均需要通过相应的绿色资产再配置来佐证。为实现可持续发展目标，2015—2030 年需要调动约 90 万亿美元的公共和私人资金，这一规模是空前的③。这方面的潜力是巨大的：发展中国家和新兴市场经济体将创造绿色和气候智能型投资机会，预计到 2030 年这一规模将达到 23 万亿美元④。

---

① https：//www. theguardian. com/environment/2016/aug/30/leading – insurers – tell – g20 – to – stop – funding – fossil – fuelsby – 2020.

② http：//aodproject. net/wp – content/uploads/2016/07/AODP – GCI – 2016_INSURANCE – SECTOR – ANALYSIS_FINAL_VIEW. pdf.

③ New Climate Economy，2014，“Better Growth，Better Climate”，http：//2014. newclimateeconomy. report/wp – content/uploads/2014/08/NCE_ExecutiveSummary. pdf.

④ http：//www. ifc. org/wps/wcm/connect/news_ext_content/ifc_external_corporate_site/news + and + events/new + ifc + report + points + to + $23 + trillion + of + climate – smart + invest1ment + opportunities + in + emerging + markets + by + 2030.

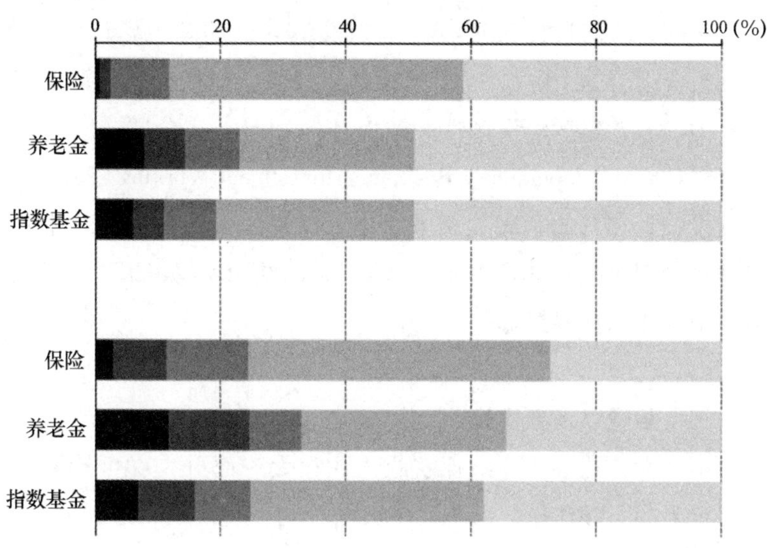

图 8—2　保险公司资产所有人碳信息披露项目评级

资料来源：资产所有人碳信息披露项目（Asset Owners Disclosure Project，AODP）（2016），http：//aodproject. net/wp－content/uploads/2016/07/AODP－GCI－2016_INSURANCE－SECTOR－ANALYSIS_FINAL_VIEW. pdf。

在投资领域，绿色投资的规模虽小，但是在不断增长。低碳投资登记册（Low Carbon Investment Registry）是一个由投资者创建的全球公共在线数据库，旨在获取和分享低碳和减排投资的实例，案例涉及的投资价值超过500亿美元。登记的投资领域不仅包括风能、太阳能和水电，还包括绿色建筑、能源、国家铁路和货运系统以及林业。登记册于2015年启动，参与的投资者仍在不断增加①。

人们特别关注的是“绿色债券”市场，债券收益用于投资绿色项目。该市场增长迅速，2017年迄今的发行规模为650亿美元，远高于2013年的110亿美元。投资者希望购买绿色资产，中国、印度、摩洛哥和尼日利亚等国将绿色债券视为一种新的工具，可以为实现可持续发展的蓝图提供资金支持。

① http：//investorsonclimatechange. org/portfolio/low－carbon－registry/.

然而，目前机构投资者对基础设施等长期绿色资产的配置非常少，不到投资组合的1%[①]。一个关键的挑战是，将投资者的意见集中到尚未解决的领域，包括建设韧性和适应环境冲击。在全球适应与韧性投资工作组（Global Adaptation & Resilience Investment Working Group，GARI）调查的投资者和其他利害关系方之中，78%的受访者认为，评估气候变化带来的物理风险“非常重要”，而70%的受访者将考虑进行气候变化适应或气候变化韧性的投资[②]。

三 阻碍以及新挑战

虽然大公司（占全球保费收入的很大一部分）在可持续保险方面发挥了重要的引领作用，但是大多数的公司——包括人寿和健康保险公司、汽车保险公司和受环境影响较小的公司为应对可持续性挑战而采取的措施较少。

有几个问题是关键性的：第一，承保方面的引领者主要是大型分散化保险公司，非寿险公司和全球范围经营的再保险公司的物理风险较高；第二，对可持续性问题的管理和解释因公司而异，所以难以对不同做法进行比较；第三，在某些市场上，寻求解决可持续性问题的行动可能给保险公司带来竞争劣势，因为实施考虑环境治理风险的框架可能给主流商业机会造成新的障碍；第四，可持续性优先事项的相关性和适用范围因业务不同而异，例如，一些保险人刚刚开始研究ESG如何影响人寿和健康保险业务；第五，保险价值链上的主体在可持续性优先事项方面缺乏一致性。其中，核心的一点是，经纪人在引导对可持续保险产品的需求、协调客户与保险人（再保险人）之间关系的作用。

推进主流化的主要障碍还包括市场激励措施错位、短视和能力限制。最后，上述许多措施是比较新的，所以难以评估。此外，将环境因素纳入金融决策也会产生风险，如脆弱国家发行的主权债券的信用评级（见专栏8—2）。

---

① http：//www. oecd. org/daf/fin/private - pensions/WP _ 36 _ InstitutionalInvestorsAndInfrastructureFinancing. pdf.

② http：//427mt. com/wp - content/uploads/2016/11/GARI - 2016 - Bridging - the - Adaptation - Gap. pdf.

专栏8—2　主权信用评级

环境冲击可能导致脆弱的发展中国家的主权债券评级下调，而如果不采取预防性行动，如投资于应对自然灾害等威胁或粮食价格暴涨等宏观经济冲击的措施，那么评级下调可能带来严重的金融和相关经济冲击（包括政府借款的资本成本上升）。基于48个国家的样本，标准普尔（Stand & Poor's）和瑞士再保险（Swiss Re）认为，“二百五十年一遇”的自然灾害会削弱主权评级。热带飓风可能导致主权评级下调两个等级[①]（见图8—3）。虽然自然灾害直接影响评级的情况较为罕见，但是，自然灾害带来的大范围损害通常会严重影响经济，从而影响评级所使用的指

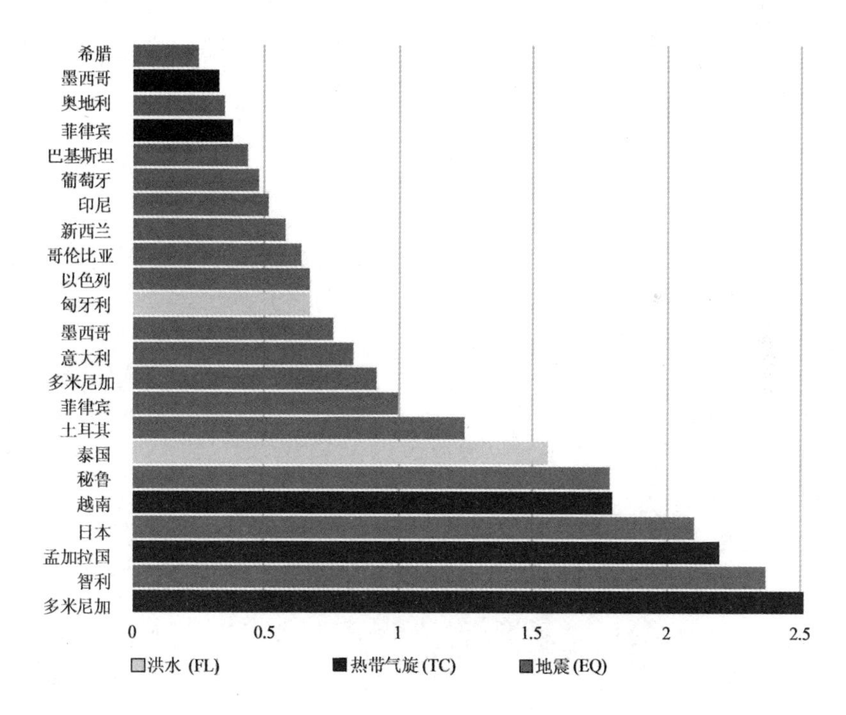

图8—3　按风险计算的净评级影响

资料来源：标准普尔和瑞士再保险。

① http：//unepfi. org/pdc/wp－content/uploads/StormAlert. pdf.

标。实际上，因为几次大灾害中的受灾国当时并没有主权评级，或者灾害因素已被计入其他因素，所以自然灾害对评级影响较弱的观点具有误导性。

可能需要采取额外措施来预测这些冲击，这些措施既能调动公共和私营部门对脆弱国家的韧性的投资，又能确保其得到评级机构和投资者的认可。

第九章

欧洲保险与职业养老金管理局的观点*

第一节　对欧盟委员会“可持续增长的融资”行动计划的意见

一　引言

职业养老金利益相关者团体（Occupational Pensions Stakeholder Group，OPSG）欣然接受了欧盟委员会（European Commission，EC）提出的促进金融业可持续增长的倡议。养老金投资通常是长期导向的，在考察风险和收益时，它能够促进从短期视角向长期视角的转变，从而促进向可持续金融的转型[①]。

职业养老金利益相关者团体了解到，欧盟各成员国之间在可持续养老金及其投资方面存在显著差异。职业养老金利益相关者团体对欧洲保险与职业养老金管理局问卷中有关《2018 年 3 月消费者趋势报告》的“回复声明”中提出如下几个问题：（1）一些成员国中的养老基金有义务

---

* 编译者注：本章第一节是欧洲保险与职业养老金管理局（European Insurance and Occupational Pensions Authority）的职业养老金利益相关者团体（Occupational Pensions Stakeholder Group，OPSG）对欧盟委员会“可持续增长的融资”（Financing Sustainable Growth）行动计划的回复。该回复由欧洲保险与职业养老金管理局于 2018 年 6 月 13 日发布（编号 EIOPA－OPSG－18－13）。本章第二节是欧洲保险与职业养老金管理局的职业养老金利益相关者团体对欧盟委员会“可持续金融”（Sustainable Finance）行动计划之立法建议的回复。该回复由欧洲保险与职业养老金管理局由 2018 年 9 月 3 日发布（编号 EIOPA－OPSG－18－17）。

① 在本章，“可持续”和“可持续性”意指环境、社会和治理（ESG）维度上的可持续性。

报告其在环境、社会和治理（environmental，societal and governance，ESG）方面的投资或方法，而在其他成员国，这并不是强制性的；（2）在一些“漂绿”（greenwashing）情形中，一些投资基金声称自己在ESG上更占优势，但是，事实上这些基金的构成和表现均是不可持续的；（3）目前，还无法有效测量计划成员的可持续投资偏好，这可能缘于偏好测量本身存在的问题，也可能缘于计划成员缺乏金融知识。

鉴于各成员国之间的差异，以下有关欧盟委员会行动计划（COM2018/97 最终稿）的评论并不总是代表职业养老金利益相关者团体的全部观点。换句话说，当谈到强化养老金投资的可持续性方法时，差异化方法可能比“一刀切”方法更具效果。不过，一些最低标准以及针对整个国内市场的操作或许更有用，分类法便属于这样的措施。

职业养老金利益相关者团体还认为，欧盟委员会关于欧洲议会和欧盟理事会监管功能（COM2017/536 最终）的建议的第 5 章中指出，“欧洲监管当局在执行任务时，有义务考虑 ESG 方面的风险”。此外，“对于金融机构识别、报告和处理由 ESG 因素造成的金融稳定风险所用的具体方式，欧洲监管当局有能力监测，并促进金融市场活动更符合可持续性目标”。

欧盟委员会关于欧洲监管当局发挥作用的建议，以及欧盟委员会针对金融业的行动计划，共同促使职业养老金利益相关者团体针对养老金问题收集并分享观点。尽管养老金是一项劳动条件，但是养老金的管理具有内在的金融属性①。

二　环境、社会和治理（ESG）目标

欧盟委员会启动的这个行动计划为长期投资以及考虑 ESG 问题提供了确切的理由。只要可持续投资符合 ESG 目标，那么这三者之间的平衡便难以撼动。目前，大多数政策见解和行动均针对 E——气候变化、资源

---

① 这份文件的起草时间远早于欧盟委员会关于可持续金融的立法建议的发布时间，所以在此不再赘述。参见 https：//ec. europa. eu/info/publications/180524 - proposal - sustainable - finance_en。

枯竭和环境退化（如不可挽回的生物多样性损失）[①]。这些环境挑战有时被界定为风险，这使得其与投资者风险回报框架中的其他风险兼容。

欧盟委员会的方法的优点是，分析师可以（进一步）做出贡献，而信用评级机构可以发挥或增强其作用，为企业和贷款评级提供更系统、更全面的方法。该计划第3.1条提供了几个涉及此方面的实用行动要点，数家评级机构在这方面已经发挥了积极作用。

缺点是S和G还没有得到足够的关注。当谈及长期投资时，要考虑劳动条件、利润分享、人权、社会和本地社区责任、透明度、反腐举措、员工教育和许多其他的宏伟目标。该《行动计划》第1.1节和第1.2节明确表明了这一点，但是，随后并未展开论述。"治理"维度甚至没有在附录1中显示。

根据定义，养老基金与S更相关，因为养老金是一项劳动条件。尤其是，DB型（固定待遇型）养老金计划可以被视为一个成员契约。部分养老基金在投资活动时确实已经考虑了S和/或G指标[②]（如《全球契约》[③]）。职业养老金利益相关者团体支持欧洲保险与职业养老金管理局收集这方面的良好实践。尽管"社会"与"治理"之间[④]可能存在因果关系，如员工代表制和共同决策制，但是，在两者之间做出明确的区分可以获得更深刻的见解。养老基金可以参与其中甚至发挥积极的股东作用，

---

① 但是，也有例外情况。例如，数十年来，接受评级的大型跨国公司和法国的机构投资者也确实会认真考虑S和G因素。如果发行机构认真对待E、S和G，那么将有更多"绿色"投资项目可供选择。因此，人们可能认为，关注点应当放到发行机构上，而非投资者上。参见有关法国机构投资者的实例，如金融风险与监管认证，参见 http：//www. fondsdereserve. fr/en/socially – responsible – investment；ERAFP，https：//www. rafp. fr/en/article/sri – erafp；PERCO，https：//www. lesechos. fr/25/03/2016/LesEchos/22158 – 164 – ECH_l – isr – gagne – du – terrain – par – la – voie – privilegiee – de – l – epargne – salariale. htm，http：//www. afg. asso. fr/en/key – figures/。

② 例如，荷兰养老金机构［Pensioenfonds Werk en（re）Integratie，PWRI］希望促进包容性就业，所以特别关注那些雇用有生理或心理问题员工的企业。PWRI还利用《温室气体协议》计算其二氧化碳足迹，并且打算在未来数年内降低这一数值，参见 https：//www. pwri. nl/over – pwri/onze – eigen – accenten。

③ 特别是联合国《全球契约》的员工原则：原则3——企业应当认可员工结社自由并承认其集体谈判权；原则4——消除一切形式的强制劳动；原则5——有效废止童工；原则6——消除就业和职业歧视。

④ 《行动计划》脚注9指明了这一因果关系。

进而改善 G 本身。尽管职业养老金利益相关者团体没有找到一项学术研究清楚明确地证明这一点，但是，实践经验表明，更好的治理往往会带来更高的收益。

同样，既然评级机构已经能够提供投资组合在 ESG 这 3 个维度上的敞口，他们应当是有能力发挥作用的。鉴于 ESG 问题已被纳入对债券发行公司的评级中，所以一些评级机构发挥了越来越大的作用。此外，一些大型投资基金也已经在此方面形成了良好的实践[①]。其他各方也制定了可持续发展目标[②]的指标，并且借助这些指标监测其自身受到的影响[③]。

职业养老金利益相关者团体鼓励监管者（如欧洲保险与职业养老金管理局）在可持续性的 3 个维度（E—S—G）之间取得适当的平衡。

三 分类法

欧盟委员会宣布要开发一个欧盟分类系统，“该系统将为可被视作‘可持续’活动的类别提供明确的标准”。欧盟委员会认为，这一行动最重要也最紧迫，因为这一分类可以引导投资者，并有助于监测投资的影响。欧盟委员会计划从气候分类方面着手研究，建议今后开发“环境”维度的其他内容以及“社会”维度的分类法。职业养老金利益相关者团体很欢迎这种务实的做法，希望在第 2 阶段也能延续这种势头。因为养老金是一项劳动条件，所以从社会伙伴的角度看，关注养老基金投资的社会维度具有重要意义。

职业养老金利益相关者团体认为，任何分类法都应当建立在经过科学证实的客观事实上，而非建立在主观信念、个人伦理观点或分类法制定者个人偏好的基础上。

欧盟委员会还希望制定一个适用于零售投资业务的分类法。从养老金角度上看，这与 DB 型养老金计划、打包零售和保险类投资产品

---

① 例如，挪威政府全球养老基金。

② 联合国提出的 17 项社会发展目标。

③ 例如，特里多斯（Triodos）银行在其年度报告中提供了关于可持续发展目标影响的信息，参见 http：//www. annual－report－triodos. com/en/2017/？ osc＝AT－brandbox－Annual－Report。

（Packaged Retail and Insurance-based Investment Products，PRIIPs）和（尚未正式通过）泛欧洲个人养老金产品（Pan-European Personal Pension Product，PEPP）有关。职业养老金利益相关者团体欢迎这种“双重”方法，以便在需求侧无法全面分析投资情况时，标示出零售市场上的“漂绿”风险。

四　具体的资产类别

欧盟委员会援引了经济合作与发展组织的表述：基础设施“贡献了62%的温室气体排放量”。因此，为了支持可持续的基础设施投资，欧盟委员会建议聚合专业技能并强化咨询能力。

另一个在此方面具有明显潜力的资产类别为房地产。房地产类似于基础设施，是典型的长期资产。全球房地产可持续性基准指标（Global Real Estate Sustainability Benchmark，GRESB）为房地产项目的监控和基准检测提供了便利，并且与可持续发展目标挂钩。

这两种资产类别均提供了非流动性溢价和一定程度的通货膨胀指数化，所以二者都是养老金投资者投资组合中的重要部分。因此，职业养老金利益相关者团体欣然接受欧盟委员会关于促进可持续项目投资的行动3。

五　计划成员的偏好

无论是集合养老金计划（在此情形中，受托人理事会应当代表计划成员行事），还是服务于其客户的投资企业，受托人的职责都应当基于养老金未来领取者的偏好（“知情同意”）。因此，业界应当了解这些内容。欧盟委员会在第2.4节表示：“企业应当询问客户的偏好（如ESG因素），并在评估拟推荐的金融工具和保险产品的范围时（即在产品选择过程中和在开展适宜性评价过程中）将这些因素考虑在内。”职业养老金利益相关者团体明白，这需要保持一致性[①]，同时也注意到了此类询问的复杂程

---

① 欧盟可持续金融高级专家组在其《2018年总结报告》第75页中也建议受益者开展磋商。

度。通过考察测量风险偏好的学术研究，业界认识到，通过分析投资组合来测量风险偏好确实非常困难。总之，应当在偏好确定的精确度与计划成员对其面临问题的理解难度之间进行权衡。如果人们的金融素养普遍较低，那么此问题便更严重了，一些成员国的情况就是如此。现实中，在一些成员国中，大多数计划成员并不关心环境，他们实际上可能只关心自己未来真实收入的可持续性。

在询问人们的偏好时遇到的根本困难在于，有关平衡可持续性[①]和收益的研究尚无定论。一些研究表明，因为可持续投资限制了可投资领域，所以永远不会带来更高的收益，并且由于分散化程度较低，会导致更高的风险。还有研究表明，可持续投资的风险尽管也贯穿整个周期，但是风险程度相对低；而这一投资方式经过风险修正后可以带来更高的收益。只要可持续性与收益之间的确切平衡关系（如果有）未知，就很难向计划的成员提供可用的选项，也无法测量其偏好。因此，在“风险测量方式”强制实施前，职业养老金利益相关者团体对此提醒欧盟委员会。与此同时，养老基金受托人理事会可能找到其他方法，使其投资决策与计划成员的偏好保持一致[②]。如前所述，如果计划成员不关心环境，那么受托人理事会便会进退维谷。“法律责任”的优先顺序是什么？换言之：受托人的作用是否比可持续性这一普世价值更重要？遗憾的是，《行动计划》并没有考虑这一困境。在任何情况下，受托人理事会应当确保，在采取行动确定受益人在此方面的偏好时，不会给职业退休保障机构（Institutions for Occupational Retirement Provision，IORP）造成不必要的额外费用负担（这一费用在大多数情况下应当由受益人独自承担）。

受托人理事会还需要考虑管理 DB 型计划和管理 DC 型（固定交费型）计划的职业退休保障机构之间的差异。如果受益人无权选择投资领域，那么集合投资政策的 ESG 认证就需要具有透明度。然而，在为受益人提供投资选项的 DC 型计划的职业退休保障机构中，他们可以基于个人

① 参见本书第 293 页的脚注①。

② 例如，剑桥大学可持续领导力研究所旨在通过其投资领导小组来汇集这方面的专业投资知识，参见 https：//www. cisl. cam. ac. uk/businessaction/sustainable – finance /investment – leaders – group。

偏好选择投资标的。

与此同时，当涉及 ESG 投资时，养老基金理事会的受托人的作用应当更为明确。欧盟的分类法可以用于改进投资作用上的透明度，从而让计划的成员可以就投资问题向为他们制定决策的理事会提出疑问。换言之，通过阐明机构投资者与资产经理人的受托责任的行动 7，可以完善对养老基金的透明性要求。由此，比较和基准测定会变得更容易，与养老金计划成员开展讨论也会更容易。这既适用于计划成员比受托人理事会更关心可持续性的情况，也适用于相反的情况①。

这一行动计划考虑到了不同养老基金对 ESG 的偏好有很大的差异。在此情况下，测量偏好可能是一个挑战，尤其是在 DB 型计划中，根据偏好设计行动会非常困难。此外，在这方面可能很难贯彻实施问责制。因为个人计划成员可以选择其投资基金组合②，并报告其任务的执行情况，所以在 DC 型计划中更容易实现。

六　资本要求

行动 8 表明，欧洲保险与职业养老金管理局受邀“就保险公司审慎规则对可持续投资活动的影响”发表观点。可以通过两种方式来有针对性地调整偿付能力要求：对不可持续的资产类别（“棕色”）提高要求，或对可持续的资产类别（“绿色”）降低要求③。

在职业养老金利益相关者团体早前的会议上，有人猜测，欧洲保险与职业养老金管理局可能不赞成这些方法。根据资产类别的 ESG 影响对资产类别实施偿付能力资本要求可能过于武断。因此，欧洲保险与职业养老金管理局可能更乐于通过税收工具提供适当的激励，但是，目前并

---

① 一些投资专业人士对这一“行动计划”导致的“金融抑制”以及预期的储蓄和投资下降提出了警告，参见《欧洲投资和养老金》，2018 年 4 月，第 23 页。

② 例如，英国的国家职业储蓄信托（National Employment Savings Trust，NEST）提供了 5 个主题基金——国家职业储蓄信托高风险基金、国家职业储蓄信托道德基金、国家职业储蓄信托伊斯兰教义（Sharia）基金、国家职业储蓄信托低成长基金和国家职业储蓄信托退休准备基金。

③ 例如，参见全球银行业价值联盟（Global Alliance Value，GABV）编著的《新途径：构建欧洲可持续金融未来的基石》（*New Pathways: Building Blocks for a Sustainable Finance Future for Europe*）白皮书第 11 页，获取这一建议的实例。

不清楚这一做法为何就不那么武断了。采用税收工具通常要经过政治程序，而欧盟监管当局应当与政治保持一定的距离，所以欧盟监管当局有根据资产类别的风险状况来调整偿付能力要求的空间。因此，“棕色”附加费或“绿色”减扣可能只是对标准资本要求的具体操作。

如果所有的机构投资者都投资于相同的资产类别，表现出从众行为，便要注意可能出现的“绿色泡沫”问题。尽管机构投资者有能力也有意向投资绿色资产，但是，只有在资产负债管理/收益率上具有合理性时，他们才会去行动。因此，审慎规则不应当创造人为的激励/抑制措施，而应当衡量实际风险。因此，如果有证据表明特定绿色资产的风险低于“棕色”资产，那么对前者可以使用较低的资本要求。

七 信息披露和会计

欧盟委员会在第4.1节宣布加强可持续性的信息披露和会计方面的行动。只要这些倡议有助于提高透明度，职业养老金利益相关者团体就乐于接受。

一般而言，我们应当考虑养老基金和保险公司在报告要求上的差异。

此外，信息披露激励措施和会计规则应当更多基于长期导向，彰显可持续投资和（大多数）养老基金的特点。

八 长期主义

投资的时间跨度通常受激励措施的影响。欧盟委员会在针对公司理事会的行动10中认识到了这一点。同时，欧洲证券和市场管理局（European Securities and Markets Authority，ESMA）受邀监管资本市场不恰当的短期主义行为。

养老基金在此面临双重挑战。一方面，他们需要追求高收益，甚至需要牺牲其他长期目标。另一方面，他们本质上具有的长远眼光[①]使得其能够在特定时间内在高收益和低收益之间做出平衡，从而投资于真正具有发展性和成长性的项目。养老基金并不是这方面的特例，其他的机构

---

① 其时间长度取决于所服务计划的成员年龄以及计划是开放还是封闭管理的。

投资者也面临着类似的挑战。一些国家为了帮助受托人取得适当的平衡，采用尽责管理守则（Stewardship Codes）[①]。

为了实现激励相容，重点是要根据长期业绩来评估养老基金受托人理事会。因此，计划的成员应当意识到他们面临的选择（如果有）。虽然问责制是关键，但是当涉及计划成员的沟通和金融素养时，问责制往往会带来额外的挑战。

养老基金和其他机构投资者可以将 ESG 方面表现优异的人士提升到理事会层面，以加强内部一致性。

九　压力测试

如欧盟委员会行动计划所述，如果没有及时、恰当的考虑，那么 ESG 这 3 项因素均会带来风险。通过所谓的“搁浅资产”可以直接将环境风险转化为投资决策。一旦考虑到这些资产的环境风险，它们的价值便可能骤降。从审慎角度来看，国家会计师协会（National Society of Accountants，NSAs）和欧洲监管当局（European Supervisory Authorities，ESAs）都对这一风险发出了警告[②]。因为它们涉及所有资产类别和行业，所以其风险具有系统性的特征。

职业养老金利益相关者团体认识到，ESG 风险将成为压力测试的一部分。从投资机会损失对投资组合估值的影响，到声誉风险，以及他们的经营牌照，ESG 压力会通过多种方式影响养老基金。职业养老金利益相关者团体希望这种压力测试能够更具有建设性，例如，聚焦于养老金投资者可以预防或管理的风险以及可以用客观标准衡量的风险（参见前文“分类法”下的备注）。

---

① https：//www. icgn. org/policy/stewardship - codes，获取全球综述。

② 例如，登录 https：//esas - joint - committee. europa. eu/Pages/News/EU - financial - regulators - warn - against - risks - for - EU - financial - markets%2c - Brexit%2c - asset - repricing - and - cyber - attacks - key - risks. aspx，参见欧洲监管当局联合委员会最近通过的关于欧盟金融体系风险和脆弱性的报告。该报告包含以下警告：“欧洲监管当局建议金融机构在治理和风险管理框架中考虑可持续性风险；此外，为了开发可靠的可持续金融产品，监管者应加强对气候变化给金融业和金融稳定造成的潜在风险的分析。”

十 其他说明

ESG投资需要协调利益。为了使得所有合约支持可持续投资，投资行业应当做出努力。对ESG条款进行标准化是有益的。职业养老金利益相关者团体邀请欧洲保险与职业养老金管理局和欧洲证券和市场管理局就此进行通力合作，将机构投资者的合约引向正轨。

总之，职业养老金利益相关者团体认为，分类法对于可持续金融和投资活动取得的任何进展都是至关重要的。做好分类法是对养老金计划、基金经理人和投资基金分销商的问责制和透明性的一种贡献。

第二节 对实施欧盟委员会“可持续增长的融资”立法建议的意见

一 引言

2019年5月24日，欧盟委员会公布了4项立法建议，作为欧盟《可持续增长的融资》的后续措施。2018年3月发布的这份《行动计划》是基于2018年1月可持续金融高级专家组的建议。

这一揽子建议由以下措施组成。第一，对活动的环境可持续性进行分类的法律依据（分类法）。第二，机构投资者信息披露的建议。为了在随后通过授权法案详细说明所有类别的机构投资者的职责并对它们进行协调，这份建议还赋予欧盟委员会根据（Institutions for Occupational Retirement Provision）《职业退休保障机构2号指令》（IORP 2）正式通过此类授权法案的权力。第三，修订《基准条例》，从而提高低碳基准和积极碳影响基准的透明度。第四，建议依据欧盟《金融工具市场指令2》（MiFID2）和《初始信息披露文件》（*Initial Disclosure Document*，IDD）来修订授权法案，以便在向投资者提供投资建议时考虑ESG因素。

职业养老金利益相关者团体认为，有关ESG的投资的讨论不应当局限在金融专业人士内部。各类利益相关者和政策制定者应当对ESG问题展开广泛讨论，而职业养老金利益相关者团体可以为这一讨论提供有价值的技术支持。

二　对于“分类法”

可持续金融高级专家组（High-Level Expert Group，HLEG）的报告发现，缺乏对“可持续”构成要素的共同定义正在削弱投资者对 ESG 投资的信心。散户和机构投资者的“可持续的”投资成分及其表现是否真正符合他们的可持续性偏好，答案并不明朗。此外，投资与产品之间缺乏可比性。

为了应对这些挑战，高级专家组提议建立一个以科学为基础的目标分类系统，以评估经济活动的可持续性。欧盟委员会公布了一项条例草案，这一草案可能成为环境可持续性分类的基础。

职业养老金利益相关者团体认同“分类法”有助于将 ESG 因素整合到投资决策之中。如果设计得当，分类法可以帮助养老基金和其他投资者理解并衡量其投资组合的可持续性风险。当委托人同意委托管理或选择投资基金时，它也可以作为与投资经理就 ESG 一体化进行讨论的依据。

职业养老金利益相关者团体表示，这也是一个向成员和受益人披露信息的实用沟通工具。

人们应当认识到，对金融活动的环保性和可持续性进行二元评估的分类法是无法涵盖所有可靠的投资途径的。例如，资产所有人可以在污染行业中采用同类最优的方法，从事旨在缓解气候变化的投资活动。其他人则更强调通过参与（管理）来改变其投资组合中公司的行为（发声而非退出）。在此情形下，ESG 原则还关注职业退休保障机构作为股东的行为方式，但是，这一关注超出了目前拟立法规的范围。还有一种可能是，尽管成员和受益人最希望改变在 ESG 方面的投资，但是，ESG 基金可能并不拥有此类公司的所有权。因此，在分类法下，ESG“高得分”的资产并不等同于可靠的投资或 ESG 投资。这一点非常重要。分类法是一个实用工具，但不是万能工具。

职业养老金利益相关者团体认为，欧盟应当非常谨慎地将这一分类法用作审慎工具。审慎框架仍旧应当基于风险。ESG 投资通常具有长期性，所以有人担心，一些现有的审慎规则需要做出改进才能更好地反映此类长期投资的真实风险。但是，问题是正确评估风险，并不是仅仅与

ESG 投资建立起直接联系就行了。尽管一些人辩称，ESG 风险足够重大，足以纳入审慎框架，但是，存在这样一种风险：政客们可能希望通过稍微调整风险权重或资本要求来实现他们的政治目标。作为基于银行业和保险业的投资者，养老基金在采取此类措施之前，希望看到“绿色”支持因子或“棕色”惩罚因子有助于金融稳定有力证据。同样，在决定将分类法强制用作风险管理工具之前，决策者应当慎之又慎。有理由担心，无论如何精心设计，这一分类法都会夸大或低估某些类型的 ESG 风险。过度和唯一地依赖于分类法可能造成绿色泡沫。

因为贯彻实施《巴黎气候变化协定》需要立刻采取政策措施，所以职业养老金利益相关者团体认识到，有必要把重点放在减轻和适应气候变化的举措上。但是，职业养老金利益相关者团体认为，E 不光是指气候，它还包括污染、资源枯竭、生物多样性以及其他环境因素。为了推进可持续发展，人们需要采取将 E、S 和 G 因素融为一体的综合性措施。尤其是，治理因素的整合可以说是目前最先进的措施，而作为社会性机构的养老基金自然更接近于社会可持续投资。因此，职业养老金利益相关者团体强调有必要尽快开发这一分类法中的 S 和 G 支柱。

关键是要将 E、S 和 G 因素纳入这一分类法之中，形成一个综合性方法。职业养老金利益相关者团体认为，在完整的分类法完成之前，对接分类法或基于分类法的条例规定不应当是强制性的。它将降低投资者应用不完整的分类法时产生的不确定性，从而节省不必要的成本，最大限度地降低潜在的法律风险。

职业养老金利益相关者团体还认为，为了正确评估所涉及的 ESG 风险和机遇，养老基金和其他金融市场参与者需要从他们投资的上市公司获得稳健且广泛的数据。在这方面，上市公司的年报是重要的信息来源。为了促进制定分类法以及推进 ESG 审计，职业养老金利益相关者团体欣然同意采纳 ESG 风险的公司信息披露标准。此外，强制披露财务报表中关于 ESG 风险的信息有助于养老基金评估 ESG 风险；与此同时，如果上市公司没有披露此类信息，那么这一做法也会减少养老基金进行“尽职调查”的成本。

职业养老金利益相关者团体认为，在评估关系到投资特定金融工具的风险期间，评级机构应当披露他们将 E、S 和 G 因素纳入评级的方式和程度，并对接受评级的公司或其发行的证券进行全面的风险评估。

安排融资交易的机构在信息备忘录和招股说明书中，会提供与发行公司和/或拟融资项目相关的风险信息。为了提供这一信息，我们应当遵守规范资本市场和证券交易所上市证券的规则。作为对 ESG 融资的支持，信息备忘录或招股说明书应当包含足够的信息，以便评估特定发行工具的 ESG 及其风险问题，从而确保对已发行的证券和发行公司进行正确的分类。

三　对于“投资者职责”

尽管人们普遍认为，对信托责任的现代理解不应当有碍于将 ESG 风险作为重要的财务因素纳入投资决策[①]之中。高级专家组建议，欧盟应当在相关立法中明确并协调所谓的投资者职责。高级专家组认为，“投资者应当吸收符合其客户和受益人的广泛利益、投资时限、可持续性偏好的可持续性因素，而投资的管理工作是履行这些职责的一个基本要素”。

尽管根据 ESG 因素进行投资从理论上讲是可行的（这一点很清楚），但是，人们通常不清楚在什么情况下可以进行投资（例如，他们是否需要征得成员和受益人的同意，或至少需要征得雇主的同意等）。有关部门在一些案例中发现职业退休保障机构违反了法律，其原因是，这些机构倾向于 ESG 投资，而非追求绩效最大化[②]。即便这可能有损于回报率，但是，目前尚不清楚审慎人原则会在多大程度上允许职业养老金计划机构基于 ESG 因素进行投资。

职业养老金利益相关者团体表示[③]，他们在确定养老金计划受益人的可持续性偏好以及进一步行动上遇到了挑战，特别是对于 DB 型养老金计

① 例如，参见联合国环境规划署的可持续金融倡议组织，2005，A Legal Framework for the Integration of Environmental, Social and Governance Issues into Institutional Investment（《将环境、社会和治理问题纳入机构投资的法律框架》）。

② Horvathova/Feldthusen/Ulfbeck, Occupational Pensions (IORPs) & Sustainability: What does the Prudent Person Principle say? The Nordic Journal of Commercial Law 2017/1, p. 29。

③ 参见本章第一节。

划。对于可持续性和收益之间权衡的研究尚无定论，这加剧了此问题。职业养老金利益相关者团体认为，当前的提案不包括成员国和受益人之间的强制性协商。学术研究表明，量化偏好非常复杂，所以这种磋商很难产生明确和客观的结果。

为了贯彻实施高级专家组关于投资者职责的建议，欧盟委员会没有选择综合指令（Omnibus Directive）建议的工具，而是打算通过一项授权法案。除《2 号指令》之外，大部分相关的指令和条例已为这一领域提供了授权。然而，欧盟委员会打算获得授权，然后根据《谨慎人规则》（第 19 条）正式通过一项有关 ESG 规定的授权法案，以确保“将 ESG 因素（纳入）内部投资决策和风险管理过程中”。这些授权法应当考虑职业退休保障机构的规模和复杂性，反映出“前言”第 58 款规定的当前的“退出选择权”条款。这可能意味着，欧盟委员会将为强制性 ESG 的整合设置量化阈值。

尽管强制职业养老金计划机构整合 ESG 因素可能有其意义，但是，职业养老金利益相关者团体不支持授权法案的法律工具。在职业养老金计划机构《2 号指令》的磋商过程中，风险管理被明确排除在欧洲保险与职业养老金管理局的权限之外，欧盟委员会通过授权法案对其进行监管。因此，这一修正案如果被联合立法者采纳，便将从根本上改变职业养老金计划机构的《2 号指令》。职业养老金利益相关者团体认为，为了考虑地方的治理结构和可持续性偏好，各成员国的监管者应当继续做好充分准备，以便对养老基金管理 ESG 风险的具体方式进行监管。因为保险人、资产管理人和养老基金所发挥的作用不同，所以不应当追求方法的统一化。此外，从“更好的监管”角度来看，当成员国仍在执行指令时，对指令中的 ESG 条款做出修改是有问题的。

该建议还列示了针对机构投资者（包括养老基金、保险人、保险中介和资产管理人）的新的信息披露要求。上述主体将有必要在签订合同前定期公布适用于整合可持续性风险的程序和条件、对收益的预期影响、薪酬政策与可持续性风险协调一致的具体方式。该建议还对标记为“可持续”的金融产品提出了更高的信息要求，如资料来源、筛选方法、衡量总体可持续性影响的指标等。

职业养老金利益相关者团体不仅很认可新的信息披露要求，而且还将其视作资产所有人和受益人理解其投资或养老金的可持续程度的实用工具。这些要求应当有助于解决“漂绿”问题，以及在某些情况下由此产生的毫无根据的看法。与此同时，职业养老金利益相关者团体认为，如果在这一分类法完成之前便已实施了信息披露建议，那么将会给投资者带来低效和困惑之感。因为这一信息披露建议的主要目标是，让散户投资者在选择储蓄产品时考虑 ESG 等因素，所以至关重要的是，他们收到的信息应当超越气候目标，关注 E、S 和 G 因素。

第十章

国际案例*

本章介绍在保险业参与治理气候变化方面较有特色的5个国家或地区的情况以及国际风险共担倡议。其中，关于瑞典、美国加利福尼亚州和美国华盛顿州的情况有两份介绍资料，它们的主要发布者分别是联合国环境规划署和国际保险监督官协会；菲律宾和国际风险共担倡议的情况来自联合国环境规划署发布的资料；加拿大的情况来自加拿大保险监督官委员会发布的资料。

在瑞典，2016年，综合金融监管者——金融事务监管局（Finansinspektionen，FI）发布了关于气候变化风险和金融稳定的评估报告和监管在促进可持续发展方面作用的审查报告。

---

* 本章第一节、第二节、第三节、第五节和第六节中联合国环境规划署的观点来自该组织于2017年8月发布和拥有产权的报告《“可持续保险”——监管的新议程》（*Sustainable Insurance the Emerging Agenda forSupervisors and Regulators*）的一部分。该报告的作者为Jeremy McDaniels（来自联合国环境调查项目，The UN Environment Inquiry）、Nick Robins（来自联合国环境调查项目，The UN Environment Inquiry）、Butch Bacani（来自“可持续保险原则”项目，Principles for Sustainable Insurance）。作者感谢2016年12月在美国旧金山举办的可持续保险论坛的所有参与者和2017年7月在英国伦敦温莎举办的可持续保险论坛年中会议的所有参与者。本章第一节、第二节和第三节来自国际保险监督官协会（IAIS）联合可持续保险论坛（SIF）于2018年7月发布的一篇探讨型论文《气候变化风险对保险业的影响》（Issue Pape Issues Paper on Climate Change Risks to the Insurance Sector）。本章第四节来自加拿大保险监督官委员会（Canadian Council of Insurance Regulators，CCIR）于2017年6月发布的调查结果报告和立场报告《自然灾害和个人财产保险》（*Natural Catastrophes and Personal Property Insurance*）中有关气候变化的内容。该报告所表达的观点不构成法律意见，也不应当被解释为法律意见，此外，该报告也不代表任何特定省、地区或联邦政府或当局的官方立场或观点。2016年7月，加拿大保险监督官委员会曾就《自然灾害和个人财产保险》这一主题发布过一篇探讨型论文，因为已经有2017年的这篇调查结果报告和立场论文，所以本书没有编译2016年这篇探讨型论文。

在美国加利福尼亚州，2016 年气候风险碳排放计划的保险监督官对投资开采化石燃料的保险人提出了新的要求，要求其从煤炭业务中撤资。

在美国华盛顿州，州保险局通过采取多利益相关者的方法来提升其对保险和气候适应能力问题（包括土地使用问题）的认识。

在加拿大，保险业、消费者、保单持有人和各级政府在提供与自然灾害有关的预防、缓释和救济方案中均发挥了作用。

在菲律宾，建立有领先的小额保险监管框架，并且正在探索地方政府和主权国家的灾害风险保险机制。

国际风险共担倡议包括加勒比巨灾风险保险基金、非洲风险能力等区域性保险组织，以及 G7 框架下的保险韧性（InsuResilience）措施。

第一节　瑞典

一　联合国环境规划署的分析

瑞典开始评估监管者在促进可持续发展方面的作用。

在瑞典，政府已经采取了若干步骤，使金融体系支持可持续发展，包括承诺在金融机构和公共当局内部推动对可持续性因素的认识，鼓励推动金融行为主体在可持续性方面的信息披露，支持监测、衡量和评价可持续性努力的方法，并在立法和监管提案中考虑可持续性问题[①]。

2015 年，瑞典政府委托金融事务监管者对可持续性问题如何影响金融业进行了调查，随后于 2016 年 3 月发布了一份报告，探讨了气候变化与金融稳定之间的联系[②]。政府要求金融事务监管局审查金融业是如何促

① 瑞典金融大臣，2017，The Swedish Government's Role in Creating an Enabling Environment for Sustainable Financial Markets（《瑞典政府在为可持续金融市场创造有利环境方面的作用》），在瑞典国际发展合作署（SIDA）的陈述，2017 年 5 月。

② http：//www. fi. se/upload/90_English/20_Publications/10_Reports/2016/klimat - finansiell - stabilitet - mars2016_eng. pdf.

进可持续发展的，以及金融机构在支持这一目标上可以发挥的作用[①]。根据这一要求，金融事务监管局于2016年11月发布了两份综合性报告。

第一，一份报告描述了包括保险公司在内的金融机构是如何用这种方法应对可持续性挑战的，特别是气候相关的问题[②]。该报告通过定性调查发现，可持续性是金融企业日益重要的一个战略优先事项，可用于应对日益增长的客户需求和气候变化风险转型事项（如“搁浅资产”）。

第二，该报告还对瑞典金融业如何促进可持续发展进行了更广泛的评估，评估了金融机构和金融监管者在这一领域发挥的作用[③]。该报告认识到，金融监管在确保企业管理环境风险以及支持实体经济政策框架方面的重要性。

在对政府的回复中，金融事务监管局表示，其正试图在现有的监管目标框架下解决气候和可持续性问题，从而确保金融稳定、消费者权益保护和市场良好运作。金融事务监管局审认识到，改善可持续性信息交流是金融市场恰当定价风险的关键，并建议金融企业开发用以管理和披露他们是如何受气候变化影响的方法——包括通过应用国际准则。最后，金融事务监管局将寻求从消费者权益保护角度出发，调研金融产品的可持续性标签这一新兴事物。

> 因为气候变化意味着金融业外部条件的变化，所以它为企业带来了新的风险和新的商业机会。企业需要监控和管理这些风险，否则，企业就会干脆不履行自己的职责。金融事务监管局应当监控企业正在做什么和不做什么，否则，金融事务监管局就没有履行自己的职责。同时，金融事务监管局需要关注气候变化风险和企业的可持续性工作是如何影响金融业的风险的。
>
> 金融事务监管局

---

① http://www.fi.se/en/published/reports/reports/2016/how-can-the-financial-sector-contribute-to-sustainabledevelopment/.

② http://www.fi.se/contentassets/123efb8f00f34f4cab1b0b1e17cb0bf4/finansiella_foretags_hallbarhetsarbete_engny.pdf.

③ Ibid..

二　国际保险监督官协会的分析

（一）动机和原因

2015 年，瑞典政府要求金融事务监管局开展金融业可持续发展方面的工作。为高效完成此任务，金融事务监管局选择将可持续性工作的范围限定在气候相关风险。气候方面问题的重要性及其对经济的直接和具体的影响与其他因素一同推进了这项进程。2017 年，瑞典政府要求金融事务监管局分析，通过金融体系在其职权范围内采取行动来增强可持续发展的潜力，进而确保金融企业在业务模式和风险管理中考虑可持续性和气候相关风险，并且将其作为金融监管不可或缺的组成部分。

气候变化意味着金融业的外部环境发生了变化。气候变化既给企业带来了新风险，又创造了新的商业机会。企业需要对这些风险进行监控和管理。同样，金融事务监管局也需要密切关注气候相关问题影响金融业风险的具体方式。例如，企业之间的相关性如何因产品和地理布局而异。此外，还应当考虑具体国家的因素。值得一提的是，瑞典预计不会受到气候变化导致的更多/更强风暴的影响。在风险管理方面，监测情景分析的发展具有重要意义，因为它可能捕捉到气候相关风险的"灰犀牛"和"复杂"特性。

（二）途径和方法

考虑到气候相关问题是金融事务监管局增强金融稳定性、优化消费者权益保护、促进市场运转等职责的自然延伸。气候相关的风险和可持续性风险通常是保险人和金融事务监管局在开展风险评估时应当考虑并妥善处置的风险。

2017 年，金融事务监管局在考虑公司面临的气候相关风险后，盘点了可能采取的监管措施，并迈出了将气候相关问题纳入保险监管的第 1 步。这些工作将于 2018 年开始实施。

为了在 2017 年开始探索气候方面的情景分析，金融事务监管局与保险人和银行展开了对话。讨论的问题包括：这些企业在情景分析上有何经验？通过情景分析可以解决哪些风险和问题？相关的时间范围是多少？情景分析有哪些主要困难？是否需要在保险业内部、在保险业与金融事务监管局之间就这一领域开展协调或合作？

（三）关键发现

金融事务监管局正处于将气候相关问题纳入保险监管的初级阶段，因此，这一阶段的工作有助于金融事务监管局加深对气候相关风险的认识，并且将普遍影响金融企业（尤其是保险人）的风险。因此，计划活动的重要目的在于，描述并更清楚地理解保险人识别、管理和衡量气候相关风险的具体方式。同样重要的是，更广泛地理解金融业不同部门之间在风险敞口和风险管理上存在的异同及其对监管的具体影响。

2018 年计划开展的一项重要活动是，评估金融企业将如何在公司治理中考虑气候相关风险。这将推动金融事务监管局更详尽地了解保险业是如何识别和管理气候相关的风险和机遇，有助于推动金融事务监管局今后各项工作的开展。

情景分析的总体情况是，已有多家公司开展了一些工作，但这些工作仍然处于起步阶段。有几家公司认为，气候方面的问题比较复杂，所以开发相关情景存在困难。一般而言，行业代表将积极响应金融事务监管局的倡议，探讨与情景分析相关的问题。例如，代表们认为，金融事务监管局作为公司与国际监管界、研究界之间的纽带会带来巨大的价值。

（四）经验教训：关键的挑战和有待改善的领域

气候方面的工作需要推进，这对监管者和专家提出了新的要求。在这一初始阶段，金融事务监管局关注的焦点是，为管理气候相关问题制定一个结构化流程，并在管理局内建构知识，以处理相关问题并评估与此类问题有关的风险。

（五）对监管实践的影响

可持续风险（尤其是气候相关风险）与经济结构的变化有关，是经济结构变化的一部分。然而，这并不意味着，它只会出现在未来。随着时间的推移，其“灰犀牛”特征会对经济产生越发显著的影响。这也意味着，新信息和新见解的演变与时俱进，而处理这些问题的新技术也会得到发展。因此，监管当局应当具有灵活性，随时准备改变政策、措施和行动。

当涉及情景分析时，金融事务监管局认为，应当在全球层面推进共同框架的开发工作；此外，经验表明，需要在全球层面明确措施和方法。在此背景下，瑞典金融事务监管局积极参与了这一领域的外事工作并且愿意为推动这一工作做出努力。

在欧盟内部，情景分析框架的开发涉及欧洲监管当局（ESAs）和欧洲系统性风险委员会（European Systemic Risk Board，ESRB）所承担的任务。因为欧洲系统性风险委员会在当前的压力测试工作中发挥了关键作用，所以也应当参与此类框架的开发工作，并在其中发挥应有的作用。在2017年，金融事务监管局与法兰西银行建议欧洲系统性风险委员会重启气候相关问题的工作，以期改进未来的情景分析工作。

（六）下一步措施

气候变化确实是一个需要携手应对的全球性问题。因此，金融事务监管局在制定其监管框架、政策和活动以管理气候相关问题时，会继续参与国际讨论。

第二节 美国加利福尼亚州

一 联合国环境规划署的分析

根据气候风险碳排放倡议（Climate Risk Carbon Initiative，CRCI），加利福尼亚州保险局（California Department of Insurance，CDI）已独立采取了措施，推动保险公司实施新的信息披露制度。监督官 Dave Jones 于2016年1月宣布，气候风险碳排放倡议包括：要求获得加州牌照的保险人报告其所持动力煤企业股份的数额，并要求他们自愿从动力煤企业中退出股份（“加州保险局动力煤撤资要求”）；要求保险人通过一项调查或“数据调用”（data call）来披露其对化石燃料（动力煤、石油、天然气和相关公用事业）企业投资的财务信息。该调查或“数据调用”适用于2015年全国直保业务承保保费达到1亿美元的、由加州授权的保险人（“加州保险局化石燃料数据调用”）。

这场独立行动是基于对动力煤投资的潜在偿付能力风险的研究和评估，监督官 Jones 认为这属于其法定职责，旨在确保保险公司在投资和准备金决策中考虑其潜在的金融风险。明确进行披露的投资主体需要以保险局设定的阈值为基础，而阈值的设计是基于：化石燃料企业从每种化石燃料（动力煤、天然气或石油）中获得的营收，以及从能源公用事业公司使用的化石燃料中产生的电费[①]。之所以选择收入阈值作为信息披露的指标，是因为收入数据的一致性、确定性和可用性更强。

2017 年 1 月，加州保险局根据气候风险碳排放倡议发布了 2016 年的数据调用结果[②]。其主要发现包括：接受调查的保险人有 5280 亿美元的化石燃料相关投资[③]，其中 33 亿美元投资于动力煤企业；保险人已经撤回了 40 多亿美元的动力煤和化石燃料投资，并承诺再处置 12 亿—14 亿美元的动力煤投资；303 家保险人报告称，他们已经分析了其投资组合的碳风险，而 81 家保险人承诺会在未来 12 个月内分析其投资组合的碳风险；670 家保险人报告称，他们从煤炭资产上撤回了部分或全部的投资，或者根本没有投资；325 家保险公司表示，他们未来将避免投资动力煤。

加州州保险局已经在一个数据库[④]中在线公布了气候风险碳排放倡议的结果，该数据库显示了各家保险公司是否已经从动力煤业务撤资、公司是否同意不再进行动力煤投资、公司持有的所有化石燃料投资情况。这样做的目的是，让保单持有人、其他监管者、保险人和公众利用这些数据，更好地了解保险人持有化石燃料资产（如果有的话）面临的潜在金融风险，从而管理自己的风险。展望未来，该局将利用这些资料，配合例行检查、审查保险公司提交的风险和偿付能力自评估（ORSA）报告，并根据全美保险监督官协会的要求披露信息，以推动保险公司对气候变化风险的识别和应对。加州州保险局希望通过气候风险碳排放倡议

① 石油和天然气投资是指，对来自石油和天然气的收入占总收入 50% 或以上的企业的直接投资。公用事业投资包括对使用动力煤发电占总发电 30% 或以上的公用事业的投资，或对使用化石燃料（含动力煤、石油和天然气）发电占总发电 50% 或以上的公用事业的投资。

② http：//www. insurance. ca. gov/0400 - news/0100 - press - releases/2017/release004 - 17. cfm.

③ 这包括对煤炭、石油和天然气的投资，以及对依赖煤炭、石油和天然气发电的公用事业的投资。

④ 加州保险局的《气候风险碳排放倡议》的结果公布于一个互动式网站，参见 https：//goo. gl/vixU8G。

获得的数据和知识，与单家保险公司就其面临的风险进行财务接触。

> 我不想坐以待毙，不想在不久的将来发现保险人的账簿中都是失去了价值的搁浅资产。因为降低经济对碳的依赖可能危及金融稳定和保险人承担责任的能力，包括向保单持有人支付赔款的能力。
>
> 加州保险监督官戴夫·琼斯（Dave Jones）

二　国际保险监督官协会的分析

（一）动机和原因

2016 年 1 月，加州保险监督官 Dave Jones 认识到，保险人对依赖煤炭、石油、天然气的动力煤、石油、天然气和公用事业的投资面临金融风险，于是推出了气候风险碳排放倡议（Climate Risk Carbon Initiative，CRCI）。该倡议有两个主要组成部分：要求所有持加州牌照的保险人主动从动力煤企业撤资（“加州保险局动力煤撤资要求”）；要求保险人通过调查或“数据调用”的方式，披露其对化石燃料（如动力煤、石油、天然气和公用事业）企业的投资的财务信息。这一调查或“数据调用”适用于 2015 年直保保费等于或超过 1 亿美元的持加州牌照的保险人（“加州保险局化石燃料数据调用”）。

监督官 Jones 认为，他要求保险人从动力煤撤资，以及要求保险人披露其在低碳经济领域的投资等，是出于其法定责任，目的是确保保险人解决他们持有的用于支付未来赔付的准备金的风险。监督官 Jones 察觉到了一项重大风险：化石燃料的使用将日益受限，这给石油、天然气、煤炭和公用事业的投资价值带来了风险。监督官 Jones 认为，保险人等金融机构需要认识并处理其在煤炭、石油、天然气、公用事业等领域的投资面临的重大潜在气候变化风险，这一点很重要。

（二）途径和方法

气候风险碳排放倡议关注转型风险，主要包含以下措施：自愿要求采取措施；引入新的信息披露要求。

1. 边界条件和阈值

根据加州保险局的动力煤撤资要求，“动力煤投资”定义为，投资于从动力煤所有权、勘探、开采和精炼中获得至少30%的收入的公司，以及投资于使用动力煤生产至少30%的能源的公用事业公司。“动力煤”包括褐煤、灰分大于35%的烟煤和无烟煤。这一举措适用于所有持加州牌照的保险人，而无论其保费规模如何。

在化石燃料数据调用之中，石油和天然气投资被定义为直接投资，其中包括50%以上的收益来自石油和天然气的公开或私下交易的证券。公用事业的投资包括对动力煤发电量至少占总发电量30%的公用事业的投资，或对化石燃料（包括动力煤、石油和天然气）发电量至少占总发电量50%的公用事业的投资。这一举措适用于2015年在全美直保保费达到1亿美元阈值的持加州牌照的保险人。

加州保险局在审查了一系列信息披露指标后，将煤炭和石油的阈值分别设定为30%和50%。在审查完温室气体的排放模型后，加州保险局认为，目前针对同一资产的不同模型在建模结果上仍然存在显著差异。之所以将收入的阈值作为信息披露的标准，是因为与收入数据具有较好的一致性、确定性和可用性。加州保险局还确定了两家欧洲保险人（安盛和安联）使用基于收入阈值来确定气候相关金融风险的原因，进而明确了要从哪些碳资产中撤资。具体而言，安盛的政策是：将从“50%的营业额源自煤炭的矿业公司和电力公司”撤资，并不再进行新的投资。2015年11月，安联承诺：将依照“至少30%的收入来自动力煤开采的矿业公司”或“至少30%的发电量来自动力煤的电力公司”的标准，从以煤炭为基础的业务模式中退出股权，停止提供资金。

2. 数据规范

气候风险碳排放倡议的不同之处在于，它是首个要求保险人定量披露其对化石燃料投资水平的倡议。回复所需的详细程度包括：投资识别[如美国证券识别编码（Committee on Uniform Securities Identification Procedures，CUSIP）]、名称/描述、实际成本、公允价值、账面/调整账面价值、取得日期、约定的合同到期日、化石燃料类行业（动力煤、石油、天然气、公司拥有的公用事业、市政拥有的公用事业以及其他行业）、每一种化石燃料占公司年收入的百分比和金额。其他大多数的信息披露机制仅限于披露定性信息，而且其中很多机制侧重于碳排放。

（三）关键发现

一经宣布就付诸实施，动力煤撤资要求和化石燃料数据调用成为美国同类举措中的首创。鉴于这一事实，以及 2016 年是气候风险碳排放倡议的开局之年，加州保险局并没有预测受影响的保险人在化石燃料投资方面的风险。调查结果提供了宝贵的深刻见解，为研究保险人化石燃料的投资风险奠定了基础，也为相关分析提供了平台。

2016 年撤资要求和数据调用的主要结果包括：接受调查的保险人在煤炭、石油、天然气等有关化石燃料，以及依赖煤炭、石油和天然气发电的公用事业方面的投资为 5280 亿美元；保险人报告，已向动力煤企业投资 105 亿美元；保险人已从动力煤和化石燃料投资中撤回了逾 40 亿美元；保险人已承诺将再处理掉 12 亿—14 亿美元的动力煤投资；303 家保险人报告称，他们已对投资组合中碳投资的风险进行了分析；81 家保险人已承诺在未来 12 个月内分析其投资组合的碳风险；670 家保险人报告称，他们已经剥离了部分或全部煤炭投资，或者没有可剥离的煤炭投资；325 家保险人确认，他们将避免未来投资动力煤。

（四）经验教训：关键的挑战和有待改善的领域

虽然最初遭遇了一些行业的抵制，但是这一举措最终吸引了所有行业参与。此项目将受益于一系列有更广泛影响的全国性举措。第一，气候方面的财务报告的权威指引。第二，所有企业针对收入和发电结构发布的统一的公开报告，有助于保险人报告和分析自己持有的化石燃料资产。如果美国证券交易委员会（SEC）等监管者要求以标准化形式报告所有企业的收入分类和公用事业公司的发电结构，那么，加州保险局将更可能根据以往设定的阈值来理解保险人面临的化石燃料风险。可以鼓励化石燃料行业的监管者（如公用事业的监管者）多措并举，确保公用事业公司公布其能源结构状况。第三，这一举措要求识别化石燃料资产以及明确它们是否达到了特定阈值。加州保险局在收到回复后，应在进一步分析前核实数据。本次核实采用的是第三方供应商的投资数据。因为美国没有一家供应商可以"涵盖"所有投资市场，所以监管者可以使用来自第三方供应商的多个数据源来满足各项分析工作的需要。

气候风险碳排放倡议也从内部着手，努力改善多种因素：第一，改进编制、整理和分析报告数据的过程和方法；第二，数据相关挑战的克服机制；第三，涵盖可用于实际目的的最新的信息披露技术和指标。

（五）对监管实践的影响

加州保险局调查的大部分公司要么没有持有任何动力煤资产，要么已经从中撤资或承诺从中撤资。这些都是积极的结果。此举让监管者对保险人在化石燃料方面的总体投资情况有了更多了解，对每家公司投资的碳排放有了更清晰的认识。加州保险局将继续监测气候变化风险和全球经济的发展情况，努力识别并整合最佳实践。

监管者应当依照其管辖权限，做好各项监管工作，坚决贯彻实施气候相关的财务信息披露举措。他们应当充分利用气候相关财务信息披露工作组以及其他类似的信息披露机制提供的建议，并为就制定信息披露标准进行对话做出贡献。

（六）下一步措施

2018 年，加州保险局采纳了气候相关财务信息披露工作组的建议，更新了化石燃料投资的评估方法。尤其是，加州保险局通过参与“2℃温控目标”下的投资倡议，对加州年承保保费超过 1 亿美元的保险人进行了此项分析，将情景分析融入其工作中。除公布总体数据之外，单个保险人的报告还被发送给了 100 家在加州开展业务且年承保保费超过 1 亿美元的保险人（按投资组合的规模计算）。这些资产在接受分析的总资产中的占比超过 80%。此外，基于监督官 Jones 从动力煤资产中撤资的要求，报告也发送给了排在百名之外的保险人。他们在动力煤生产或动力煤发电领域面临较高的金融风险，其金融风险位于所有采用这些技术的保险人的前 5%。最后，对于不属于这两类的保险人，加州保险局也可以要求其单独提供报告。这些报告将说明分析中用到的方法和数据、单个保险人在同行中的排名以及正在对其投资组合产生不利影响的证券类别。情景分析的结果进一步表明，虽然市场价格存在短期波动，但是动力煤仍面临着长期的金融风险。

第三节　美国华盛顿州

一　联合国环境规划署的分析

华盛顿州保险监督官办公室（Office of the Insurance Commissioner of Washington State，OICWS）在监督官迈克·克里德勒（Mike Kriedler）的领导下，在气候变化挑战行动方面有悠久的历史，包括参与全美保险监督官协会气候变化工作组。作为这一努力的延伸，OICWS 牵头制定了指导方针，供其他州的监管者在财务检查时评估保险公司的气候变化风险和投资时使用。最近，在华盛顿州，OICWS 组织领导了关于推进气候变化的议程，包括于 2016 年 6 月与行业和公民社会利益相关者在西雅图共同举办峰会（“破冰：气候变化风险和保险业”）[①]。OICWS 也注重扩大消费者在应对气候变化和保险所面临挑战方面的参与程度，提升消费者素养[②]。

二　国际保险监督官协会的分析

（一）动机和原因

2016 年，美国自然灾害保险赔付总额将近 240 亿美元。华盛顿州居民遭受了洪灾、山体滑坡、野外火灾、地震等自然灾害，而且将继续面临此类灾害以及其他自然灾害的威胁。2014 年 3 月 22 日，华盛顿州奥索（Oso）以东 4 英里处发生了重大山体滑坡。部分不稳固的山体崩塌，泥浆和碎石穿过 Stillaguamish 河的北汊向南移动，淹没了一片农村社区，受灾面积约为 1 平方英里。该社区 3/4 的居民丧生，49 栋房屋和其他建筑被毁。

2015 年，该州经历了史上最大规模的野火季，土地过火面积超过 100 万英亩，损失超过 2.53 亿美元。2016 年，该州近 29.4 万英亩土地过火；国家洪水保险计划进行了 430 多起理赔，索赔总额超过 700 万美元。

---

① https：//www. insurance. wa. gov/current – issues – reform/climate – change/summit – 2016/.

② https：//www. insurance. wa. gov/current – issues – reform/climate – change/.

作为华盛顿州的保险监督官和全美保险监督官协会气候变化和全球变暖工作组的主席，监督官 Kreidler 表示，面对发生频率越来越高、影响越来越大的灾害冲击，该州有必要做好更充分的灾害应对准备，制定好应对策略。

（二）途径和方法

为了在国家和州级层面做更充分的准备，保险监督官办公室（Office of the Insurance Commissioner，OIC）正努力开展以下工作。第一，敦促其他各州参与全美保险监督官协会气候风险信息披露的年度调查，要求保险人报告其面临的气候变化方面的风险以及所采取的应对措施。第二，通过全美保险监督官协会年度调查以及州保险监督官办公室两年一届的气候与韧性峰会，继续提升人们对气候变化、灾害韧性和风险缓释的意识。第三，敦促保险业参与州级建筑规范委员会。华盛顿州根据国际建筑规范（International Building Code，IBC）来制定其建筑规范条款。这一州级的法规每 3 年修订更新一次。第四，与华盛顿州州长办公室和其他州级机构开展合作，确定韧性需要并落实其中涉及保险的部分内容。2017 年，保险监督官办公室与州长 Inslee 的华盛顿州韧性非正式顾问团展开合作。保险监督官办公室带领工作组分析了地震风险。华盛顿州韧性顾问团的工作推动了保险监督官办公室找出立法的切入口。第五，评估增强地震险可负担性的必要性和减灾努力，通过向保险人发出数据调用、发布调查结果报告来提高本州的保险费率。

当前，保险监督官办公室正借助立法来推进各项工作，允许业主的保险人提供旨在降低损失概率和/或损失程度的商品服务。此外，保险监督官协会将成立一个工作组，审查其他州和本州目前正在实施的减灾和备灾项目，并就如何扩大和协调本州减轻自然灾害影响的努力，以及就是否应当创建一项持续开展的灾害韧性项目，提供建议。

（三）关键发现

根据联邦紧急事务管理局（Federal Emergency Management Agency，FEMA），降低社区地震风险的最重要因素是采用和实施最新的建筑规范。旧建筑的改造被视作提升建筑韧性的重要因素，包括：联邦、州、县和市政府通过法律来调控增长和发展状况；市政土地使用法从规划开始，制定规则（包含区划）；区划调控和限制地方政府的土地使用是最常见的土地利用监管形式，而区划有助于按用途划分地区；华盛顿州的《增长管理法》（*Growth Management Act*，*GMA*）要求各州和地方政府制定土地使用方法，以防止未经协调和计划之外的增长。

2017 年，保险监督官办公室与州长 Inslee 的华盛顿韧性非正式顾问团开展合作，牵头特别工作组确定了地震险的备选方案，并建议采取以下措施：加强地震险教育、提高保险费率、降低风险、进行财务激励和提高可负担性，从而提高消费者的防震力。华盛顿韧性工作组的成果确定了审查该州地震风险的必要性。

（四）经验教训：关键的挑战和有待改善的领域

保险监督官办公室在其工作中确定的关键挑战包括：获得保险人的支持，参与韧性建设和风险缓释方面的工作；推进立法；人员和资源限制。

（五）对监管实践的影响

保险监督官办公室确定的监管实践的主要影响包括：通过加强地震险教育、提高保险费率、降低风险、财务激励、提高可负担性等措施，来确定提升消费者防震能力的方法；推进立法工作；制定风险缓释的立法，采用费率及条款备案等做法；考虑实施一项可能持续开展的灾害韧性计划。

（六）下一步措施

2017 年关于“地震风险数据调用”的调查报告于 2018 年 1 月发布。报告提出了具体措施，计划在 2018 年春通过有关风险缓释和灾害韧性的立法。最后，监督官 Kreidler 将于 2018 年 10 月主持了两年一届的气候与韧性峰会。

第四节 加拿大[1]

自然灾害的发生频率和严重程度不断上升。恶劣的天气给整个加拿

[1] 编译者注：本节的“问题 2”是关于“保险业参与治理气候变化”的。为了尊重原报告，未删除“问题 1”；由于“问题 1”的篇幅过短，所以未将其转移至本书的“中篇”。

大的住房、商业物业和基础设施造成了数十亿美元的损失[①]。与天气有关的自然灾害造成的风险以及业主可能承担的代价，凸现了财产保险以及降低这些风险的工作的重要性。但是，单凭保险可能还不够，包括3个级别的政府以及保险持有人在内的所有利益相关者均应当采取措施。

本节也讨论了日益频繁和恶劣的天气给保险业带来的影响。随着恶劣天气现象的增加，保险人的索赔成本和损失总额一直在飙升[②]。而随着赔付成本的攀升，保费预计也会增加。

对于保险消费者，恶劣天气的增加导致保单持有人和业主承担的损失更频繁、更昂贵，两者相加便造成了更高的赔付金额。风险发生频率和严重程度的增加也导致所有当事者需要付出更大的成本。本节试图确定，保险人从保单持有人那里收到的投诉量是否在上升。

本章要回答以下两个问题。

问题1：通常而言，保险业在多大程度上越来越多地受到自然灾害保险的保单持有人的查询/投诉（在保障范围、产品、成本等方面）?

我们收到的意见书显示，自然灾害的发生频率、严重程度、成本/损失等在上升。一份意见书认为，1983—2008年的年平均巨灾保险赔付额低于4亿美元。然而，从2009年起，年度损失额就超过了10亿美元。仅2016年艾尔伯塔省的野火就造成了35.8亿美元的损失[③]。该意见书表明，随着洪水、干旱、森林火灾以及其他自然灾害风险的不断增加，预计这一趋势将会继续[④]。

事实上，安大略省环境专员的回复称，气候变化风险可能被低估了。该专员还认为，利益相关者在应对风险方面因缺乏协调可能会进一步加剧这一问题。

---

① 加拿大保险局巨灾损失减轻研究所，讲述天气的故事（Telling the Weather Story），2012。

② 如前所述。

③ 艾尔伯塔省北部的野火是加拿大历史上损失最大的一场自然灾难，保险损失估计为35.8亿美元（加拿大保险局），参见 http：//www. ibc. ca/on/resources/media - centre/media - releases/northern - alberta - wildfire - costliest - insured - natural - disaster - in - canadian - history。

④ Warren，F. J. 和 D. S. Lemmen："Synthesis"，Canada in a Changing Climate：Sector Perspectives on Impacts and Adaptation，（《"综合效应"：从影响和适应的行业视角看待气候变化中的加拿大》），加拿大政府，2014年。

在保单持有人的查询及投诉方面，受访者表示，考虑到保单数量及保险保障的总金额，投诉量较低。据介绍，在自然巨灾发生后，投诉量将以与索赔量一致的速度增加。这些意见书认为，在自然灾害发生后，无论保单持有人是否受到影响，他们通常对灾害发生后的承保细节更感兴趣，咨询量也会激增。

一名受访者表示，为了限制可能的投诉并且帮助管理消费者预期，保险业已与媒体和消费者开展合作，提升保单持有人对保障范围的认知程度，并提供更清晰的解释。这些措施的结果尚待独立的评估。

问题2：保险业、消费者、保单持有人和各级政府在提供与自然灾害有关的预防、缓释和救济方案中发挥何种作用

受访者就如何改善自然灾害的预防、缓释、救济工作等提供了诸多深刻的见解。在我们收到的所有意见书中都发现了一个主题：所有的利益相关者都要更积极参与了。下文总结了受访者认为的各参与者可以发挥的作用。

政府：确保一个健康且具有竞争力的保险市场，有助于实现可及和可负担的保险保障；提高消费者对政府资助的救济项目的认识，包括救济的限制和条件；负责基础设施、规划和发展，以改进风险缓释和韧性，包含调整和批准建筑规范，为高风险区域的开发或使用制订严格的控制措施；制订缓解风险的激励计划并提高对其的认识，并为此类计划筹措资金；提升金融素养，尤其是保险素养。

保险业：不断推陈出新，满足消费者需求；向消费者说明风险，提高消费者的风险意识；与消费者交流时采用简单直白的语言，提供表意清楚的信息；开发并引入工具，以帮助消费者获得风险和缓解措施的信息；与政府开展合作，使得研究成果可用于完善建筑规范、区域划分、奖励计划等；通过保单定价机制来激励消费者缓释风险。

消费者：努力理解风险以及可以采取的风险缓释措施；努力熟悉承保范围、承保条件和保险选项；采取措施缓释风险。

我们收到的意见书清楚地表明，获取信息和提高认识对于预防、缓释和救济方案至关重要。评论者主张建立伙伴关系和信息共享机制，为这一变革奠定了基础。保险业可将其研究结果传达给所有3个层级的政

府，帮助他们了解自身的风险，并向他们通报政策、监管和激励计划的信息。为了向消费者传递有效的信息，保险业需要确保其沟通及时、清晰且易于理解。这些意见书还认为，各级政府可以发挥作用，提高消费者在金融素养、减灾激励计划、救灾计划运作等重要领域的认识。

一旦发生损失，预计保险人就会尽快开始协助救灾和恢复等工作。在灾害事件发生后不久，保险人将开始理赔，并往往面临具有挑战性的局面。这些意见书写到，加拿大保险局（Insurance Bureau of Canada，IBC）已经设立了流动站，与各家保险人合作，推动实现对灾害的及时反应。加拿大保险局在灾害现场部署了社区援助流动亭（Community Assistance Mobile Pavilion，CAMP），为消费者提供保险方面的信息。加拿大保险监督官委员会的成员认识到，自然灾害给保险人带来了诸多困难，他们可能需要通过创新型方法来应对客户的索赔和其他需要。我们也认识到，这些情形需要监管者创新监管方法。然而，监管者不能忽视对保险人安全及稳定所承担的责任，应当确保消费者得到保护以及市场参与者依法行事。

专栏 10—1 介绍了加拿大保监会的立场和建议。

专栏 10—1 加拿大保险监督官委员会的立场与建议

保监会建议保险人制定合适的政策和程序，确保在自然灾害发生之前、之中和之后能够及时有效地处理消费者的咨询。

保监会建议保险人制定合适的政策和程序，确保及时有效地理赔，尤其是在涉及自然灾害事件时，其中包括可能横跨多个司法管辖区以及多个事件的意外情况。

保监会认识到，监管者需要创新解决方案，帮助保险人在自然灾害发生后及时有效地开展理赔。这包括允许来自其他国家或地区的行业参与者即刻介入，助力保险理赔和恢复过程。

保监会支持政府为预防和缓解自然灾害影响而制定的举措和/或赈灾资金计划。

保监会成员应当与其他政府组织和利益相关者合作，提升消费者对保险的认识和理解，注重保护财产免遭自然灾害。

保监会成员需要将这些立场和建议传达给各自的部门，以确保各国政府了解保监会的一般性关切，以及政府和监管者应当发挥的作用。

保监会成员希望，当自然灾害发生后，保险人能够及时向有关监管者报告（如自然灾害发生地区的监管者）。监管者将酌情与保监会的其他成员分享信息。

第五节 菲律宾[①]

菲律宾近年来发生了重大灾害，包括2013年造成重大破坏的超级台风“海燕”，而小额保险作为保障社区和基本生活的机制在其中发挥了重要作用。在菲律宾，实施小额保险的具体监管框架对于提升小额保险普及率至关重要，该国的小额保险普及率超过20%，是亚太地区最高的。除成功推广小额保险之外，菲律宾政府还在探索地方政府和主权层面的气候和灾害风险的保险机制。在这方面，政府通过政府间平台积极参与关于气候和灾害风险保险的国际讨论，如脆弱20国（Vulnerable 20 Group）的财政部长小组（菲律宾财政部长担任创始主席）、亚洲太平洋经济合作组织（Asia-Pacific Economic Cooperation，APEC）（菲律宾是现任主席国）灾害风险金融和保险技术工作组。

第六节 国际行动：风险共担倡议

事实证明，国际风险池机制通过国际合作在降低自然灾害风险等协变风险方面取得了很大的成功。一些区域性保险组织正在运作，包括非洲风险能力（African Risk Capacity，ARC）、加勒比巨灾风险保险基金（Caribbean Catastrophe Risk Insurance Facility，CCRIF）和太平洋巨灾风险评估与融资倡议（Pacific Catastrophe Risk Assessment and Financing Initiative，PCRAFI）。一些主要关注自然灾害风险的机构正在扩大范围，以考

① 本节来自联合国环境规划署的论述。

虑更多的风险和领域。

第一，加勒比巨灾风险保险基金：2007 年成立，是世界上第一个跨国的风险池，在传统和资本市场支持下成功制定了参数化保单①。该基金的目的是为加勒比各国政府设立一个区域巨灾基金，以便在一个保险事件发生时，能够迅速提供流动资金，从而减轻破坏性飓风和地震的财务影响。2014 年，该基金重组为一个独立的投资组合公司以推进新产品（如过度降雨保障）以及向新地理区域扩张。2015 年 4 月，加勒比巨灾风险保险基金与中美洲、巴拿马和多米尼加共和国财政部长理事会（Council of Ministers of Finance of Central America，Panama and the Dominican Republic，COSEFIN）签署了一项谅解备忘录，推动中美洲国家正式加入该基金。

第二，非洲风险能力：作为非洲联盟的一个专门机构，它旨在帮助成员国增强应对极端天气事件和自然灾害的能力。为此，这一伙伴关系旨在建立一个泛非洲灾害反应系统，提高对灾害反应的效率和及时性。它以巨灾债券的形式为预防活动提供支持，为预先批准、经同行评审的社区支付款项，为适应和韧性能力项目提供资金。最近的项目包括，在埃博拉危机之后，为主权国家提供疾病暴发和流行的保险的行动②。

气候韧性保险是在 G7 框架内通过 2015 年启动的保险韧性（InsuResilience）措施后开始实施的。根据最近的估计，发展中国家和新兴市场经济体大约只有 1 亿人获得了气候风险保险。“保险韧性倡议”的目标是，到 2020 年，使针对气候变化影响的直接或间接的保险覆盖到发展中国家多达 4 亿的贫困和脆弱人口。G7 成员国和两个新伙伴（欧盟委员会和荷兰）在缔约方第 22 次会议上承诺为“保险韧性倡议”提供更多资金，使得该倡议的资金总额增至 5.5 亿美元。“保险韧性倡议”鼓励现有的保险计划（如 ARC 和 CCRIF）拓展承保的风险和地区，并为人道主义援助和直接的保险解决方案开发新方法。

---

① http：//www. ccrif. org/content/about – us.

② http：//www. africanriskcapacity. org/.

词汇缩略及译文

Asociación de Supervisores de Seguros de América Latina	ASSAL	拉丁美洲保险监督官协会
Autorité de Contrôle des Assurances et de la Prévoyance Sociale (Morocco)	ACAPS	保险与社会保障监管局（摩洛哥）
Australian Prudential Regulation Authority	APRA	澳大利亚审慎监管局
Autorité de Contrôle Prudentiel et de Résolution (France)	ACPR	审慎监管局（法国）
Bank for International Settlements	BIS	国际清算银行
Bank of England	BoE	英格兰银行
Bank of England Prudential Regulation Authority	PRA	英格兰银行审慎监管局
Brazilian Development Bank	BNDES	巴西发展银行
Brazilian Securities Commission	CVM	巴西证券委员会
California Department of Insurance (US)	CDI	加利福尼亚州保险局（美国）
Climate Risk Carbon Initiative	CRCI	气候风险碳排放倡议
Conference of the Parties	COP	（联合国气候变化框架公约）缔约方会议
De Nederlandsche Bank	DNB	荷兰中央银行
Department for Environment, Food and Rural Affairs (UK)	DEFRA	环境、食品和农村事务部（英国）
enterprise risk management	ERM	全面风险管理
environment, social and governance	ESG	环境、社会和治理
Financial Stability Board	FSB	金融稳定理事会
Finansinspektionen (Sweden)	FI	金融事务监管局（瑞典）
Green Finance Study Group	GFSG	绿色金融研究工作组
greenhouse gas	GHG	温室气体排放

续表

Asociación de Supervisores de Seguros de América Latina	ASSAL	拉丁美洲保险监督官协会
Insurance Core Principle	ICP	保险核心原则
Inter – American Development Bank	IADB	美洲开发银行
Intergovernmental Panel on Climate Change	IPCC	政府间气候变化专门委员会
International Association of Insurance Supervisors	IAIS	国际保险监管官协会
International Monetary Fund	IMF	国际货币基金组织
Istituto per la Vigilanza Sulle Assicurazioni （Italy）	IVASS	保险监管局（意大利）
National Association of Insurance Commissioners （US）	NAIC	全美保险监督官协会（美国）
Office of the Superintendent of Financial Institutions (Canada)	OSFI	金融机构监管办公室（加拿大）
Own Risk Solvency Assessment	ORSA	风险和偿付能力自评估
parts per million	PPM	百万分之几
Principles for Sustainable Insurance	PSI	可持续保险原则
public – private partnerships	PPP	政府和社会资本合作
small and medium enterprises	SME	中小企业
socially responsible investment	SRI	社会责任投资
Superintendência de Seguros Privados （Brazil）	SUSEP	商业保险监管局（巴西）
Sustainable Insurance Forum	SIF	可持续保险论坛
Task Force on Climate – related Financial Disclosures	TCFD	气候相关财务信息披露工作组
United Nations Framework Convention on Climate Change	UNFCCC	联合国气候变化框架公约
Washington State Office of the Insurance Commissioner	OIC	华盛顿州保险监督官办公室（美国）